岩波講座 基礎数学

スペクトル理論 I

監　修

小平邦彦

編　集

岩堀長慶
河田敬義
＊藤田　宏
＊小松彦三郎
田村一郎
服部晶夫
飯高　茂

岩波講座　基礎数学

解 析 学(II) x

スペクトル理論 I

木 村 俊 房

岩 波 書 店

目　次

まえがき …… 1

第1章　Hilbert 空間

§1.1　Hilbert 空間 …… 3
§1.2　線型汎関数と線型作用素 …… 9
§1.3　作用素のスペクトル …… 18
§1.4　対称作用素の拡張 …… 26

第2章　線型常微分作用素

§2.1　連立線型常微分方程式 …… 31
§2.2　高階線型常微分方程式 …… 36
§2.3　形式的微分作用素とその形式的随伴微分作用素 …… 42
§2.4　形式的自己随伴微分作用素 …… 50
§2.5　形式的微分作用素から導かれる作用素 …… 57

第3章　正則境界値問題

§3.1　境界値問題 …… 65
§3.2　Green 関数 …… 75
§3.3　随伴境界値問題 …… 83
§3.4　自己随伴固有値問題 …… 93

第4章　特異自己随伴微分作用素

§4.1　特異境界点の分類 …… 103
§4.2　D_1 の部分空間と特性部分空間 …… 117
§4.3　積分作用素 …… 129
§4.4　空間 $N(\lambda)$, $N_\alpha(\lambda)$, $N_\beta(\lambda)$ の解析性 …… 137

第5章 特異固有値問題

§5.1 境界条件と $T_0 \subset T \subset T_1$ を満たす作用素 T …… 149
§5.2 Green 関数 …… 160
§5.3 スペクトル定理 …… 171
§5.4 展開定理 …… 189

参考書 …… 197

まえがき

2階線型常微分方程式

$$p_0(t)\frac{d^2x}{dt^2}+p_1(t)\frac{dx}{dt}+p_2(t)x=0$$

を考えている区間 $[\alpha, \beta]$ の両端における条件，たとえば，

$$x(\alpha)=x(\beta)=0$$

の下で解くという境界値問題，さらに方程式が

$$p_0(t)\frac{d^2x}{dt^2}+p_1(t)\frac{dx}{dt}+p_2(t)x=\lambda x$$

とパラメータ λ を含むときの境界値問題——これを固有値問題という——は，熱伝導方程式や波動方程式を解くという物理学的問題と関連して，前世紀初頭から論じられるようになった．

このような固有値問題は微分方程式，境界条件がさらに一般の場合，考えている区間が有限区間ではなく無限区間の場合へと拡張された．そして，それを解く方法も種々に工夫された．

今世紀の初め，固有値問題は無限次元空間，特に Hilbert 空間における作用素の固有値問題としてとらえられ，壮麗な一般論が作られた．その理論の完成に大きく貢献した数学者の一人が小平邦彦氏である．

本講の後半は小平邦彦氏のアイデアに沿ってこのみごとな理論を紹介したものである．

線型偏微分方程式に対してもまったく同様に固有値問題を考えることができる．常微分方程式の場合は偏微分方程式の場合にくらべて，その一般論は本質的にやさしい．その理由の一つは線型常微分方程式の解の全体はベクトル空間を作るが，その次元が有限なことにある．このことは本講と“スペクトル理論II”をくらべれば容易に理解できるであろう．

一般理論というものは，一般的であるために普遍的で美しいが，一方，一般的であるため個々の具体的問題に対しては限界がある．また，常微分方程式論は偏

微分方程式論より本質的にやさしいから，それに応じて深く考察され，一般論を大きく超えた研究がなされている．本講では頁数の制限もあり，一般論を超えた問題に触れることができなかった．特に，特殊関数を使う例を説明できなかったのは筆者の菲才によるものである．

本講の執筆には2年近くを要したが，その間公私にわたり多忙であったため，実際に本講のため費した時間はそう多くはなかった．筆者にとって本講はまさに兵馬倥偬の間になったという思いがするが，シーザーのガリヤ戦記のように兵馬倥偬の間にあってなお驚くべき速さで書きあげられた名文とは比ぶべくもない．

第1章　Hilbert 空間

本章は Hilbert 空間論の基礎的な部分の復習である，というよりは，本講で用いられる Hilbert 空間論の用語と記号の説明をかねて，Hilbert 空間論の基本的事実を羅列したものである．述べられた事実がすべて後で必要となるわけではないが，ここで述べられないことが後で使われることはない．

Hilbert 空間論を熟知している読者は無味乾燥な本章をとばし，第2章から読んで差支えない．そうでない読者は本講座の“関数解析”や文献[2]などを参照されるとよい．

§1.1 Hilbert 空間

Hilbert 空間とはある性質を持つ実または複素ベクトル空間であるが，本講では，複素ベクトル空間の場合を考えるので，その場合についてだけ述べる．さらに本講で必要とする Hilbert 空間は，その元，すなわちベクトルが関数であるようなベクトル空間であるから，Hilbert 空間のベクトルを関数記号としてよく使われる文字 $f, g, \cdots, \varphi, \psi, \cdots$ などで表わすことにする．

a) 内積空間

V を複素ベクトル空間とする．V の任意のベクトル f, g に対し複素数 (f, g) が対応し，次の条件を満たすとき，V を**複素内積空間**という．

1) $(\alpha f+\beta g, h) = \alpha(f, h)+\beta(g, h) \qquad (f, g, h \in V;\ \alpha, \beta \in \boldsymbol{C}).$

2) $(f, g) = \overline{(g, f)}.$

3) $(f, f) \geqq 0$;　$(f, f) = 0$ ならば $f = 0.$

複素数 (f, g) を f と g との**内積**という．簡単のため，$\boldsymbol{C}$ の零元も V の零ベクトルも同じ記号 0 で表わしたが，このようなことに読者は慣れていると思う．

例 1.1　n 次元複素ベクトル空間 $\boldsymbol{C}^n$ の元を本講では縦ベクトルで表わすことにする．$\boldsymbol{C}^n$ のベクトル

$$\vec{x} = \begin{bmatrix} x_1 \\ \vdots \\ x_n \end{bmatrix}, \qquad \vec{y} = \begin{bmatrix} y_1 \\ \vdots \\ y_n \end{bmatrix}$$

に対し，その内積 $(\vec{x}, \vec{y})$ を普通のように

$$(\vec{x}, \vec{y}) = \sum_{j=1}^{n} x_j \bar{y}_j$$

で定義すれば，$\boldsymbol{C}^n$ は複素内積空間となる．

例 1.2 区間 I で定義された n 回連続微分可能な複素数値関数 $f: I \to \boldsymbol{C}$ を I において C^n **級の関数**といい，その全体を $C^n(I)$ で表わす．$n=0$ の場合，$C^0(I)$ は連続な $f: I \to \boldsymbol{C}$ の全体で，これを $C(I)$ とも表わす．無限回連続微分可能な $f: I \to \boldsymbol{C}$ の全体を $C^\infty(I)$ で表わす．各 $n=0, 1, \cdots, \infty$ に対し，$C^n(I)$ は通常の演算によって無限次元複素ベクトル空間となる．

関数 $f: I \to \boldsymbol{C}$ に対し，集合 $\{t \in I \mid f(t) \neq 0\}$ の閉包を f の**台**といい，$\mathrm{supp}\, f$ で表わす．各 $n=0, 1, \cdots, \infty$ に対し，$f \in C^n(I)$ で $\mathrm{supp}\, f$ が I に含まれるコンパクトな集合となるようなものの全体を $C_0{}^n(I)$ で表わす．I 自身がコンパクト，すなわち有界閉区間であれば，$C_0{}^n(I) = C^n(I)$ である．$C_0{}^n(I)$ も無限次元複素ベクトル空間である．

$C_0{}^n(I)$ の元 f, g に対し，

$$(f, g) = \int_I f(t)\overline{g(t)}\, dt \tag{1.1}$$

は常に定義できる．$C_0{}^n(I)$ に対し，内積をこのように定めることにより，$C_0{}^n(I)$ は複素内積空間となる．——

問 1 I がコンパクトでなければ，$C^n(I)$ の元 f, g に対し (1.1) は必ずしも有限確定値とならないことを確かめよ．——

複素内積空間 V の元 f に対し

$$\|f\| = \sqrt{(f, f)}$$

を f の**ノルム**という．ノルムは次の性質をもつ．

4) $\|f\| \geqq 0$; $\|f\| = 0 \Leftrightarrow f = 0$.

5) $\|\alpha f\| = |\alpha| \|f\|$.

6) $\|f+g\| \leqq \|f\| + \|g\|$.

最後の性質 6) は Schwarz の不等式

7) $|(f, g)| \leqq \|f\| \cdot \|g\|$

から導かれる．性質 4), 5), 6) は V が**ノルム空間**であることを示している．

ノルム空間 V に対し，

$$d(f, g) = \|f-g\|$$

とおくと，d は V の距離関数，すなわち，d は条件

8) $d(f, g) \geqq 0$; $d(f, g) = 0 \Leftrightarrow f = g$,

9) $d(f, g) = d(g, f)$,

10) $d(f, g) + d(g, h) \geqq d(f, h)$

を満たす．したがって，V は距離空間となる．

b) Hilbert 空間

複素内積空間 H に対し，H をこのように距離空間と考えたとき H が完備であれば，H を **Hilbert 空間**という．念のため，H の完備性について述べておこう．ノルム空間 H が完備であるというのは，H の任意の基本列 $\{f_n\}_{n=1}^{\infty}$，すなわち

$$\|f_m - f_n\| \longrightarrow 0 \quad (m, n \to \infty)$$

を満たす列 $\{f_n\}_{n=1}^{\infty}$ に対し，

$$\|f_n - f\| \longrightarrow 0 \quad (n \to \infty) \tag{1.2}$$

を満たす $f \in H$ が存在することである．(1.2) が成り立つとき，$\{f_n\}_{n=1}^{\infty}$ は f に収束するといい，$f_n \to f\ (n \to \infty)$ と書く．

Hilbert 空間 H が稠密な可算部分集合 A を含むとき，すなわち，$\bar{A} = H$ ($\bar{A}$ は A の閉包) を満たす H の可算な部分集合 A が存在するとき，H を**可分**な Hilbert 空間という．

$\boldsymbol{C}^n$ は可分な Hilbert 空間である．

例 1.3 $C_0{}^n(I)$ $(n=0, 1, \cdots, \infty)$ は複素内積空間であるが，Hilbert 空間ではない．区間 I で Lebesgue 可測な $f: I \to \boldsymbol{C}$ で $|f(t)|^2$ が Lebesgue 積分可能であるようなものの全体を $L^2(I)$ で表わす．そのとき，任意の $f, g \in L^2(I)$ に対し $f(t)\overline{g(t)}$ は I において可積分である．f と g との内積を

$$(f, g) = \int_I f(t)\overline{g(t)}\, dt$$

によって定義する．$\|f-g\| = \left(\int_I |f(t) - g(t)|^2 dt\right)^{1/2} = 0$ となるのは，集合 $\{t \in I|$

$f(t) \neq g(t)\}$ の Lebesgue 測度が 0 のときであるが，このときには f と g とを同一の関数とみなすことにする．このように考えると $L^2(I)$ は可分な Hilbert 空間となる．明らかに $C_0{}^n(I) \subset L^2(I)$ であるが，さらに $\overline{C_0{}^n(I)} = L^2(I)$ が成り立つ．この事実は，各 $n=0, 1, \cdots, \infty$ に対し，$L^2(I)$ は $C_0{}^n(I)$ を含む最小の Hilbert 空間であることを示している．このことから，$L^2(I)$ を $C_0{}^n(I)$ の**完備化**ともいう．

例 1.4 $\sigma: I \to \boldsymbol{R}$ は右連続な単調非減少関数とする：

$$\sigma(t+0) = \sigma(t), \quad \sigma(t) \leqq \sigma(s) \quad (t<s).$$

よく知られているように，このような σ から I 上の Lebesgue-Stieltjes 測度が定義される．この測度を同じ記号 σ で表わすことにする．σ 可測な $f: I \to \boldsymbol{C}$ で $|f(t)|^2$ が σ 可積分，すなわち

$$\int_I |f(t)|^2 \sigma(dt) < \infty$$

となるような f の全体を $L_\sigma{}^2(I)$ で表わす．内積を

$$(f, g) = \int_I f(t) \overline{g(t)} \sigma(dt)$$

によって定義することにより $L_\sigma{}^2(I)$ は可分な Hilbert 空間となる．ただし，$L^2(I)$ の場合と同様に，σ 測度が 0 であるような I の部分集合を除いて一致する関数を同一視することにする．

各 $n=0, 1, \cdots, \infty$ に対し，$C_0{}^n(I) \subset L_\sigma{}^2(I)$ で $\overline{C_0{}^n(I)} = L_\sigma{}^2(I)$，すなわち，$L_\sigma{}^2(I)$ は $C_0{}^n(I)$ の完備化である．（例 1.3 における $C_0{}^n(I)$ とこの例における $C_0{}^n(I)$ とは内積が異なることに注意する.） ——

問 2 $\sigma: [0, \infty[\to \boldsymbol{R}$ を

$$\sigma(t) = \begin{cases} 0 & (0 \leqq t < 1) \\ n & (n \leqq t < n+1;\ n=1, 2, \cdots) \end{cases}$$

で定義したとき，$L_\sigma{}^2([0, \infty[)$ は l^2 と見なされることを示せ．ここで l^2 は複素数列 $(z_1, z_2, \cdots)$ で $\sum |z_i|^2 < \infty$ を満たすものの全体で，$z=(z_1, z_2, \cdots)$，$w=(w_1, w_2, \cdots)$ の内積は $(z, w) = \sum z_i \bar{w}_i$ で定義される Hilbert 空間である．

例 1.5 $\sigma(t) = t\ (t \in I)$ ととれば，$L_\sigma{}^2(I) = L^2(I)$ であるから，$L_\sigma{}^2(I)$ は $L^2(I)$ の一般化である．次に $L_\sigma{}^2(I)$ の一般化を考えよう．

$\Sigma(t) = [\sigma_{jk}(t)]$ は区間 I で定義された行列値関数で次の性質を満たすとする．

1) 各 $t \in I$ に対し $\Sigma(t)$ は n 次の Hermite 行列である.

2) $t<s$ ならば, $\Sigma(s)-\Sigma(t)=[\sigma_{jk}(s)-\sigma_{jk}(t)]$ は半正定値 Hermite 行列である, すなわち, 任意の $\xi_1, \cdots, \xi_n \in \boldsymbol{C}$ に対し

$$\sum_{j,k=1}^{n} (\sigma_{jk}(s)-\sigma_{jk}(t))\xi_j\bar{\xi}_k \geqq 0 \tag{1.3}$$

が成り立つ.

3) $\Sigma(t)$ は右連続, すなわち $\sigma_{jk}(t+0)=\sigma_{jk}(t)$ $(j, k=1, \cdots, n)$.

I の部分区間 $\Delta=]t, s]$ に対し, $\sigma_{jk}(\Delta)=\sigma_{jk}(s)-\sigma_{jk}(t)$ とおくと, (1.3) から

$$\sigma_{jj}(\Delta) \geqq 0 \qquad (j=1, \cdots, n)$$

を得る. このことは $\sigma_{jj}(t)$ は単調非減少であることを示している. 次に $j, k\,(j \neq k)$ に対し

$$\sigma_{jj}(\Delta)\xi_j\bar{\xi}_j+\sigma_{jk}(\Delta)\xi_j\bar{\xi}_k+\overline{\sigma_{jk}(\Delta)}\bar{\xi}_j\xi_k+\sigma_{kk}(\Delta)\xi_k\bar{\xi}_k \geqq 0$$

が得られる. これから

$$2|\mathrm{Re}(\sigma_{jk}(\Delta))| \leqq \sigma_{jj}(\Delta)+\sigma_{kk}(\Delta), \qquad 2|\mathrm{Im}(\sigma_{jk}(\Delta))| \leqq \sigma_{jj}(\Delta)+\sigma_{kk}(\Delta)$$

を得る. この 2 式から $\sigma_{jk}(t)$ は I の任意のコンパクトな部分区間において有界変動であることが分る. したがって, $C_0(I)$ の元を要素とするベクトル

$$\vec{f}=\begin{bmatrix} f_1 \\ \vdots \\ f_n \end{bmatrix}, \qquad \vec{g}=\begin{bmatrix} g_1 \\ \vdots \\ g_n \end{bmatrix}$$

に対し,

$$(\vec{f}, \vec{g}) = \sum_{j,k=1}^{n} \int_I f_j(t)\overline{g_k(t)}\sigma_{jk}(dt)$$

は常に意味をもつ. $C_0(I)$ の元を要素とするベクトル $\vec{f}$ の全体を V とすれば, V は $(\vec{f}, \vec{g})$ を内積とする複素内積空間となる. V の完備化を $L_\Sigma^2(I)$ とすると, $L_\Sigma^2(I)$ は可分な Hilbert 空間である. $L_\Sigma^2(I)$ の任意の元は次のようなものと考えてよいことが知られている. $\sigma(t)=\sum_{j=1}^{n}\sigma_{jj}(t)$ とおき, $\sigma(t)$ から導かれる I 上の Lebesgue-Stieltjes 測度を同じ文字 σ で表わす. 各成分 $f_j: I \to \boldsymbol{C}$ が σ 可測で σ 測度 0 の集合を除いた所で有限かつ次の条件を満たすベクトル値関数 $\vec{f}=\begin{bmatrix} f_1 \\ \vdots \\ f_n \end{bmatrix}$ の全体が $L_\Sigma^2(I)$ である:

$$\lim_{N\to\infty}(\vec{f}_N, \vec{f}_N) < \infty,$$

ここで

$$\vec{f}_N(t) = \begin{cases} \vec{f}(t), & \max(|f_1(t)|, \cdots, |f_n(t)|) \leqq N \\ 0, & \max(|f_1(t)|, \cdots, |f_n(t)|) > N. \end{cases}$$ ——

c) 正規直交系

H を Hilbert 空間とする．$f, g \in H$ に対し $(f, g) = 0$ が成り立つとき，f と g とは**直交**するといい，$f \perp g$ と書く．H の二つの部分集合 M, N が与えられたとき，任意の $f \in M$ と $g \in N$ に対し $f \perp g$ ならば，M と N とは**直交**するといい，$M \perp N$ と書く．H の部分集合 S に対し，S の任意の異なる二つのベクトルが直交するとき，S を**直交系**という．H の直交系 S は，任意の $f \in S$ に対し $\|f\| = 1$ であるとき，**正規直交系**であるといわれる．正規直交系 S に対し，S を真部分集合として含む正規直交系が存在しないとき，S を**完全正規直交系**という．任意の正規直交系に対し，それを含む完全正規直交系が存在する．

H が可分かつ無限次元 Hilbert 空間ならば，完全正規直交系は可算無限個のベクトルからなる．それを $\{\varphi_j\}_{j=1}^{\infty}$ とすると，任意の $f \in H$ に対し **Parseval の等式**

$$\|f\|^2 = \sum_{j=1}^{\infty} |(f, \varphi_j)|^2$$

が成り立つ．さらに

$$f = \sum_{j=1}^{\infty} (f, \varphi_j) \varphi_j \tag{1.4}$$

と表わされる．ここで (1.4) の意味は $\sum_{j=1}^{n} (f, \varphi_j) \varphi_j \to f \ (n \to \infty)$ である．(f, φ_j) は $\{\varphi_j\}_{j=1}^{\infty}$ に関する f の **Fourier 係数**と呼ばれる．

d) 部分空間

Hilbert 空間 H の部分集合 A が和とスカラー倍について閉じているとき，すなわち，$f, g \in A$ ならば $f + g \in A$，$f \in A$，$\alpha \in \boldsymbol{C}$ ならば $\alpha f \in A$ となるとき，A を H の**線型部分空間**あるいは単に**部分空間**という．A が H の部分空間で $\alpha \in \boldsymbol{C}$ のとき，集合 $\alpha A = \{\alpha f \mid f \in A\}$ も H の部分空間である．H の部分空間 A, B に対し，集合 $A + B = \{f + g \mid f \in A, g \in B\}$ も H の部分空間である．$A \cap B = \{0\}$ のとき，$A + B$ を A と B との**直和**といい，$A \oplus B$ と書く．$A \perp B$ ならば $A \cap B =$

$\{0\}$ である.

H の部分空間 A が閉集合でもあるとき, A を**閉線型部分空間**あるいは単に**閉部分空間**という. H の任意の部分集合 M に対し, 部分集合 $M^{\perp}=\{f\in H \mid f\perp g\ (\forall g\in M)\}$ は H の閉部分空間である. H の閉部分空間 A に対し, $A^{\perp}$ を A の**直交補空間**と呼ぶ. $A^{\perp}$ を $H\ominus A$ で表わすこともある. H の閉部分空間 A に対し

$$H=A\oplus A^{\perp}$$

であるから, 任意の $f\in H$ は

$$f=g+h,\quad g\in A,\quad h\in A^{\perp}$$

と一意的に表わされる.

§1.2　線型汎関数と線型作用素

a)　線型汎関数

Hilbert 空間 H の部分空間 D で定義された写像 $l: D\to \boldsymbol{C}$ が条件

1)　$l(f+g)=l(f)+l(g)\qquad (f,g\in D)$,

2)　$l(\alpha f)=\alpha l(f)\qquad (f\in D,\ \alpha\in \boldsymbol{C})$

を満たすとき, l を H における**線型汎関数**, D を l の**定義域**という. 線型汎関数 $l: D\to \boldsymbol{C}$ に対し, 不等式

$$|l(f)|\leqq M\|f\|\qquad (f\in D)$$

を満たす定数 $M>0$ が存在するとき, l は D **において有界**であるという. l が D において有界であるための必要十分な条件は l が D において連続なことである. 線型汎関数 l の定義域が H であり, かつ H において有界であるとき, l を単に**有界**という. 有界な線型汎関数 l に対して, H の元 g が一意的に定まり

$$l(f)=(f,g)\qquad (f\in H)$$

が成り立つことが知られている. この事実は **Riesz の定理**と呼ばれている.

H の部分空間 D で定義された写像 $l: D\to \boldsymbol{C}$ が

$$l(f+g)=l(f)+l(g),\quad l(\alpha f)=\bar{\alpha} l(f)\qquad (f,g\in D,\ \alpha\in \boldsymbol{C})$$

を満たすとき, i を H における**半線型汎関数**という. H で定義された半線型汎関数 l が H において有界であれば, すなわち

$$|l(f)|\leqq M\|f\|\qquad (f\in H)$$

を満たす定数 $M>0$ が存在すれば，Riesz の定理から，

$$l(f)=(g,f) \qquad (f\in H)$$

を満たす $g\in H$ がただ一通りに定まる．

H の部分空間 D,E に対し，写像 $F:D\times E\to \boldsymbol{C}$ が条件

$$F(f+g,h)=F(f,h)+F(g,h), \qquad F(\alpha f,h)=\alpha F(f,h),$$
$$F(f,g+h)=F(f,g)+F(f,h), \qquad F(f,\alpha h)=\bar{\alpha}F(f,h)$$

を満たすとき，F を H における**1重半線型写像**または**1重半線型形式**という．1重半線型写像 $F:D\times E\to \boldsymbol{C}$ に対し，

$$|F(f,g)|\leqq M\|f\|\cdot\|g\| \qquad (f\in D,\ g\in E)$$

を満たす定数 $M\geqq 0$ が存在するとき，F を $D\times E$ **において有界**であるという．

b）線型作用素

Hilbert 空間 H の部分空間 D において定義された写像 $T:D\to H$ が条件

3)　$T(f+g)=Tf+Tg \qquad (f,g\in D),$

4)　$T(\alpha f)=\alpha Tf \qquad (f\in D,\ \alpha\in \boldsymbol{C})$

を満たすとき，T を H における**線型作用素**あるいは単に**作用素**という．D を T の**定義域**といい，$\mathcal{D}(T)$ で表わす．$\{Tf\,|\,f\in D\}$ を T の**値域**といい，$\mathcal{R}(T)$ で表わす．$\mathcal{R}(T)$ は H の部分空間である．

線型作用素 $T:D\to H$ に対し

$$\|Tf\|\leqq M\|f\| \qquad (f\in D) \tag{1.5}$$

を満たす定数 $M\geqq 0$ が存在するとき，T は D **において有界**であるという．T が D において有界であるための必要十分条件は T が D において連続であることである．H で定義された線型作用素 T が H において有界のとき，T を単に**有界**という．有界作用素 T に対し，(1.5) を満たす定数 M の下限，すなわち，

$$\sup_{f\neq 0}\frac{\|Tf\|}{\|f\|}=\sup_{\|f\|=1}\|Tf\|$$

を T の**ノルム**といい，$\|T\|$ で表わす．定義から

$$\|Tf\|\leqq\|T\|\cdot\|f\| \qquad (f\in H)$$

が成り立つ．

問1　1重半線型写像 $F:H\times H\to \boldsymbol{C}$ が $H\times H$ において有界ならば（このとき F を単に有界という），有界線型作用素 T が存在して

$$F(f, g) = (Tf, g) \qquad (f, g \in H)$$

が成り立つことを証明せよ．——

H における線型作用素 T はその定義域 $\mathcal{D}(T)$ からその値域 $\mathcal{R}(T)$ の上への写像である．もし T が $\mathcal{D}(T)$ から $\mathcal{R}(T)$ の上への1対1の写像であれば，T の逆写像 T^{-1} が存在し，T^{-1} の定義域は $\mathcal{R}(T)$，値域は $\mathcal{D}(T)$ である．線型作用素 T が逆写像 T^{-1} をもてば，T^{-1} も線型作用素となる．T^{-1} を T の**逆作用素**という．T が逆作用素 T^{-1} をもつための必要十分な条件は，$Tf=0$ を満たす $f \in \mathcal{D}(T)$ は $f=0$ に限ることである．

H における線型作用素 T が

$$\|Tf\| = \|f\| \qquad (f \in \mathcal{D}(T))$$

を満たすとき，T を**部分等長作用素**という．部分等長作用素はその定義域において有界であり，逆作用素をもつ．$\mathcal{D}(T)=H$ のとき，T を**等長作用素**といい，$\mathcal{D}(T)=\mathcal{R}(T)=H$ のとき，T を**ユニタリ作用素**という．

H_1, H_2 を Hilbert 空間とし，H_1 におけるノルムを $\|\cdot\|_1$，H_2 におけるノルムを $\|\cdot\|_2$ で表わす．H_1 の部分空間 D で定義された写像 $T: D \to H_2$ が

$$T(\alpha f+\beta g) = \alpha T(f)+\beta T(g) \qquad (f, g \in H_1,\ \alpha, \beta \in \boldsymbol{C})$$

を満たすとき，T をやはり**線型作用素**とよび，D を $\mathcal{D}(T)$，$\{Tf \mid f \in D\}$ を $\mathcal{R}(T)$ で表わす．T が逆写像 T^{-1} をもてば，T^{-1} は $\mathcal{R}(T)$ から $\mathcal{D}(T)$ への線型作用素となるので，T^{-1} を T の**逆作用素**という．線型作用素 $T: \mathcal{D}(T)(\subset H_1) \to \mathcal{R}(T)(\subset H_2)$ が

$$\|Tf\|_2 = \|f\|_1 \qquad (f \in \mathcal{D}(T))$$

を満たすとき，T を**部分等長作用素**という．$\mathcal{D}(T)=H_1$ のとき，T を**等長作用素**，$\mathcal{D}(T)=H_1$，$\mathcal{R}(T)=H_2$ のとき，T を**ユニタリ作用素**という．

c）有界作用素

H における有界線型作用素の全体を $B(H)$ で表わそう．$T, S \in B(H)$ に対して，和 $T+S$ を

$$(T+S)(f) = Tf+Sf$$

で定義すると，

$$\|T+S\| \leqq \|T\|+\|S\|$$

が成り立ち，$T+S$ も $B(H)$ に属する．$T \in B(H)$，$\alpha \in \boldsymbol{C}$ に対し，スカラー倍

αT を

$$(\alpha T)(f) = \alpha(Tf)$$

によって定義すると，

$$\|\alpha T\| = |\alpha|\cdot\|T\|$$

が得られるから，$\alpha T \in B(H)$ である．したがって，$B(H)$ はこのような和とスカラー倍によってベクトル空間であるばかりでなく，$\|T\|$ を T のノルムと考えることにより，ノルム空間となる．

$B(H)$ に属する作用素の列 $\{T_n\}_{n=1}^{\infty}$ と $T \in B(H)$ とに対して $\|T_n - T\| \to 0\ (n\to\infty)$ となるとき，$\{T_n\}_{n=1}^{\infty}$ は T に**一様収束**するといい，$T_n \Longrightarrow T\ (n\to\infty)$ と書く．有界作用素の列 $\{T_n\}_{n=1}^{\infty}$ に対し，$\|T_m - T_n\| \to 0\ (m, n\to\infty)$ ならば，$T_n \Longrightarrow T\ (n\to\infty)$ となる $T \in B(H)$ が存在する．したがって，$\|T\|$ をノルムとするノルム空間 $B(H)$ は完備，つまり，$B(H)$ は **Banach 空間**である．

$T, S \in B(H)$ に対し，その積 TS を

$$(TS)(f) = T(Sf) \qquad (f \in H)$$

によって定義する．TS は H で定義された線型作用素で

$$\|TS\| \leqq \|T\|\cdot\|S\|$$

を満たす．したがって，$TS \in B(H)$ となる．

H で定義された作用素の列 $\{T_n\}_{n=1}^{\infty}$ と H で定義された作用素 T に対し，$T_n f \to Tf\ (n\to\infty)$ が任意の $f \in H$ に対して成り立つとき，作用素の列 $\{T_n\}_{n=1}^{\infty}$ は作用素 T に**強収束**する，あるいは単に**収束**するといい，$T_n \to T\ (n\to\infty)$ と書く．有界作用素の列 $\{T_n\}_{n=1}^{\infty}$ が H で定義された作用素に強収束すれば，T は有界作用素で $\|T\| \leqq \liminf_{n\to\infty} \|T_n\|$ が成り立つことが知られている．したがって，$B(H)$ は強収束に関して閉じている．

有界作用素 T に対し，Riesz の定理から

$$(1.6) \qquad (Tf, g) = (f, T^*g) \qquad (f, g \in H)$$

を満たす有界作用素 T^* が存在する．T^* を T の**随伴作用素**または**共役作用素**という．

$$\|T^*\| = \|T\|$$

が成り立つ．与えられた線型作用素 $T: H\to H$ に対し，(1.6) を満たす $T^*: H \to H$ が存在すれば，T は有界作用素であり，したがって，T^* は T の随伴作用

素である．容易に分るように，$T^{**}=(T^*)^*$ は T と一致する．有界作用素 T,S に対して

$$(TS)^* = S^*T^*$$

が成り立つ．

有界作用素 T がその随伴作用素 T^* と交換可能なとき，すなわち

$$T^*T = TT^*$$

を満たすとき，T を**有界な正規作用素**という．

有界作用素 T が

$$T^* = T$$

を満たすとき，T を**有界な自己随伴作用素**という．明らかに，有界な自己随伴作用素は有界な正規作用素である．

有界作用素 T がユニタリ作用素であるための必要十分条件は，T が

$$TT^* = I \qquad (I \text{ は } H \text{ の恒等作用素})$$

を満たすことである．これから $T^*=T^{-1}$ を得る．

d) 射影作用素

A を Hilbert 空間 H の閉部分空間とすると，任意の $f \in H$ は

(1.7) $$f = g+h \qquad (g \in A,\ h \in A^{\perp})$$

とただ一通りに分解された．$f \in H$ に (1.7) を満たす g を対応させる写像を P_A とすれば，P_A は H を定義域とする線型作用素でかつ有界：$\|P_A\|=1$ となる．P_A を A の上への**射影作用素**という．

以下，射影作用素の持つ性質を列挙しよう．

1) H を定義域とする作用素 P が射影作用素であるための必要十分条件は

$$P^2 = P, \qquad P = P^*$$

である．

2) 射影作用素 P_A, P_B の積 P_AP_B が射影作用素であるための必要十分条件は

$$P_AP_B = P_BP_A$$

で，そのとき $P_AP_B=P_BP_A=P_{A\cap B}$ が成り立つ．可換の条件 $P_AP_B=P_BP_A$ と部分空間 $A\cap(A\cap B)^{\perp}$，$B\cap(A\cap B)^{\perp}$ が直交することとは同値である．

3) 射影作用素 P_A, P_B の和 P_A+P_B が射影作用素となるための必要十分条件は

$$P_A P_B = O \qquad (O \text{ は } H \text{ における零作用素})$$

で，$P_A+P_B=P_{A+B}$. $P_AP_B=O$ と $A\perp B$ は同値である．

4) 射影作用素 P_A, P_B の差 P_A-P_B が射影作用素となるための必要十分条件は $A\supset B$ であって，このとき $P_A-P_B=P_{A\cap B^\perp}$.

5) 射影作用素 P_A, P_B に対し，

$$\|P_Af\| \geqq \|P_Bf\| \qquad (f\in H)$$

が成り立つための必要十分条件は $A\supset B$ である．このとき $P_A\geqq P_B$ または $P_B\leqq P_A$ と書く．

6) 射影作用素の列 $\{P_n\}_{n=1}^{\infty}$ に対し，

$$P_1 \leqq P_2 \leqq \cdots \leqq P_n \leqq \cdots$$

が成り立つとき，$\{P_n\}_{n=1}^{\infty}$ は単調非減少といい，

$$P_1 \geqq P_2 \geqq \cdots \geqq P_n \geqq \cdots$$

が成り立つとき，$\{P_n\}_{n=1}^{\infty}$ は単調非増加という．単調非減少または単調非増加な射影作用素の列 $\{P_n\}_{n=1}^{\infty}$ はある射影作用素に収束する．

e) 完全連続作用素（コンパクト作用素）

H 全体で定義された線型作用素 T は次の条件を満たすとき**完全連続**といわれる：任意の有界な列 $\{f_n\}_{n=1}^{\infty}$ に対し，列 $\{Tf_n\}_{n=1}^{\infty}$ から収束する部分列が取り出せる．T が完全連続作用素であるための必要十分な条件は，任意の有界集合 $A\subset H$ に対し，その像 $T(A)$ が相対コンパクト（$\overline{T(A)}$ がコンパクトなこと）となることである．このことから完全連続作用素は**コンパクト作用素**ともいわれる．

完全連続作用素は有界作用素である．

問2 このことを証明せよ．逆が成り立たない例を挙げよ．——

次のことが成り立つ．

1) T が完全連続作用素，S が有界作用素ならば，積 TS と ST は完全連続である．

2) T, S が完全連続作用素ならば，$\alpha T+\beta S$ $(\alpha, \beta\in \boldsymbol{C})$ は完全連続である．

3) T が完全連続作用素ならば，T^* も完全連続である．

4) T は有界作用素とする．任意の $\varepsilon>0$ に対し

$$\|T-T_\varepsilon\| < \varepsilon$$

を満たす完全連続作用素 T_ε が存在すれば，T は完全連続作用素である．

Hilbert 空間 H は可分としよう．$\{\varphi_n\}_{n=1}^{\infty}$ を H の完全正規直交系としたとき，有界作用素 T に対し，

$$\sum_{n=1}^{\infty}\|T\varphi_n\|^2<\infty$$

が成り立っているとする．そのとき，他の任意の完全正規直交系 $\{\psi_j\}_{j=1}^{\infty}$ に対し

$$\sum_{n=1}^{\infty}\|T\varphi_n\|^2=\sum_{n=1}^{\infty}\|T\psi_n\|^2$$

が成り立つ．したがって，

$$\|T\|_2=\left(\sum_{n=1}^{\infty}\|T\varphi_n\|^2\right)^{1/2}$$

は完全正規直交系の取り方によらない．このような T を **Hilbert-Schmidt 作用素**といい，$\|T\|_2$ を T の **Hilbert-Schmidt ノルム**という．Hilbert-Schmidt 作用素は完全連続で，$\|T\|\leqq\|T\|_2$ が成り立つ．

問 3　T を Hilbert-Schmidt 作用素とすれば，任意の二つの完全正規直交系 $\{\varphi_n\}_{n=1}^{\infty}$，$\{\psi_n\}_{n=1}^{\infty}$ に対し，

$$\sum_{j,k=1}^{\infty}|(T\varphi_j,\psi_k)|^2=\sum_{j=1}^{\infty}\|T\varphi_j\|^2=\sum_{k=1}^{\infty}\|T^*\psi_k\|^2$$

が成り立つことを証明せよ．——

関数 $K(t,s)$ は区間 I の積 $I\times I$ で定義された可測関数で

$$\int_I\int_I|K(t,s)|^2dtds<\infty \tag{1.8}$$

とする．そのとき，$\int_I|K(t,s)|^2ds<\infty$ (a.e. $t\in I$)，すなわち，$K(t,\cdot)\in L^2(I)$ (a.e. $t\in I$) であるから，任意の $f\in L^2(I)$ に対して，

$$g(t)=\int_I K(t,s)f(s)\,ds=(f(\cdot),\bar{K}(t,\cdot))$$

がほとんどすべての $t\in I$ に対し存在する．さらに，$g(t)$ は可測で

$$\int_I|g(t)|^2dt=\int_I\left|\int_I K(t,s)f(s)\,ds\right|^2dt\leqq\int_I\int_I|K(t,s)|^2dtds\cdot\int_I|f(s)|^2ds$$

が成り立つから，$g\in L^2(I)$ である．f に g を対応させる写像を K で表わすと，K は $L^2(I)$ の有界線型作用素である．このように積分によって定義される作用素 K を**積分作用素**，$K(t,s)$ を K の**積分核**という．(1.8) を満たす関数 $K(t,s)$

を積分核とする積分作用素は Hilbert-Schmidt 作用素で

$$\|K\|_2 \leqq \left(\int_I\int_I |K(t,s)|^2 dtds\right)^{1/2}$$

が成り立つ.

f) 非有界作用素

必ずしも有界でない作用素を考える. したがって Hilbert 空間 H における作用素 T の定義域 $\mathcal{D}(T)$ は一般に H の部分空間であるとする.

2つの作用素 T, S に対し,

$$\mathcal{D}(T) \supset \mathcal{D}(S), \qquad Sf = Tf \quad (f \in \mathcal{D}(S))$$

が成り立つとき, S は T の**縮小**または**制限**, T は S の**拡張**といい,

$$T \supset S \quad \text{または} \quad S \subset T$$

で表わす. 次に, T と S との和 $T+S$ を

$$\mathcal{D}(T+S) = \mathcal{D}(T) \cap \mathcal{D}(S), \qquad (T+S)(f) = Tf+Sf \quad (f \in \mathcal{D}(T+S))$$

によって定義する. $\alpha \in \boldsymbol{C}$ に対し, αT を

$$\mathcal{D}(\alpha T) = \mathcal{D}(T), \qquad (\alpha T)(f) = \alpha \cdot Tf \quad (f \in \mathcal{D}(T))$$

によって定義する. 作用素 T と S との積は

$$\mathcal{D}(TS) = \{f \in \mathcal{D}(S) \mid Sf \in \mathcal{D}(T)\},$$
$$(TS)(f) = T(Sf) \qquad (f \in \mathcal{D}(TS))$$

によって定義される.

問 4 作用素 T_1, T_2, S に対し

$$(T_1+T_2)S = T_1S+T_2S, \qquad S(T_1+T_2) \supset ST_1+ST_2$$

が成り立つことを示せ. ——

作用素 T に対し, $\mathcal{D}(T)$ が稠密であるとき, すなわち, $\overline{\mathcal{D}(T)}=H$ が成り立つとき, T は**稠密に定義された作用素**であるという.

稠密に定義された作用素 T が与えられたとき, $g \in H$ に対し

(1.9) $$(Tf, g) = (f, g^*) \qquad (f \in \mathcal{D}(T))$$

を満たす g^* が存在すれば, g^* は一意的に定まる. (1.9) を満たす g^* が存在するような g の全体 D^* は H の部分空間となる. T に対し

$$\mathcal{D}(T^*) = D^*, \qquad T^*g = g^* \qquad (g \in D^*)$$

によって定義される作用素 T^* を T の**随伴作用素**という. T^{-1} が存在し, T^{-1}

も稠密に定義された作用素ならば，$(T^*)^{-1}$ が存在し，$(T^*)^{-1}=(T^{-1})^*$ が成り立つ．

問5　T が稠密に定義されているとき，次のことを証明せよ．

$$\mathcal{R}(T)^{\perp}=\{g\in\mathcal{D}(T^*)\mid T^*g=0\}.$$

——

稠密に定義された作用素 T が

$$T\subset T^*$$

を満たすとき，T を**対称作用素**といい，

$$T=T^*$$

を満たすとき，T を**自己随伴作用素**という．

問6　$T\supset S$ ならば $T^*\subset S^*$ であることを証明せよ．——

作用素 T が次の条件を満たすとき，T を**閉作用素**という：$\mathcal{D}(T)$ からとった列 $\{f_n\}_{n=1}^{\infty}$ に対し，$f_n\to f$，$Tf_n\to g$ $(n\to\infty)$ ならば，$f\in\mathcal{D}(T)$ かつ $Tf=g$ が成り立つ．

問7　T が閉作用素でかつ T が $\mathcal{D}(T)$ において有界ならば，$\mathcal{D}(T)$ は閉部分空間であることを証明せよ．——

作用素 T に対し，T の拡張でかつ閉作用素であるものを T の**閉拡張**といい，T が閉拡張を持つとき，T を**閉拡張可能**または**前閉作用素**という．T が閉拡張可能ならば，T の閉拡張のうち最小なもの，すなわち，T の閉拡張 $\bar{T}$ で任意の閉拡張 S に対し $\bar{T}\subset S$ を満たすものが存在する．$\bar{T}$ を T の**最小閉拡張**または**閉包**という．

稠密に定義された作用素 T に対し，

1)　T^* は閉作用素である，

2)　T が閉拡張可能であるための必要十分条件は T^{**} が存在すること，すなわち T^* が稠密に定義されていることである，

3)　T が閉拡張可能ならば，$\bar{T}=T^{**}$ が成り立つ．特に T が閉作用素ならば $T=T^{**}$ である．

H 全体で定義された閉作用素は有界作用素であることが知られている．

閉作用素 T が逆作用素 T^{-1} をもてば，T^{-1} も閉作用素である．

§1.3　作用素のスペクトル

a)　レゾルベント

T は Hilbert 空間 H における作用素で稠密に定義されているとする．複素数 λ が次の条件を満たすとき，λ を T の**正則点**という．

1)　作用素 $T-\lambda I$ の逆作用素 $(T-\lambda I)^{-1}$ が存在する．

2)　$(T-\lambda I)^{-1}$ は稠密に定義されている．

3)　$(T-\lambda I)^{-1}$ はその定義域において有界である．

T の正則点全体の集合を T の**レゾルベント集合**といい，$\rho(T)$ で表わす．任意の $\lambda\in\rho(T)$ に対して

$$R(\lambda)=R(\lambda;T)=(T-\lambda I)^{-1}$$

を T の**レゾルベント**という．

問 1　T が閉作用素であれば，レゾルベント $R(\lambda;T)$ は H 全体で定義された有界作用素であることを証明せよ．——

稠密に定義された閉作用素 T のレゾルベントに対して，次の関係式が成り立つ：

$$R(\lambda)-R(\mu)=(\lambda-\mu)R(\lambda)R(\mu)\qquad(\lambda,\mu\in\rho(T)).$$

これからレゾルベントの交換可能性

$$R(\lambda)R(\mu)=R(\mu)R(\lambda)\qquad(\lambda,\mu\in\rho(T))$$

が導かれる．

稠密に定義された閉作用素 T に対し，そのレゾルベント $R(\cdot)$ は $\rho(T)$ から有界作用素の集合 $B(H)$ への写像であって，$R(\cdot)$ は次の意味で $\rho(T)$ において解析的である．任意の $\lambda_0\in\rho(T)$ に対し，$|\lambda-\lambda_0|\leqq\|R(\lambda_0)\|^{-1}$ を満たす λ は $\rho(T)$ に属し，$R(\lambda)$ は

$$R(\lambda)=\sum_{n=0}^{\infty}(\lambda-\lambda_0)^nR(\lambda_0)^{n+1}$$

で与えられる．この式は

$$\left\|R(\lambda)-\sum_{n=0}^{N}(\lambda-\lambda_0)^nR(\lambda_0)^{n+1}\right\|\longrightarrow 0\quad(N\to\infty),$$

すなわち，右辺の級数は $R(\lambda)$ に一様収束することを意味している．したがって，$\rho(T)$ は $\boldsymbol{C}$ の開集合である．

b）スペクトル

稠密に定義された作用素 T に対し，集合 $\sigma(T)=\boldsymbol{C}-\rho(T)$ を T の**スペクトル**という．T のスペクトル $\sigma(T)$ は次のように三つの集合に分割される．

1)　$T-\lambda I$ が逆作用素をもたないような $\lambda\in\boldsymbol{C}$ の全体を T の**点スペクトル**といい，$\sigma_p(T)$ で表わす．

2)　$(T-\lambda I)^{-1}$ が存在し，その定義域は稠密であるが，$(T-\lambda I)^{-1}$ はその定義域で有界でないような λ の全体を T の**連続スペクトル**といい，$\sigma_c(T)$ で表わす．

3)　$(T-\lambda I)^{-1}$ は存在するが，その定義域が稠密でないような λ の全体を T の**剰余スペクトル**といい，$\sigma_r(T)$ で表わす．

定義により，$\rho(T), \sigma_p(T), \sigma_c(T), \sigma_r(T)$ は $\boldsymbol{C}$ の分割である，すなわち，互いに素でその和は $\boldsymbol{C}$ となる．

$\lambda\in\sigma_p(T)$ であるための必要十分条件は，

(1.10)
$$Tf=\lambda f$$

を満たす 0 でない $f\in H$ が存在することである．$\lambda\in\sigma_p(T)$ を T の**固有値**といい，(1.10) を満たす $f\neq 0$ を λ に対応する**固有ベクトル**，(1.10) を満たす f の全体を λ に対応する**固有空間**という．固有空間は H の部分空間である．

問 2　T が閉作用素で $\lambda\in\sigma_p(T)$ ならば，λ に対応する固有空間は閉部分空間であることを示せ．——

稠密に定義された閉作用素 T に対し，$T-\lambda I$ の値域 $\mathcal{R}(T-\lambda I)$ が H の閉部分空間でないような $\lambda\in\boldsymbol{C}$ の全体を T の**真性スペクトル**といい，$\sigma_e(T)$ で表わす．定義から $\sigma_e(T)\subset\sigma(T)$ である．

c）完全連続作用素のスペクトル

Hilbert 空間 H における完全連続作用素 T のスペクトル $\sigma(T)$ について次のことが知られている．

1)　$\sigma(T)$ は高々可算集合で 0 以外に集積点をもたない．

2)　$\lambda\in\sigma(T)$，$\lambda\neq 0$ ならば λ は固有値である：$\lambda\in\sigma_p(T)$．

3)　H が無限次元ならば $0\in\sigma(T)$．

問 3　H における作用素 T の値域 $\mathcal{R}(T)$ が有限次元のとき，次のことを証明せよ．

i)　T は完全連続である．

ii)　$\mathcal{R}(T)$ の次元が n ならば，$\varphi_1, \cdots, \varphi_n, \psi_1, \cdots, \psi_n \in H$ を適当にとって

$$Tf = (f, \psi_1)\varphi_1 + \cdots + (f, \psi_n)\varphi_n \qquad (f \in H)$$

とすることができる．

iii)　0 でない固有値は高々 n 個である．

iv)　H が無限次元ならば，0 は固有値でその固有空間の次元は無限大である．

問 4　$L^2([0, 1])$ における作用素 T を

$$(Tf)(t) = \int_0^t f(s)\, ds \qquad (0 \leqq t \leqq 1)$$

によって定義すると，T は完全連続で $\sigma(T) = \sigma_c(T) = \{0\}$ であることを証明せよ．

問 5　$\{\varphi_n\}_{n=1}^{\infty}$ を H の完全正規直交系として，作用素 T を

$$Tf = \sum_{n=1}^{\infty} \frac{1}{n}(f, \varphi_n)\varphi_{2n}$$

によって定義したとき，次のことを証明せよ．

i)　T は完全連続である（§1.2, e), 4) を使う）．

ii)　$0 \in \sigma_r(T)$．——

$\lambda \neq 0$ は完全連続作用素 T の固有値とする．そのとき，

4)　$\bar{\lambda}$ は T^* の固有値である．

5)　T の $\lambda \neq 0$ に対応する固有空間の次元と T^* の $\bar{\lambda}$ に対応する固有空間の次元は等しく，有限である．

6)　$g \in H$ に対し

$$Tf - \lambda f = g$$

を満たす f が存在するための条件は g が T^* の $\bar{\lambda}$ に対応する固有空間に直交することである．

d)　自己随伴作用素のスペクトル

自己随伴作用素 T のスペクトル $\sigma(T)$ について，次のことが知られている．

1)　$\rho(T) \supset \boldsymbol{C} - \boldsymbol{R}$，すなわち，$\sigma(T) \subset \boldsymbol{R}$．

2)　$\lambda \in \sigma_p(T)$ であるための必要十分条件は $\overline{\mathcal{R}(T - \lambda I)} \neq H$，したがって，$\sigma_r(T) = \phi$．

3)　T の互いに異なる固有値に対応する固有空間は互いに直交する．

自己随伴作用素 T のレゾルベント $R(\lambda)$ に対し，

4) $R(\lambda)^* = R(\bar{\lambda})$ $\quad (\lambda \in \rho(T))$,

5) $\|R(\lambda)\| \leqq 1/|\mathrm{Im}\,\lambda|$ $\quad (\lambda \in \boldsymbol{C}-\boldsymbol{R})$

が成り立つ．4) と $R(\lambda), R(\bar{\lambda})$ の交換可能性から，$R(\lambda)$ は正規作用素であることがいえる．

完全連続な自己随伴作用素 $T(\neq 0)$ に対し，$d=\|T\|=\sup_{\|f\|=1}(Tf, f)$ とおけば，d または $-d$ は T の固有値であることが知られている．

T を完全連続な自己随伴作用素とし，$\lambda_1, \lambda_2, \cdots$ を T の 0 と異なる固有値とする (固有値は有限個でもよい)．ただし $|\lambda_1| \geqq |\lambda_2| \geqq \cdots$ とする．固有値 λ_j に対応する固有空間 (有限次元であった) を張る正規直交系を $\varphi_{j1}, \cdots, \varphi_{jn_j}$ とする．そのとき，任意の $f \in H$ に対し

$$Tf = \sum_{k=1}^{n_1} \lambda_1 (f, \varphi_{1k}) \varphi_{1k} + \sum_{k=1}^{n_2} \lambda_2 (f, \varphi_{2k}) \varphi_{2k} + \cdots,$$

$$\|Tf\|^2 = \sum_{k=1}^{n_1} |(Tf, \varphi_{1k})|^2 + \sum_{k=1}^{n_2} |(Tf, \varphi_{2k})| + \cdots$$

が成り立つ．

e) 単位の分解

任意の実数 λ に射影作用素 $P(\lambda)$ が対応していて，次の条件を満たすとき，$P(\lambda)$ を**単位の分解**という．

1) $\lambda < \mu$ ならば $P(\lambda) \leqq P(\mu)$.

2) $P(\lambda+0) = P(\lambda)$ $\quad (P(\lambda+0) = \lim_{\mu \to \lambda+0} P(\mu))$.

3) $P(-\infty) = O$ $\quad (P(-\infty) = \lim_{\lambda \to -\infty} P(\lambda))$.

4) $P(+\infty) = I$ $\quad (P(+\infty) = \lim_{\lambda \to +\infty} P(\lambda))$.

任意の区間 $J =]\alpha, \beta]$ ($\alpha = -\infty$ でもよい) に対し，

$$P(J) = P(\beta) - P(\alpha)$$

とおくと，1) から $P(J)$ は射影作用素である．有限個の区間 $J_k =]\alpha_k, \beta_k]$ ($k = 1, \cdots, n$) が互いに素であるとき，その和集合 $\Delta = J_1 \cup \cdots \cup J_n$ に対し

$$P(\Delta) = P(J_1) + \cdots + P(J_k)$$

とおくと，再び 1) により $P(\Delta)$ は射影作用素である．有限個の区間 $]\alpha_k, \beta_k]$ の和集合として表わされるような $\boldsymbol{R}$ の部分集合の全体 $\mathcal{F}$ は有限加法族で，$P(\Delta)$ ($\Delta \in \mathcal{F}$) は射影作用素を値とする $\mathcal{F}$ 上の有限加法測度と考えることができる．

このように考えたとき，$P(\varDelta)$ は $\mathscr{F}$ 上で可算加法的測度である．すなわち，可算個の区間 $J_k=]\alpha_k, \beta_k]$ $(k=1, 2, \cdots)$ が互いに素で $\bigcup_{k=1}^{\infty} J_k \in \mathscr{F}$ ならば

$$P\left(\bigcup_{k=1}^{\infty} J_k\right) = \sum_{k=1}^{\infty} P(J_k)$$

が成り立つ．このことから，普通の測度論と同様に，$P(\varDelta)$ $(\varDelta \in \mathscr{F})$ を $\boldsymbol{R}$ の Borel 集合族 $\mathscr{B}$ の上の可算加法的測度に拡張できる．このように拡張された $\mathscr{B}$ 上の測度を $P(\lambda)$ から定まる**スペクトル測度**といい，同じ文字 P で表わす．

普通の Lebesgue-Stieltjes 積分の定義と同様にして，$\boldsymbol{R}$ の有界な Borel 集合 B で定義された有界な Borel 可測関数 $a: B \to \boldsymbol{C}$ に対し，測度 P による積分

$$\int_B a(\lambda) P(d\lambda) \tag{1.11}$$

を定義することができて，(1.11) は有界作用素となる．B が有界区間 $]\alpha, \beta]$ のとき，(1.11) を $\int_\alpha^\beta a(\lambda) P(d\lambda)$ と書く．

$b: B \to \boldsymbol{C}$ が有界 Borel 可測関数であれば

$$\int_B (a(\lambda)+b(\lambda)) P(d\lambda) = \int_B a(\lambda) P(d\lambda) + \int_B b(\lambda) P(d\lambda)$$

が成り立つ．$B_1, B_2 \in \mathscr{B}$ は有界かつ $B_1 \cap B_2 = \phi$ ならば，$B = B_1 \cup B_2$ で定義された有界 Borel 可測関数 $a: B \to \boldsymbol{C}$ に対して

$$\int_B a(\lambda) P(d\lambda) = \int_{B_1} a(\lambda) P(d\lambda) + \int_{B_2} a(\lambda) P(d\lambda)$$

が成り立つ．$a_1: B_1 \to \boldsymbol{C}$, $a_2: B_2 \to \boldsymbol{C}$ も同様としたとき，$B_1 \cap B_2 = \phi$ であれば，

$$\int_{B_1} a_1(\lambda) P(d\lambda) \cdot \int_{B_2} a_2(\lambda) P(d\lambda) = O$$

となる．任意に $f, g \in H$ を固定すると $(P(\lambda)f, g)$ は $\boldsymbol{R}$ において有界変動となる．そのとき

$$\left(\int_B a(\lambda) P(d\lambda) f, g\right) = \int_B a(\lambda)(P(d\lambda)f, g),$$

$$\left(\int_B a(\lambda) P(d\lambda) f, \int_B b(\lambda) P(d\lambda) g\right) = \int_B a(\lambda) \overline{b(\lambda)} (P(d\lambda)f, g),$$

$$\left\|\int_B a(\lambda) P(d\lambda) f\right\|^2 = \int_B |a(\lambda)|^2 \|P(d\lambda) f\|^2$$

が得られる．

$$\left(\int_B a(\lambda)P(d\lambda)\right)^* = \int_B \overline{a(\lambda)}P(d\lambda)$$

に注意すれば，$a : B \to \boldsymbol{R}$ のとき，(1.11) は有界な自己随伴作用素であることが分る．

連続な $a : \boldsymbol{R} \to \boldsymbol{C}$ に対し，H における作用素

$$T = \int_{-\infty}^{\infty} a(\lambda)P(d\lambda) \tag{1.12}$$

を

$$\mathcal{D}(T) = \left\{ f \in H \mid N \to \infty \text{ のとき } \int_{-N}^{N} a(\lambda)P(d\lambda)f \text{ が収束} \right\},$$

$$Tf = \lim_{N\to\infty} \int_{-N}^{N} a(\lambda)P(d\lambda)f \qquad (f \in \mathcal{D}(T))$$

によって定義する．T は稠密に定義され閉作用素であることが知られている．さらに

$$f \in \mathcal{D}(T) \iff \int_{-\infty}^{\infty} |a(\lambda)|^2 \|P(d\lambda)f\|^2 < \infty,$$

$$\|Tf\|^2 = \int_{-\infty}^{\infty} |a(\lambda)|^2 \|P(d\lambda)f\|^2 \qquad (f \in \mathcal{D}(T)),$$

$$(Tf, g) = \int_{-\infty}^{\infty} a(\lambda)(P(d\lambda)f, g) \qquad (f \in \mathcal{D}(T),\ \ g \in H)$$

が成り立つ．a が実数値関数ならば，作用素 (1.12) は自己随伴作用素である．したがって特に

$$\int_{-\infty}^{\infty} \lambda P(d\lambda)$$

は自己随伴作用素である．

f) 自己随伴作用素のスペクトル分解

H における自己随伴作用素 T に対し，単位の分解 $P(\lambda)$ $(\lambda \in \boldsymbol{R})$ がただ一通りに定まって，T は

$$T = \int_{-\infty}^{\infty} \lambda P(d\lambda)$$

と書ける．このような T の積分表示を T の**スペクトル分解**という．T のレゾ

ルベント $R(\lambda)$ とスペクトル測度 P との間には次の関係式が成り立つ.

$$R(\lambda) = \int_{-\infty}^{\infty} \frac{P(d\mu)}{\mu-\lambda} \qquad (\lambda \in \rho(T)),$$

$$P(]\alpha, \beta]) = \lim_{\delta\to+0} \lim_{\varepsilon\to+0} \int_{\alpha+\delta}^{\beta+\delta} (R(\mu+\varepsilon i) - R(\mu-\varepsilon i))\, d\mu.$$

自己随伴作用素 T に対応する単位の分解を $P(\lambda)$, それから定まるスペクトル測度を P とすると, T のスペクトル $\sigma(T)$ とスペクトル測度 P との間には次のような関係が存在する.

1)　$\lambda \in \boldsymbol{R}$ が T の正則点, すなわち, $\lambda \notin \sigma(T)$, $\lambda \in \boldsymbol{R}$ であるための必要十分な条件は, λ を含む開区間 J が存在して, $P(J)=O$ となることである.

2)　λ が固有値, すなわち, $\lambda \in \sigma_p(T)$ であるための必要十分な条件は $P(\{\lambda\})=P(\lambda)-P(\lambda-0) \neq O$ となることである. λ に対応する固有空間は射影作用素 $P(\{\lambda\})$ の値域, すなわち, $P(\{\lambda\})$ を定義する H の閉部分空間である.

3)　λ が T の連続スペクトル $\sigma_c(T)$ に属するための必要十分な条件は, $P(\{\lambda\})=O$ であるが, λ を含む任意の開区間 J に対して $P(J) \neq O$ となることである. $P(J)$ の値域の次元は ∞ である.

自己随伴作用素 T の真性スペクトル $\sigma_e(T)$ については次のことが知られている.

4)　$\lambda \in \sigma_e(T)$ であるための必要十分条件は, λ が $\sigma(T)$ の集積点であることである.

g) 有限な重複度をもつ自己随伴作用素

Hilbert 空間 H_1 における作用素 T_1 と Hilbert 空間 H_2 における作用素 T_2 に対し, H_1 から H_2 へのユニタリ作用素 U が存在して, $\mathcal{D}(T_1)$ は U によって $\mathcal{D}(T_2)$ に移り, $T_2=UT_1U^{-1}$ が成り立つとき, T_1 と T_2 とは**ユニタリ同値**または**同型**という. 作用素に対して定義されたある量がユニタリ同値な作用素に対して一定の値をとるとき, その量を作用素の**ユニタリ不変量**という. そのようなユニタリ不変量として, スペクトルの重複度が定義されるが, ここでは特別な場合を述べるに止める.

T は可分な Hilbert 空間 H における自己随伴作用素で $P(\lambda)$ は T から定まる単位の分解とする. $\mathcal{J}$ で区間の全体の集合を表わす. 次の性質をもつ有限個の

ベクトル $g_1, \cdots, g_n \in H$ が存在するとき，T のスペクトルの重複度は高々 n であるという：H の部分集合 $\{P(\Delta)g_j \mid j=1, \cdots, n ; \Delta \in \mathscr{J}\}$ を含む H の閉部分空間は H 自身である．$g_1, \cdots, g_n$ を T の**生成系**という．生成系のベクトルの個数の最小値を T の**スペクトルの重複度**という．T のスペクトルの重複度を n としたとき，n 個のベクトルからなる生成系を T の**極小生成系**という．

問6　T のスペクトルの重複度を n としたとき，次の性質をもつ T の極小生成系 $g_1, \cdots, g_n$ をとれることを示せ．各 j に対し，$\{P(\Delta)g_j \mid \Delta \in \mathscr{J}\}$ を含む最小の閉部分空間を A_j とすれば，$A_j \perp A_k\ (j \neq k)$．——

$g_1, \cdots, g_n$ を作用素 T の生成系とし，$g_1, \cdots, g_n$ から n 次の行列

$$\Sigma(\lambda) = [(P(\lambda)g_j, g_k)]$$

を作る．Σ は $\boldsymbol{R}$ で定義された行列値関数で，§1.1 の例 1.5 の Σ と同じ性質をもつことがいえる．したがって，この $\Sigma(\lambda)$ から可分な Hilbert 空間 $L_\Sigma{}^2(\boldsymbol{R})$ が得られる．$C_0(\boldsymbol{R})$ の元を成分とする $\boldsymbol{C}^n$ 値関数 $\vec{f}$ の全体 V を定義域とする $L_\Sigma{}^2(\boldsymbol{R})$ における写像 Λ_0 を

$$(\Lambda_0\vec{f})(\lambda) = \lambda\vec{f}(\lambda)$$

によって定義すると，Λ_0 は $L_\Sigma{}^2(\boldsymbol{R})$ における対称作用素である．Λ_0 の最小閉拡張 Λ は $L_\Sigma{}^2(\boldsymbol{R})$ における自己随伴作用素であることが分る．この Λ を**独立変数を掛ける作用素**という．さらに，T は Λ とユニタリ同値であることが知られている．H から $L_\Sigma{}^2(\boldsymbol{R})$ へのユニタリ作用素 U は，

$$f = P(\Delta_1)g_1 + \cdots + P(\Delta_n)g_n$$

の形をした H の元 f に $L_\Sigma{}^2(\boldsymbol{R})$ の元

$$\vec{f}(\lambda) = \begin{bmatrix} \chi_{\Delta_1}(\lambda) \\ \vdots \\ \chi_{\Delta_n}(\lambda) \end{bmatrix}$$

を対応させる写像を H に拡張したものである．ここで $\chi_\Delta(\lambda)$ は区間 Δ の定義関数，すなわち $\chi_\Delta(\lambda)=1\ (\lambda \in \Delta)$，$=0\ (\lambda \notin \Delta)$ によって定義される関数である．U の逆作用素 U^{-1} は

$$U^{-1}\vec{f} = \int_{-\infty}^{\infty} \sum_{j=1}^{n} f_j(\lambda) P(d\lambda) g_j$$

で与えられる．ここで f_j は $\vec{f}$ の第 j 成分である．

$g_1, \cdots, g_n$ が T の生成系のとき，

$$\gamma_j(\Delta) = P(\Delta)g_j \qquad (j=1, \cdots, n;\ \Delta \in \mathcal{J})$$

とおくと，γ_j は $\mathcal{J}$ から H への写像であって

1) $\Delta_1 \subset \Delta_2$ ならば $P(\Delta_1)\gamma_j(\Delta_2) = \gamma_j(\Delta_1)$,

2) $\{\gamma_j(\Delta) \mid j=1, \cdots, n;\ \Delta \in \mathcal{J}\}$ を含む最小の閉部分空間は H 自身である．

自己随伴作用素 T に対し，1), 2) を満たす写像 $\gamma_1, \cdots, \gamma_n : \mathcal{J} \to H$ を T の**広義の生成系**という．

$$\Sigma(\Delta) = [\sigma_{jk}(\Delta)], \qquad \sigma_{jk}(\Delta) = (\gamma_j(\Delta), \gamma_k(\Delta)) \qquad (\Delta \in \mathcal{J})$$

とおけば，$\Sigma(\Delta)$ は $\mathcal{J}$ を定義域とし Hermite 行列を値とする関数である．この $\Sigma(\Delta)$ から，$\boldsymbol{R}$ で定義され Hermite 行列を値とする関数 $\Sigma(\lambda)$ を

$$\Sigma(\lambda) = \Sigma(]0, \lambda])$$

によって定義すれば，$\Sigma(\lambda)$ は例 1.5 の Σ と同じ性質をもつ．この $\Sigma(\lambda)$ を使って Hilbert 空間 $L_\Sigma^2(\boldsymbol{R})$ を作り，$L_\Sigma^2(\boldsymbol{R})$ における自己随伴作用素 Λ を前と同様に定義すれば，T は Λ とユニタリ同値となる．ユニタリ同値を与える H から $L_\Sigma^2(\boldsymbol{R})$ へのユニタリ作用素 U の逆作用素 U^{-1} は

$$f = \int_{-\infty}^{\infty} \sum_{j=1}^{n} f_j(\lambda)\gamma_j(d\lambda)$$

で与えられる．

§1.4 対称作用素の拡張

T を対称作用素としたとき，T の拡張 S で対称作用素であるものを T の**対称拡張**という．S が T の対称拡張であれば，

$$T \subset S \subset S^* \subset T^*$$

が成り立つ．

T が自己随伴であれば，T は真に大きい対称拡張をもたない．T が自己随伴でなくても，T が真に大きい対称拡張をもたないことがある．このような対称作用素を**極大対称作用素**という．

a) 不足指数

対称作用素 T に対し

$$N(\lambda) = \{f \in \mathcal{D}(T^*) \mid T^*f = \lambda f\} \qquad (\lambda \in \boldsymbol{C})$$

とおく．そのとき，$N(\lambda)$ は閉線型部分空間で，その次元は複素 λ 平面の上半平面 $\operatorname{Im}\lambda>0$ と下半平面 $\operatorname{Im}\lambda<0$ のそれぞれで一定となる：

$$\dim N(\lambda) = \begin{cases} \omega^+ & (\operatorname{Im}\lambda>0) \\ \omega^- & (\operatorname{Im}\lambda<0). \end{cases}$$

ω^+, ω^- を T の**不足指数**という．もちろん $\omega^+=\infty$ のことも $\omega^-=\infty$ のこともある．

$N(\lambda)$ は $T-\bar{\lambda}I$ の値域 $\mathcal{R}(T-\bar{\lambda}I)$ の直交補空間

$$N(\lambda) = \mathcal{R}(T-\bar{\lambda}I)^{\perp}$$

であって（§1.2，問5参照），H の閉部分空間である．

b）随伴作用素の定義域

閉対称作用素 T と $\lambda\in \boldsymbol{C}-\boldsymbol{R}$ に対し，$\mathcal{D}(T), N(\lambda), N(\bar{\lambda})$ は互いに1次独立で

$$\mathcal{D}(T^*) = \mathcal{D}(T)\oplus N(\lambda)\oplus N(\bar{\lambda})$$

が成り立つ．したがって，$f\in\mathcal{D}(T^*)$ は一意的に

$$f = f_0+f_\lambda+f_{\bar{\lambda}} \qquad (f_0\in\mathcal{D}(T),\ f_\lambda\in N(\lambda),\ f_{\bar{\lambda}}\in N(\bar{\lambda}))$$

と表わされ，

$$T^*f = Tf_0+\lambda f_\lambda+\bar{\lambda}f_{\bar{\lambda}}$$

となる．

$$g = g_0+g_\lambda+g_{\bar{\lambda}} \qquad (g_0\in\mathcal{D}(T),\ g_\lambda\in N(\lambda),\ g_{\bar{\lambda}}\in N(\bar{\lambda}))$$

とおいて $(T^*f, g)-(f, T^*g)$ を計算すると

$$(T^*f, g)-(f, T^*g) = 2i\operatorname{Im}\lambda\cdot((f_\lambda, g_\lambda)-(f_{\bar{\lambda}}, g_{\bar{\lambda}}))$$

が得られる．これから

$$\operatorname{Im}(T^*f, f) = \operatorname{Im}\lambda\cdot(\|f_\lambda\|^2-\|f_{\bar{\lambda}}\|^2).$$

c）対称拡張

T を閉対称作用素とする．

(1.13)
$$\mathcal{D}(T)\subset D\subset\mathcal{D}(T^*)$$

を満たす H の部分空間 D に対し

$$D^* = \{f\in\mathcal{D}(T^*)\mid(T^*f, g)-(f, T^*g)=0\ (\forall g\in D)\}$$

は $\mathcal{D}(T)\subset D^*\subset\mathcal{D}(T^*)$ を満たす H の部分空間である．D^* を T に関する D の**随伴部分空間**という．

問　次のことを証明せよ．

i) $D_1 \subset D_2 \Longrightarrow D_2{}^* \subset D_1{}^*$, ii) $D^{**} \supset D$,

iii) $(D_1+D_2)^* = D_1{}^* \cap D_2{}^*$, iv) $(D_1 \cap D_2)^* = D_1{}^*+D_2{}^*$. ——

$D \subset D^*$ のとき，D^* を T に関して**対称な部分空間**，$D=D^*$ のとき，D を T に関して**自己随伴な部分空間**，D が T に関して対称な部分空間で包含関係で極大であるとき，D を T に関して**極大な対称部分空間**であるという．(1.13) を満たす H の部分空間 D に対し，T_D を T^* の D への制限：

$$\mathcal{D}(T_D) = D, \qquad T_D f = T^* f \quad (f \in D)$$

とする．そのとき，次のことが成り立つ．

1) T_D が T の対称拡張であるためには D が T に関して対称な部分空間であることが必要十分である．

2) T_D が T の自己随伴な拡張であるためには D が T に関して自己随伴な部分空間であることが必要十分である．

3) T_D が T の極大な対称拡張であるためには D が T に関して極大な対称部分空間であることが必要十分である．

4) T_D が T の閉拡張であるためには

$$D \cap (N(\lambda) \oplus N(\bar{\lambda}))$$

が H の閉部分空間であることが必要十分である．

5) T_D が T の閉対称拡張であるための必要十分条件は $N(\lambda)$ の閉部分空間 A から $N(\bar{\lambda})$ の閉部分空間 B の上への部分等長作用素 V で

$$D = \{f_0+\varphi+V\varphi \mid f_0 \in \mathcal{D}(T), \varphi \in A\},$$

$$T_D(f_0+\varphi+V\varphi) = Tf_0+\lambda\varphi+\bar{\lambda}V\varphi$$

を満たすものが存在することである．特に T_D が T の自己随伴拡張であるためには $A=N(\lambda)$，$B=N(\bar{\lambda})$ となることが必要十分である．

6) T が自己随伴拡張をもつための必要十分条件は

$$\omega^+ = \omega^-$$

が成り立つことである．T 自身が自己随伴であるための必要十分条件は $\omega^+=\omega^-=0$ である．

d) Cayley 変換

T が対称作用素ならば，$\lambda \in \boldsymbol{C}-\boldsymbol{R}$ に対して

$$\|Tf-\lambda f\| \geqq |\mathrm{Im}\,\lambda| \|f\| \qquad (f \in \mathcal{D}(T))$$

が成り立つ．したがって，$(T-\lambda I)^{-1}$ が存在し $\mathcal{D}((T-\lambda I)^{-1})=\mathcal{R}(T-\lambda I)$ において有界である：

$$\|(T-\lambda I)^{-1}f\| \leqq \frac{1}{|\mathrm{Im}\,\lambda|}\|f\| \qquad (f\in\mathcal{D}((T-\lambda I)^{-1})).$$

T が閉対称作用素ならば，$\lambda\in \boldsymbol{C}-\boldsymbol{R}$ に対し $(T-\lambda I)^{-1}$ も閉作用素であるから，$\mathcal{R}(T-\lambda I)=\mathcal{D}((T-\lambda I)^{-1})$ は H の閉部分空間である．

対称作用素 T に対し

$$V=(T-\lambda I)(T-\bar{\lambda}I)^{-1} \qquad (\lambda\in \boldsymbol{C}-\boldsymbol{R})$$

は $\mathcal{R}(T-\bar{\lambda}I)$ から $\mathcal{R}(T-\lambda I)$ の上への部分等長作用素である．V を T の **Cayley 変換**という．T は V によって

$$T=(\bar{\lambda}V-\lambda I)(V-I)^{-1} \tag{1.14}$$

によって与えられる．Cayley 変換について次のことが知られている．

1)　V が部分等長変換で $(V-I)\mathcal{D}(V)$ が H で稠密であれば，(1.14) によって定義される T は対称作用素で，T の Cayley 変換は V である．

2)　T が閉対称作用素であることとその Cayley 変換が閉作用素であることは同値である．

3)　T_1, T_2 が対称作用素，その Cayley 変換を V_1, V_2 とする．$T_1\subset T_2$ であることと $V_1\subset V_2$ であることは同値である．

4)　T が自己随伴作用素であるためにはその Cayley 変換 V がユニタリ作用素であることが必要十分である．

問　題

H は可分な Hilbert 空間とする．H が可分でなくても成り立つ命題がある．例えば問題1である．

1　次の等式を証明せよ．

i)　$\|f+g\|^2+\|f-g\|^2=2(\|f\|^2+\|g\|^2) \qquad (f, g\in H).$

ii)　$\|2f-g-h\|^2+\|2g-h-f\|^2+\|2h-f-g\|^2$
$\qquad =3(\|f-g\|^2+\|g-h\|^2+\|h-f\|^2) \qquad (f, g, h\in H).$

2　H で定義された汎関数 $p: H\to \boldsymbol{R}$ が条件.

a)　$p(f)\geqq 0 \qquad (f\in H),$

b)　$p(f+g)\leqq p(f)+p(g) \qquad (f, g\in H),$

c) $p(\lambda f)=|\lambda|p(f)$ $(\lambda\in\boldsymbol{C},\ f\in H)$

を満たしているとき，次のことを証明せよ．

p が下に半連続ならば，すなわち，任意の $f_0\in H$ と任意の $\varepsilon>0$ に対して，適当に $\delta>0$ をとると，$\|f-f_0\|<\delta\ (f\in H)$ のとき，

$$p(f)\geqq p(f_0)-\varepsilon$$

が成り立つならば，定数 $M>0$ が存在して

$$p(f)\leqq M\|f\| \qquad (f\in H).$$

3 $\{f_n\}$ は H のベクトル列，$f\in H$ とする．任意の $g\in H$ に対し

$$(f_n, g)\longrightarrow (f, g) \quad (n\to\infty)$$

となるとき，$\{f_n\}$ は f に弱収束するといい，

$$f_n\longrightarrow f\ (弱) \quad または \quad \text{w-lim}\, f_n=f$$

と書く．($\{f_n\}$ がノルムの意味で収束するとき，$\{f_n\}$ は f に強収束するといい，$f_n\to f$ (強) または $\text{s-lim}\, f_n=f$ と書く．)

次のことを証明せよ．

i) $f_n\to f$ (強) ならば $f_n\to f$ (弱).

ii) $f_n\to f$ (弱)，$\|f_n\|\to\|f\|$ ならば $f_n\to f$ (強).

iii) $f_n\to f$ (弱) ならば $\|f\|\leqq\liminf\|f_n\|$.

iv) 任意の $g\in H$ に対し，$\{(f_n, g)\}$ が Cauchy 列であれば，$\{\|f_n\|\}$ は有界で，$f\in H$ が存在して $f_n\to f$ (弱) となる．

v) $f_n\to f$ (弱)，$g_n\to g$ (強) ならば $(f_n, g_n)\to(f, g)$ $(n\to\infty)$.

vi) $\{\|f_n\|\}$ が有界ならば，$\{f_n\}$ から弱収束する部分列をぬき出せる．

4 $\{T_n\}$ は H で定義された有界線型作用素，T は H で定義された線型作用素とする．任意の $f\in H$ に対し $T_nf\to Tf$ (弱) となるとき，$\{T_n\}$ は T に弱収束するといい，$T_n\to T$ (弱) で表わす．次のことを証明せよ．

i) $T_n\to T$ (弱) のとき，$\{\|T_n\|\}$ は有界で T は有界作用素である．

ii) 列 $\{T_n\}$ に対し $\{\|T_n\|\}$ が有界ならば，$\{T_n\}$ の部分列で弱収束するものが存在する．

5 P, Q は H の閉部分空間 A, B から定まる射影作用素とする：$P=P_A$，$Q=P_B$. 次のことを示せ．

i) $\|P-Q\|\leqq 1$.

ii) $\|P-Q\|<1$ ならば $\dim A=\dim B$.

6 有界な自己随伴作用素 T に対し

$$\begin{aligned}\|T\|&=\sup\{|(Tf, f)|\,\|f\|=1,\ f\in H\}\\&=\sup\{|(Tf, g)|\,\|f\|=\|g\|=1,\ f, g\in H\}\end{aligned}$$

が成り立つことを証明せよ．

第2章　線型常微分作用素

本章では，区間 I において定義された単独高階の線型常微分作用素

$$L = p_0(t)\frac{d^n}{dt^n}+p_1(t)\frac{d^{n-1}}{dt^{n-1}}+\cdots+p_n(t)$$

に関する基本事項の説明と，L を使って $L^2(I)$ の作用素の自然な導入がなされる.

L に関する説明は§2.1～§2.4においてなされるが，そこで述べられることの大部分は常微分方程式論の成書に書かれていることである．したがって，線型常微分方程式の解の存在と一意性などの基礎的定理は証明なしに述べておいた.

$L^2(I)$ における作用素の導入は最後の節§2.5で行われる.

§2.1　連立線型常微分方程式

連立線型常微分方程式

$$\frac{dx_j}{dt} = \sum_{k=1}^{n} p_{jk}(t)\,x_k+f_j(t) \qquad (j=1,\cdots,n) \tag{2.1}$$

から出発しよう．ここで $p_{jk}(t), f_j(t)$ はすべて区間 I において定義された複素数値関数とする：$p_{jk}, f_j : I\to \boldsymbol{C}$.

a) 存在定理

読者のよく知っている次の存在定理を証明なしで述べよう.

定理2.1　p_{jk}, f_j がすべて区間 I において連続ならば，任意の $\tau\in I$ と任意の $\xi_1, \xi_2, \cdots, \xi_n\in \boldsymbol{C}$ に対して，初期条件

$$x_j(\tau) = \xi_j \qquad (j=1,\cdots,n) \tag{2.2}$$

を満たす(2.1)の解が区間 I において存在し，しかもただ一つである．——

ここで(2.1)の解とはいたる所微分可能で(2.1)を恒等的に満たす関数のことであることに注意しよう.

初期条件(2.2)を満たす(2.1)の解は連立積分方程式

$$(2.3)\qquad x_j(t)=\xi_j+\int_\tau^t\left(\sum_{k=1}^n p_{jk}(s)x_k(s)+f_j(s)\right)ds\qquad (j=1,\cdots,n)$$

の連続解であり，逆に，(2.3) の連続解は (2.2) を満たす (2.1) の解である．したがって，定理 2.1 を証明するには，(2.3) が I において連続な解をもち，かつ解はただ一つであることを示せばよい．

定理 2.1 において p_{jk}, f_j はすべて I で連続と仮定したが，この仮定をゆるめて，p_{jk}, f_j は I において可測としよう．これに応じて，解の意味を拡張しなくてはならない．そのために，絶対連続な関数の性質を想いおこそう．有界閉区間 $[\alpha,\beta]$ で定義された複素数値絶対連続関数 $\varphi(t)$ は $[\alpha,\beta]$ のほとんどいたる所で微分可能であって，その導関数 $\varphi'(t)$ は $[\alpha,\beta]$ において可積分かつ

$$\varphi(t)=\varphi(\gamma)+\int_\gamma^t\varphi'(t)\,dt\qquad(\alpha\leqq t\leqq\beta)$$

が成り立つ．ここで γ は $[\alpha,\beta]$ の任意の点である．このことから，(2.1) の解を次のように定義しよう．関数 $(x_1(t),\cdots,x_n(t))$ が区間 I における (2.1) の解であるとは，

1) $x_1(t),\cdots,x_n(t)$ は I の任意のコンパクトな部分区間において絶対連続である．したがって，I においてほとんどいたる所定義された導関数 $x_1'(t),\cdots,x_n'(t)$ が存在する，

2) $x_1(t),\cdots,x_n(t)$ は I のほとんどいたる所で (2.1) を満たす，

ことである．そのとき，次の定理が成り立つ．

定理 2.2 p_{jk}, f_j はすべて区間 I において可測で，I の任意のコンパクトな部分区間において可積分とする．そのとき，任意の $\tau\in I$ と任意の $\xi_1,\cdots,\xi_n\in\boldsymbol{C}$ に対し，初期条件 (2.2) を満たす (2.1) の解が区間 I においてただ一つ存在する．——

絶対連続関数の性質から，いまの場合にも，(2.2) を満たす (2.1) の解を求めることと (2.3) の連続解を求めることが同値であることがいえる．(2.3) の解の存在と一意性の証明は，逐次近似法を使えば，p_{jk}, f_j が連続の場合とまったく同様にしてできる．

$f_j\in L^2(I)$ $(j=1,\cdots,n)$ とする．そのとき，f_j は I の任意のコンパクトな部分区間で 2 乗可積分，したがって，可積分であるから，次の系が成り立つ．

系 p_{jk} は I の任意のコンパクトな部分区間で可積分，f_j は I において2乗可積分とする．そのとき，任意の $\tau\in I$ と任意の $\xi_1,\cdots,\xi_n\in \boldsymbol{C}$ に対し，初期条件(2.2)を満たす(2.1)の解がただ一つ I において存在する．

b）初期値とパラメータへの依存性

1個のパラメータ λ を含む連立線型常微分方程式

$$\frac{dx_j}{dt}=\sum_{k=1}^{n}p_{jk}(t,\lambda)\,x_k+f_j(t,\lambda)\qquad (j=1,\cdots,n) \tag{2.4}$$

を考える．初期条件(2.2)を満たす(2.4)の解は初期値 $\tau,\xi_1,\cdots,\xi_n$ とパラメータ λ の値によってきまるから，それを

$$x_j=\varphi_j(t,\tau,\xi_1,\cdots,\xi_n,\lambda)\qquad (j=1,\cdots,n) \tag{2.5}$$

と書こう．$p_{jk}(t,\lambda), f_j(t,\lambda)$ が λ について滑らかであればあるほど，$\varphi_j(t,\tau,\xi_1,\cdots,\xi_n,\lambda)$ も λ について滑らかになる．しかし，ここでは次の特別な場合について述べるに止める．

定理2.3 λ は複素平面 $\boldsymbol{C}$ の領域 Λ を動く複素パラメータとし，次のように仮定する．

1) $p_{jk}(t,\lambda), f_j(t,\lambda)$ は区間 I と領域 Λ との直積 $I\times\Lambda$ で定義された複素数値関数である．

2) $p_{jk}(t,\lambda), f_j(t,\lambda)$ は，任意に $\lambda\in\Lambda$ を固定すると t の関数として I において可測，ほとんどすべての $t\in I$ を固定すると λ の関数として Λ において整型である．

3) Λ の任意のコンパクトな部分集合 Δ に対し，I で可測な関数 $m_\Delta(t)$ で

$$|p_{jk}(t,\lambda)|\leqq m_\Delta(t),\qquad |f_j(t,\lambda)|\leqq m_\Delta(t)\qquad (t\in I,\ \ \lambda\in\Delta)$$

を満たし，かつ $m_\Delta(t)$ は I の任意のコンパクトな部分区間で可積分となるものが存在する．

そのとき，初期条件(2.2)を満たす(2.4)の解を(2.5)とおけば，$\varphi_j(t,\tau,\xi_1,\cdots,\xi_n,\lambda)$ は，$(t,\tau,\xi_1,\cdots,\xi_n,\lambda)$ の関数として $I\times I\times\boldsymbol{C}^n\times\Lambda$ において連続であり，$t,\tau\in I$ を固定したとき，$(\xi_1,\cdots,\xi_n,\lambda)$ の関数として $\boldsymbol{C}^n\times\Lambda$ において整型である．——

系 定理の仮定1),2),3)が満たされているとする．$\xi_1(\lambda),\cdots,\xi_n(\lambda)$ は Λ において整型な関数とする．そのとき，初期条件

$$x_j(\tau) = \xi_j(\lambda) \qquad (j=1, \cdots, n)$$

を満たす解を

$$x_j = \varphi_j(t, \tau, \lambda) \qquad (j=1, \cdots, n)$$

とおけば，$\varphi_j(t, \tau, \lambda)$ は $t, \tau \in I$ を固定したとき，λ について Λ において整型である．

c) 同次方程式

同次の連立線型微分方程式

$$\frac{dx_j}{dt} = \sum_{k=1}^{n} p_{jk}(t)\, x_k \qquad (j=1, \cdots, n) \tag{2.6}$$

において，$p_{jk}(t)$ は区間 I で可測で，I の任意のコンパクトな部分区間で可積分とする．よく知られているように，(2.6) の解の1次結合はまた (2.6) の解であり，(2.6) は n 個の1次独立な解をもち，任意の解はそれらの1次結合である．つまり，(2.6) の解の全体は複素 n 次元ベクトル空間を作っている．(2.6) の n 個の1次独立な解を (2.6) の**解の基本系**ともいう．(2.6) の解の作るベクトル空間の基底とは (2.6) の解の基本系にほかならない．

$$\begin{cases} x_1 = \varphi_{11}(t) \\ \vdots \\ x_n = \varphi_{n1}(t) \end{cases} \quad \cdots\cdots \quad \begin{cases} x_1 = \varphi_{1n}(t) \\ \vdots \\ x_n = \varphi_{nn}(t) \end{cases}$$

を (2.6) の解の基本系としたとき，行列

$$\Phi(t) = \begin{bmatrix} \varphi_{11}(t) & \cdots & \varphi_{1n}(t) \\ \vdots & & \vdots \\ \varphi_{n1}(t) & \cdots & \varphi_{nn}(t) \end{bmatrix} \tag{2.7}$$

を (2.6) の**解の基本系行列**という．$\Phi(t)$ の行列式 $\det \Phi(t)$ に対し

$$\det \Phi(t) = \det \Phi(\tau) \exp \int_\tau^t \sum_{j=1}^{n} p_{jj}(s)\, ds$$

が成り立つ．

d) 定数変化法

同次方程式 (2.6) の解の基本系が求められれば，いわゆる定数変化法によって，非同次方程式 (2.1) の解を求めることができる．

ベクトル記法を使う方が見やすいので，次のようにおこう．

$$\vec{x} = \begin{bmatrix} x_1 \\ \vdots \\ x_n \end{bmatrix}, \qquad P(t) = \begin{bmatrix} p_{11}(t) & \cdots & p_{1n}(t) \\ \vdots & & \vdots \\ p_{n1}(t) & \cdots & p_{nn}(t) \end{bmatrix}, \qquad \vec{f}(t) = \begin{bmatrix} f_1(t) \\ \vdots \\ f_n(t) \end{bmatrix}.$$

そのとき，(2.1) と (2.6) はそれぞれ

(2.8) $$\vec{x}' = P(t)\vec{x} + \vec{f}(t),$$

(2.9) $$\vec{x}' = P(t)\vec{x}$$

と書かれる．(2.7) を (2.9) の解の基本系行列とすれば，$\Phi(t)$ は

$$\Phi'(t) = P(t)\Phi(t)$$

を満たしている．

変数変換

(2.10) $$\vec{x} = \Phi(t)\vec{y}$$

を (2.8) に施すと，

$$\vec{x}' = \Phi(t)\vec{y}' + \Phi'(t)\vec{y} = \Phi(t)\vec{y}' + P(t)\Phi(t)\vec{y},$$

$$P(t)\vec{x} + \vec{f}(t) = P(t)\Phi(t)\vec{y} + \vec{f}(t)$$

であるから，$\Phi(t)\vec{y}' = \vec{f}(t)$ となる．したがって

$$\vec{y} = \Phi^{-1}(t)\vec{f}(t)$$

が変換された方程式である．明らかに

$$\vec{y}(t) = \int_\tau^t \Phi^{-1}(s)\vec{f}(s)\,ds$$

は変換された方程式の一つの解である．これを (2.10) に代入して，(2.8) の解

$$\Phi(t)\int_\tau^t \Phi^{-1}(s)\vec{f}(s)\,ds = \int_\tau^t \Phi(t)\Phi^{-1}(s)\vec{f}(s)\,ds$$

が得られた．

$$U(t, s) = \Phi(t)\Phi^{-1}(s)$$

とおき，s を固定し $U(t, s)$ を t の関数とみれば，$U(t, s)$ は n 次の正方行列 X に対する微分方程式

(2.11) $$\frac{dX}{dt} = P(t)X$$

の解である．さらに

$$U(s,s)=I \qquad (I\text{ は単位行列})$$

であるから，$U(t,s)$ は初期条件

$$X(s)=I$$

を満たす (2.11) の解である．したがって，$U(t,s)$ は (2.9) の解の基本系行列のとり方によらないで，(2.9) 自身から定まる．

問 1　$\Psi(t)$ を (2.9) の解の基本系行列とすれば，$\Psi(t)=\Phi(t)C$ $(C\in GL(n,\boldsymbol{C}))$ と書けることを使って $\Phi(t)\Phi^{-1}(s)=\Psi(t)\Psi^{-1}(s)$ を導け．

問 2　$\Phi^{-1}(t)$ は

$$\vec{x}'=-{}^tP(t)\vec{x} \qquad ({}^tP(t)\text{ は }P(t)\text{ の転置行列を表わす})$$

の解の基本系行列であることを示せ．

問 3　$\bar{\Phi}^{-1}(t)$ ($\bar{}$ は複素共役を表わす) は

$$\vec{x}'=-P^*(t)\vec{x} \qquad (P^*(t)={}^t\overline{P(t)})$$

の解の基本系行列であることを示せ．

§2.2　高階線型常微分方程式

単独 n 階線型常微分方程式

$$p_0(t)\frac{d^nx}{dt^n}+p_1(t)\frac{d^{n-1}x}{di^{n-1}}+\cdots+p_{n-1}(t)\frac{dx}{dt}+p_n(t)x=f(t) \tag{2.12}$$

を考える．$p_0(t),\cdots,p_n(t),f(t)$ は区間 I で定義された複素数値関数とする．

$$x_1=x, \quad x_2=x', \quad \cdots, \quad x_n=x^{(n-1)}$$

とおくと，(2.12) は連立微分方程式

$$\begin{cases} x_1{}'=x_2, \\ x_2{}'=x_3, \\ \vdots \\ x_{n-1}{}'=x_n, \\ x_n{}'=-\dfrac{p_n(t)}{p_0(t)}x_1-\cdots-\dfrac{p_1(t)}{p_0(t)}x_n+\dfrac{f(t)}{p_0(t)} \end{cases}$$

に変換される．また条件

$$x^{(j-1)}(\tau)=\xi_j \qquad (j=1,\cdots,n) \tag{2.13}$$

は条件

$$x_j(\tau)=\xi_j \qquad (j=1,\cdots,n)$$

になる．この事実から，前節の結果を方程式 (2.12) に適用できる．

a) 存在定理

定理 2.4 $p_0,\cdots,p_n,f$ は区間 I で可測で，$p_1/p_0,\cdots,p_n/p_0,f/p_0$ は I の任意のコンパクトな部分区間で可積分とする．そのとき，任意の $\tau\in I$ と任意の $\xi_1,\cdots,\xi_n\in \boldsymbol{C}$ に対し，初期条件 (2.13) を満たす (2.12) の解が I において存在しただ一つである．——

ここで $x=\varphi(t)$ が (2.12) の解であるとは，$\varphi(t)$ が区間 I で $n-1$ 回連続微分可能で，$\varphi^{(n-1)}$ が I の任意のコンパクトな部分区間で絶対連続，かつ (2.12) を I においてほとんどいたる所満たすことである．

系 1 $p_0,\cdots,p_n,f$ は I で可測，$p_1/p_0,\cdots,p_n/p_0$ は I の任意のコンパクトな部分区間で可積分，f/p_0 は I の任意のコンパクトな部分区間で 2 乗可積分のときにも定理の結論が成り立つ．

系 2 $p_0,\cdots,p_n$ は I で連続，$p_0(t)\neq 0\ (t\in I)$，f は L の任意のコンパクトな部分区間で 2 乗可積分のときにも解の存在と一意性が成り立つ．

b) 初期値とパラメータへの依存性

複素パラメータ λ を含む方程式

$$p_0(t,\lambda)\frac{d^nx}{dt^n}+\cdots+p_{n-1}(t,\lambda)\frac{dx}{dt}+p_n(t,\lambda)x=f(t,\lambda) \tag{2.14}$$

を考える．I は区間，Λ は $\boldsymbol{C}$ 内の領域とする．

定理 2.5 次の仮定をおく．

1) $p_0(t,\lambda),\cdots,p_n(t,\lambda),f(t,\lambda)$ は $I\times\Lambda$ で定義された複素数値関数である．

2) $p_0(t,\lambda),\cdots,p_n(t,\lambda),f(t,\lambda)$ は，任意に $\lambda\in\Lambda$ を固定すると，t の関数として I において可測，ほとんどすべての $t\in I$ を固定すると，λ の関数として λ において整型である．

3) Λ の任意のコンパクトな部分集合 Δ に対し，次の性質を持つ I 上の可測関数 m_Δ が存在する：$I\times\Delta$ において

$$|p_j(t,\lambda)/p_0(t,\lambda)|\leqq m_\Delta(t) \qquad (j=1,\cdots,n),$$
$$|f(t,\lambda)/p_0(t,\lambda)|\leqq m_\Delta(t),$$

かつ m_Δ は I に含まれる任意の有界閉区間で可積分である．

そのとき，初期条件 (2.13) を満たす (2.14) の解を $x=\varphi(t,\tau,\xi_1,\cdots,\xi_n,\lambda)$ とすれば，$\varphi,\partial\varphi/\partial t,\cdots,\partial^{n-1}\varphi/\partial t^{n-1}$ は $(t,\tau,\xi_1,\cdots,\xi_n,\lambda)$ の関数として $I\times I\times \boldsymbol{C}^n\times\Lambda$ で連続で，$t,\tau\in I$ を任意に固定したとき，$(\xi_1,\cdots,\xi_n,\lambda)$ の関数として $\boldsymbol{C}^n\times\Lambda$ において整型である．——

あとでわれわれが考える方程式は

$$p_0(t)\frac{d^nx}{dt^n}+p_1(t)\frac{d^{n-1}x}{dt^{n-1}}+\cdots+p_{n-1}(t)\frac{dx}{dt}+p_n(t)x=\lambda x+f(t) \tag{2.15}$$

である．このときには次の定理が成り立つ．

定理 2.6　定理 2.4 の仮定のもとで，初期条件 (2.13) を満たす (2.15) の解を $\varphi(t,\tau,\xi_1,\cdots,\xi_n,\lambda)$ とすれば，$\varphi,\partial\varphi/\partial t,\cdots,\partial^{n-1}\varphi/\partial t^{n-1}$ は $(t,\tau,\xi_1,\cdots,\xi_n,\lambda)$ の関数として $I\times I\times\boldsymbol{C}^n\times\boldsymbol{C}$ において連続，$t,\tau\in I$ を固定したとき，$(\xi_1,\cdots,\xi_n,\lambda)$ の関数として $\boldsymbol{C}^n\times\boldsymbol{C}$ において整型である．

系　$p_0(t),\cdots,p_n(t)$ は I で連続，$p_0(t)\neq 0\ (t\in I)$，かつ $f\in L^2(I)$ のときにも定理 2.6 の結論が成り立つ．

c）同次方程式

同次 n 階線型微分方程式

$$p_0(t)\frac{d^nx}{dt^n}+p_1(t)\frac{d^{n-1}x}{dt^{n-1}}+\cdots+p_{n-1}(t)\frac{dx}{dt}+p_n(t)x=0 \tag{2.16}$$

を考える．係数 $p_0,\cdots,p_n$ は定理 2.4 の仮定を満たすとする．方程式 (2.16) の解の全体は $\boldsymbol{C}$ 上の n 次元ベクトル空間を作る．このベクトル空間を (2.16) の**解空間**とよぶことにする．(2.16) の n 個の 1 次独立な解を (2.16) の**解の基本系**という．(2.16) の解の基本系が (2.15) の解空間の基底である．

一般に，n 個の $n-1$ 回微分可能な関数 $\varphi_1(t),\cdots,\varphi_n(t)$ に対し，行列

$$\begin{bmatrix}\varphi_1(t) & \cdots & \varphi_n(t)\\ \varphi_1'(t) & \cdots & \varphi_n'(t)\\ \vdots & & \vdots\\ \varphi_1^{(n-1)}(t) & \cdots & \varphi_n^{(n-1)}(t)\end{bmatrix}$$

を $\varphi_1,\cdots,\varphi_n$ の **Wronski 行列**という．その行列式を $\varphi_1,\cdots,\varphi_n$ の **Wronski 行列式**といい，

$$W(\varphi_1,\cdots,\varphi_n)(t)$$

で表わす．

(2.16) の n 個の解 $\varphi_1, \cdots, \varphi_n$ から作った Wronski 行列式 $W(\varphi_1, \cdots, \varphi_n)(t)$ に対し

$$W(\varphi_1, \cdots, \varphi_n)(t) = W(\varphi_1, \cdots, \varphi_n)(\tau) \exp \int_\tau^t -\frac{p_1(s)}{p_0(s)} ds$$

が成り立つ．$\varphi_1, \cdots, \varphi_n$ が (2.16) の解の基本系であるための条件は $W(\varphi_1, \cdots, \varphi_n)(t) \neq 0$ となることである．

d）定数変化法

本節のはじめに述べたように方程式 (2.12) は

$$x_1 = x, \quad x_2 = x', \quad \cdots, \quad x_n = x^{(n-1)}$$

とおくことにより，連立線型微分方程式に変換された．この連立方程式は

$$P(t) = \begin{bmatrix} 0 & 1 & & 0 \\ & \ddots & \ddots & \\ 0 & & \ddots & 1 \\ -p_n/p_0 & & \cdots & -p_1/p_0 \end{bmatrix}, \quad \vec{f}(t) = \begin{bmatrix} 0 \\ \vdots \\ 0 \\ f/p_0 \end{bmatrix}$$

とおくことにより

(2.17) $$\vec{x}' = P(t)\vec{x} + \vec{f}(t)$$

と表わされる．(2.12) に附属する同次方程式 (2.16) は

(2.18) $$\vec{x}' = P(t)\vec{x}$$

と書ける．

(2.16) の解の基本系 $\varphi_1, \cdots, \varphi_n$ が求まったとしよう．$\varphi_1, \cdots, \varphi_n$ の Wronski 行列

$$\Phi(t) = \begin{bmatrix} \varphi_1 & \cdots & \varphi_n \\ \varphi_1' & \cdots & \varphi_n' \\ \vdots & & \vdots \\ \varphi_1^{(n-1)} & \cdots & \varphi_n^{(n-1)} \end{bmatrix}$$

は (2.18) の解の基本系行列であるから，

$$\int_\tau^t \Phi(t)\Phi^{-1}(s)\vec{f}(s)\,ds$$

が (2.17) の解である．$\Phi(t)\Phi^{-1}(s)\vec{f}(s)$ を計算しよう．$\vec{f}$ の第1成分から第 $n-1$

成分までは0であるから，$\Phi^{-1}(s)\vec{f}(s)$ を計算するには $\Phi^{-1}(s)$ の第 n 列だけを求めればよい．Wronski 行列式 $W(\varphi_1, \cdots, \varphi_n)(s) = \det \Phi(s)$ の (n, k) 要素 $\varphi_k{}^{(n-1)}(s)$ の余因子を $W_k(\varphi_1, \cdots, \varphi_n)(s)$ で表わせば，$W_k(\varphi_1, \cdots, \varphi_n)(s)/W(\varphi_1, \cdots, \varphi_n)(s)$ が $\Phi^{-1}(s)$ の (k, n) 要素である．したがって，$\Phi^{-1}(s)\vec{f}(s)$ は

$$\Phi^{-1}(s)\vec{f}(s) = \frac{f(s)}{p_0(s)\,W(\varphi_1, \cdots, \varphi_n)(s)}\begin{bmatrix} W_1(\varphi_1, \cdots, \varphi_n)(s) \\ \vdots \\ W_n(\varphi_1, \cdots, \varphi_n)(s) \end{bmatrix}$$

で与えられる．これから

$$\Phi(t)\Phi^{-1}(s)\vec{f}(s) = \frac{f(s)}{p_0(s)\,W(\varphi_1, \cdots, \varphi_n)(s)}\begin{bmatrix} \sum_{k=1}^{n} \varphi_k(t)\, W_k(\varphi_1, \cdots, \varphi_n)(s) \\ \vdots \\ \sum_{k=1}^{n} \varphi_k{}^{(n-1)}(t)\, W_k(\varphi_1, \cdots, \varphi_n)(s) \end{bmatrix}$$

を得る．これから次の定理が得られた．

定理 2.7

(2.19)
$$x(t) = \int_\tau^t \sum_{k=1}^{n} \varphi_k(t) \frac{W_k(\varphi_1, \cdots, \varphi_n)(s)}{W(\varphi_1, \cdots, \varphi_n)(s)} \frac{f(s)}{p_0(s)} ds$$

は (2.12) の解で，その導関数 $x'(t), \cdots, x^{(n-1)}(t)$ は

(2.20)
$$x^{(j)}(t) = \int_\tau^t \sum_{k=1}^{n} \varphi_k{}^{(j)}(t) \frac{W_k(\varphi_1, \cdots, \varphi_n)(s)}{W(\varphi_1, \cdots, \varphi_n)(s)} \frac{f(s)}{p_0(s)} ds \qquad (j=1, \cdots, n-1)$$

で与えられる．

系 1　(2.12) の解 (2.19) は初期条件

$$x(\tau) = x'(\tau) = \cdots = x^{(n-1)}(\tau) = 0$$

を満たす．

系 2　解 (2.19) に対し

(2.21)
$$x^{(n)}(t) = \int_\tau^t \sum_{k=1}^{n} \varphi_k{}^{(n)}(t) \frac{W_k(\varphi_1, \cdots, \varphi_n)(s)}{W(\varphi_1, \cdots, \varphi_n)(s)} \frac{f(s)}{p_0(s)} ds + \frac{f(t)}{p_0(t)}. \qquad ——$$

$x^{(n)}$ が (2.21) で与えられることは，(2.20) を使って $x^{(n-1)}(t)$ を直接微分しても得られるし，また，(2.19) と (2.20) を方程式 (2.12) に代入しても得られる．計算は読者にまかす．

いま

$$k_0(t,s)=\sum_{k=1}^{n}\varphi_k(t)\frac{W_k(\varphi_1,\cdots,\varphi_n)(s)}{W(\varphi_1,\cdots,\varphi_n)(s)}\frac{1}{p_0(s)}$$

とおけば，(2.19)，(2.20)，(2.21) は

$$x(t)=\int_\tau^t k_0(t,s)f(s)\,ds,$$

$$x^{(j)}(t)=\int_\tau^t\frac{\partial^j k_0(t,s)}{\partial t^j}f(s)\,ds\qquad(j=1,\cdots,n-1),$$

$$x^{(n)}(t)=\int_\tau^t\frac{\partial^n k_0(t,s)}{\partial t^n}f(s)\,ds+\frac{f(t)}{p_0(t)}$$

と書き直される．$k_0(t,s)$ は次のような性質をもっている．

定理 2.8　$k_0(t,s)$ は，$s\in I$ を固定し t の関数と考えたとき，初期条件

(2.22)　$x(s)=x'(s)=\cdots=x^{(n-2)}(s)=0,\qquad x^{(n-1)}(s)=1/p_0(s)$

を満たす (2.16) の解である．

証明　$k_0(t,s)$ を t の関数と考えたとき，(2.16) の解であることは $k_0(t,s)$ の定義から明らかである．

$W_k(\varphi_1,\cdots,\varphi_n)(s)$ の定義から

$$\sum_{k=1}^{n}\varphi_k(t)\,W_k(\varphi_1,\cdots,\varphi_n)(s)=\det\begin{bmatrix}\varphi_1(s) & \cdots & \varphi_n(s)\\ \vdots & & \vdots\\ \varphi_1{}^{(n-2)}(s) & \cdots & \varphi_n{}^{(n-2)}(s)\\ \varphi_1(t) & \cdots & \varphi_n(t)\end{bmatrix}$$

である．これから

$$\frac{\partial^j k_0(t,s)}{\partial t^j}=\det\begin{bmatrix}\varphi_1(s) & \cdots & \varphi_n(s)\\ \vdots & & \vdots\\ \varphi_1{}^{(n-2)}(s) & \cdots & \varphi_n{}^{(n-2)}(s)\\ \varphi_1{}^{(j)}(t) & \cdots & \varphi_n{}^{(j)}(t)\end{bmatrix}\Big/ W(\varphi_1,\cdots,\varphi_n)(s)\,p_0(s)$$

を得る．したがって，

$$\frac{\partial^j k_0}{\partial t^j}(s,s)=0\quad(j=0,1,\cdots,n-2),\qquad\frac{\partial^{n-1}k_0}{\partial t^{n-1}}(s,s)=\frac{1}{p_0(s)}.$$

これは $k_0(t,s)$ を t の関数とみたとき，条件 (2.22) を満たしていることを示している．∎

系　関数 k_0 とその導関数

$$\frac{\partial^j k_0}{\partial t^j}(t, s) \qquad (j=0, 1, \cdots, n-1)$$

は $I\times I$ で連続である.

§2.3 形式的微分作用素とその形式的随伴微分作用素

a) 形式的微分作用素

区間 I における同次線型微分方程式

$$p_0(t)\frac{d^n x}{dt^n}+p_1(t)\frac{d^{n-1}x}{dt^{n-1}}+\cdots+p_n(t)x = 0$$

の左辺を考える. いま

$$L = p_0(t)\frac{d^n}{dt^n}+p_1(t)\frac{d^{n-1}}{dt^{n-1}}+\cdots+p_n(t)$$

とおけば, 上の微分方程式は

(2.23) $$Lx = 0$$

と書いてよい. 区間 I において $n-1$ 回連続微分可能な関数 x で, $x^{(n-1)}$ が I の任意のコンパクトな部分区間で絶対連続であるようなものの全体を $A^n(I)$ で表わそう. そのとき, 任意の $x\in A^n(I)$ に対し, Lx は I において(ほとんどいたる所)定義された関数となる. D が $L^2(I)\cap A^n(I)$ の部分空間で, $x\in D$ のとき $Lx\in L^2(I)$ を満たせば, L を D に制限して $L^2(I)$ における作用素が得られる. 特に定義域を指定しないで L を考えるとき, L を**形式的 n 階線型常微分作用素**, あるいは単に**形式的微分作用素**という.

b) 形式的随伴微分作用素

形式的微分作用素 L の係数に対し, 次の仮定をおこう. p_j は I において $n-j$ 回連続微分可能である:

(2.24) $$p_j\in C^{n-j}(I) \qquad (j=0, 1, \cdots, n).$$

任意の $f, g\in A^n(I)$ に対し, $p_j(t)f^{(n-j)}(t)\overline{g(t)}$ は I の任意のコンパクトな部分区間 $[t_1, t_2]$ において可積分である. 積分

(2.25) $$\int_{t_1}^{t_2} p_j f^{(n-j)}\bar{g}dt = \int_{t_1}^{t_2} f^{(n-j)}(p_j\bar{g})\,dt$$

は $j=0, 1, \cdots, n-1$ のとき $n-j$ 回部分積分可能である. 部分積分を実行して

$$\int_{t_1}^{t_2} p_j f^{(n-j)}\bar{g}dt$$

$$= [f^{(n-j-1)}p_j\bar{g}]_{t_1}^{t_2} - \int_{t_1}^{t_2} f^{(n-j-1)}(p_j\bar{g})'dt$$

$$= [f^{(n-j-1)}p_j\bar{g} - f^{(n-j-2)}(p_j\bar{g})']_{t_1}^{t_2} + \int_{t_1}^{t_2} f^{(n-j-2)}(p_j\bar{g})''dt$$

$$\cdots\cdots$$

$$= \left[\sum_{k=1}^{n-j}(-1)^{k-1}f^{(n-j-k)}(p_j\bar{g})^{(k-1)}\right]_{t_1}^{t_2} + (-1)^{n-j}\int_{t_1}^{t_2} f(p_j\bar{g})^{(n-j)}dt$$

を得る. (2.25) を j について 0 から n まで加えて

$$\int_{t_1}^{t_2} Lf\cdot\bar{g}dt = \left[\sum_{j=0}^{n-1}\sum_{k=1}^{n-j}(-1)^{k-1}f^{(n-j-k)}(p_j\bar{g})^{(k-1)}\right]_{t_1}^{t_2} + \int_{t_1}^{t_2} f\cdot\sum_{j=0}^{n}(-1)^{n-j}(p_j\bar{g})^{(n-j)}dt \tag{2.26}$$

を得る.

ここで, $g\in A^n(I)$ に対し

$$L^*g = (-1)^n\frac{d^n}{dt^n}(\bar{p}_0 g) + (-1)^{n-1}\frac{d^{n-1}}{dt^{n-1}}(\bar{p}_1 g) + \cdots + \bar{p}_n g \tag{2.27}$$

とおくことによって, L^* を定義しよう. L^* を

$$L^* = (-1)^n\frac{d^n}{dt^n}(\overline{p_0(t)}\,\cdot) + (-1)^{n-1}\frac{d^{n-1}}{dt^{n-1}}(\overline{p_1(t)}\,\cdot) + \cdots + \overline{p_n(t)}$$

と表わすことができる. 仮定 (2.24) から $(\bar{p}_j g)^{(n-j)}$ に Leibniz の公式が適用できて

$$(\bar{p}_j g)^{(n-j)} = \sum_{k=0}^{n-j}\binom{n-j}{k}\bar{p}_j{}^{(k)}g^{(n-j-k)}.$$

これから

$$L^*g = \sum_{j=0}^{n}(-1)^{n-j}\sum_{k=0}^{n-j}\binom{n-j}{k}\bar{p}_j{}^{(k)}g^{(n-j-k)}$$

$$= \sum_{j=0}^{n}\sum_{k=0}^{j}(-1)^{n-k}\binom{n-k}{j-k}\bar{p}_k{}^{(j-k)}g^{(n-j)}.$$

したがって, L^* を

$$L^* = p_0{}^*(t)\frac{d^n}{dt^n}+p_1{}^*(t)\frac{d^{n-1}}{dt^{n-1}}+\cdots+p_n{}^*(t)$$

と書くことができる．ここで

$$p_j{}^*(t) = \sum_{k=0}^{j}(-1)^{n-k}\binom{n-k}{j-k}\bar{p}_k{}^{(j-k)} \qquad (j=0, 1, \cdots, n)$$

である．仮定 (2.24) から

$$p_j{}^* \in C^{n-j}(I) \qquad (j=0, 1, \cdots, n)$$

がいえる．

問 1 $p_0{}^*(t)=(-1)^n\bar{p}_0(t)$ であることを確かめよ．——

L^* を L の**形式的随伴微分作用素**といい，方程式

(2.28) $$L^*x = 0$$

を (2.23) の**随伴微分方程式**という．

定理 2.9 仮定 (2.24) のもとで

$$(L^*)^* = L.$$

証明 $p_j{}^* \in C^{n-j}(I)$ $(j=0, 1, \cdots, n)$ であるから $(L^*)^*$ は定義できる．

$$(L^*)^* = p_0{}^{**}(t)\frac{d^n}{dt^n}+p_1{}^{**}(t)\frac{d^{n-1}}{dt^{n-1}}+\cdots+p_n{}^{**}(t)$$

とおけば，

$$p_j{}^{**}(t) = \sum_{k=0}^{j}(-1)^{n-k}\binom{n-k}{j-k}\overline{p_k{}^*}{}^{(j-k)} \qquad (j=0, 1, \cdots, n)$$

である．一方

$$p_k{}^*(t) = \sum_{l=0}^{k}(-1)^{n-l}\binom{n-l}{k-l}\bar{p}_l{}^{(k-l)} \qquad (k=0, 1, \cdots, n)$$

であるから

$$\begin{aligned} p_j{}^{**} &= \sum_{k=0}^{j}(-1)^{n-k}\binom{n-k}{j-k}\frac{d^{j-k}}{dt^{j-k}}\left(\sum_{l=0}^{k}(-1)^{n-l}\binom{n-l}{k-l}\frac{d^{k-l}}{dt^{k-l}}p_l\right) \\ &= \sum_{l=0}^{j}(-1)^{n-l}\sum_{k=l}^{j}(-1)^{n-k}\binom{n-l}{n-k}\binom{n-k}{n-j}p_l{}^{(j-l)}. \end{aligned}$$

$(1-(1-x))^{n-l}$ を2項定理によって展開して

$$(1-(1-x))^{n-l} = \sum_{j=l}^{n}(-1)^{n-j}\sum_{k=l}^{j}(-1)^{n-k}\binom{n-l}{n-k}\binom{n-k}{n-j}x^{n-j}$$

を得る．これから

$$\sum_{k=l}^{j}(-1)^{n-k}\binom{n-l}{n-k}\binom{n-k}{n-j}=\begin{cases}0 & (j\neq l)\\ (-1)^{n-l} & (j=l)\end{cases}$$

したがって，

$$p_j^{**}=p_j \qquad (j=0,1,\cdots,n)$$

を得る．ゆえに $(L^*)^*=L$. ▌

c) 境界形式

次に

$$F(f,g)(t)=\sum_{j=0}^{n-1}\sum_{k=1}^{n-j}(-1)^{k-1}f^{(n-j-k)}(t)(p_j\bar{g})^{(k-1)}(t)$$

とおこう．$(p_j\bar{g})^{(k-1)}$ に Leibniz の公式を使って

$$\begin{aligned}F(f,g)&=\sum_{j=0}^{n-1}\sum_{k=1}^{n-j}(-1)^{k-1}f^{(n-j-k)}\sum_{l=0}^{k-1}\binom{k-1}{l}p_j{}^{(l)}\bar{g}^{(k-l-1)}\\&=\sum_{j,k=1}^{n}\sum_{l=0}^{n-j-k+1}(-1)^{j+k-1}\binom{j+k-1}{l}p_{n-j-k-l+1}{}^{(l)}f^{(k-1)}\bar{g}^{(j-1)}\end{aligned}$$

を得る．したがって，$F(f,g)(t)$ を

$$F(f,g)(t)=\sum_{j,k=1}^{n}a_{jk}(t)f^{(k-1)}(t)\bar{g}^{(j-1)}(t) \tag{2.29}$$

と書くことができる．ここで

$$a_{jk}(t)=\begin{cases}\displaystyle\sum_{l=0}^{n-j-k+1}(-1)^{j+l-1}\binom{j+l-1}{l}p_{n-j-k-l+1}{}^{(l)}(t) & (j+k<n+1)\\ (-1)^{j-1}p_0(t) & (j+k=n+1)\\ 0 & (j+k>n+1).\end{cases}$$

明らかに

$$a_{jk}\in C^{j+k-1}(I)$$

である．行列 $A(t)=[a_{jk}(t)]$ は

$$A(t)=\begin{bmatrix} & * & & p_0(t)\\ & & -p_0(t) & \\ & \cdots & & 0\\ (-1)^{n-1}p_0(t) & & & \end{bmatrix} \tag{2.30}$$

の形をもち，

$$\det A(t) = (p_0(t))^n \tag{2.31}$$

を得る．(2.29) から

$$F(f,g)(t) = (A(t)\hat{f}(t), \hat{g}(t)) \tag{2.32}$$

と書ける．ここで $(\cdot,\cdot)$ は $\boldsymbol{C}^n$ の普通の内積で

$$\hat{f} = \begin{bmatrix} f \\ f' \\ \vdots \\ f^{(n-1)} \end{bmatrix}, \quad \hat{g} = \begin{bmatrix} g \\ g' \\ \vdots \\ g^{(n-1)} \end{bmatrix}$$

とおいた．

$F(f,g)(t)$ を L の**境界形式**，$A(t)$ を L の**境界形式行列**とよぶ．

問 2　$t \in I$ を固定したとき，$F(f,g)(t)$ は $A^n(I) \times A^n(I)$ で定義された1重半線型写像であることを証明せよ．

d）Green の公式

$$(p_j\bar{g})^{(n-j)} = \overline{(\bar{p}_j g)^{(n-j)}}$$

に注意すれば，(2.27) から

$$\sum_{j=0}^{n} (-1)^{n-j} (p_j\bar{g})^{(n-j)} = \overline{L^*g}$$

である．したがって，(2.26) から次の定理を得る．

定理 2.10　任意の $f, g \in A^n(I)$ と I に含まれる任意の有界閉区間 $[t_1, t_2]$ に対し

$$\int_{t_1}^{t_2} Lf\cdot\bar{g}dt - \int_{t_1}^{t_2} f\cdot\overline{L^*g}dt = F(f,g)(t_2) - F(f,g)(t_1) \tag{2.33}$$

が成り立つ．——

(2.33) を **Green の公式**という．(2.33) で t_2 を t でおきかえ，その両辺を t で微分することにより

$$Lf\cdot\bar{g} - f\cdot\overline{L^*g} = \frac{d}{dt}F(f,g) \tag{2.34}$$

を得る．(2.34) を **Lagrange の恒等式**という．

考えている区間 I の左端を α，右端を β とする．$\alpha = -\infty$ であっても $\beta = +\infty$ であってもよい．$t_0 \in]\alpha, \beta[$ とする．$f \in A^n(I)$ かつ $]\alpha, t_0[$ において f と Lf が2乗可積分であるような f の全体を $H_\alpha(I, L)$ で表わし，$f \in A^n(I)$ かつ f と Lf が $]t_0, \beta[$ において2乗可積分となる f の全体を $H_\beta(I, L)$ で表わす：

$$H_\alpha(I,L)=\{f\in A^n(I)\cap L^2(]\alpha,t_0[)\mid Lf\in L^2(]\alpha,t_0[)\},$$
$$H_\beta(I,L)=\{f\in A^n(I)\cap L^2(]t_0,\beta[)\mid Lf\in L^2(]t_0,\beta[)\},$$

同様に

$$H_\alpha(I,L^*)=\{f\in A^n(I)\cap L^2(]\alpha,t_0[)\mid L^*f\in L^2(]\alpha,t_0[)\},$$
$$H_\beta(I,L^*)=\{f\in A^n(I)\cap L^2(]t_0,\beta[)\mid L^*f\in L^2(]t_0,\beta[)\}$$

とする．

問3 $H_\alpha(I,L), H_\beta(I,L), H_\alpha(I,L^*), H_\beta(I,L^*)$ は t_0 の取り方によらず，L と L^* から定まることを示せ．——

次に，$f\in A^n(I)$ かつ f と Lf が $L^2(I)$ に属する f の全体を $H(I,L)$ で，$f\in A^n(I)$ かつ f と L^*f が $L^2(I)$ に属する f の全体を $H(I,L^*)$ で表わす．そのとき

$$H(I,L)=H_\alpha(I,L)\cap H_\beta(I,L),$$
$$H(I,L^*)=H_\alpha(I,L^*)\cap H_\beta(I,L^*)$$

が成り立つ．

問4 上の2式を証明せよ．

定理2.11 1) $f\in H_\alpha(I,L)$，$g\in H_\alpha(I,L^*)$ に対し，$t\to\alpha$ のとき，$F(f,g)(t)$ は収束する．

2) $f\in H_\beta(I,L)$，$g\in H_\beta(I,L^*)$ に対し，$t\to\beta$ のとき，$F(f,g)(t)$ は収束する．

証明 $\alpha<t<t_0<\beta$ とすると，

$$\int_t^{t_0} Lf\cdot\bar{g}dt-\int_t^{t_0} f\cdot\overline{L^*g}dt=F(f,g)(t_0)-F(f,g)(t)$$

が成り立つ．$f\in H_\alpha(I,L)$，$g\in H_\alpha(I,L^*)$ であるから，左辺の二つの積分は $t\to\alpha$ のとき収束する．したがって $F(f,g)(t)$ は $t\to\alpha$ のとき収束する．よって1)が証明された．

2)の証明も同様である．∎

$$F(f,g)(\alpha)=\lim_{t\to\alpha}F(f,g)(t),$$
$$F(f,g)(\beta)=\lim_{t\to\beta}F(f,g)(t)$$

とおこう．そのとき

系 $f\in H(I,L)$，$g\in H(I,L^*)$ に対し

$$\int_\alpha^\beta Lf\cdot\bar{g}dt-\int_\alpha^\beta f\cdot\overline{L^*g}dt=F(f,g)(\beta)-F(f,g)(\alpha) \tag{2.35}$$

が成り立つ.

問5 次のことを証明せよ.

i) $F(f,g)(\alpha)$ は $H_\alpha(I,L)\times H_\alpha(I,L^*)$ または $H_\alpha(I,L^*)\times H_\alpha(I,L)$ で定義された1重半線型写像である.

ii) $F(f,g)(\beta)$ は $H_\beta(I,L)\times H_\beta(I,L^*)$ または $H_\beta(I,L^*)\times H_\beta(I,L)$ で定義された1重半線型写像である.

iii) $F(f,g)(\beta)-F(f,g)(\alpha)$ は $H(I,L)\times H(I,L^*)$ または $H(I,L^*)\times H(I,L)$ で定義された1重半線型写像である. ——

(2.35) の左辺の積分は, $L^2(I)$ における Lf と g との内積, f と L^*g との内積であるから, (2.35) を

$$(Lf,g)-(f,L^*g)=F(f,g)(\beta)-F(f,g)(\alpha)$$

と書くことができる.

定理2.12 $f\in A^n(I)$ が I における (2.23) の解で, $g\in A^n(I)$ が I における (2.28) の解であれば, $F(f,g)$ は I において定数値関数となる.

証明 $Lf=0$, $L^*g=0$ であるから, Lagrange の恒等式 (2.34) によって等式 $dF(f,g)/dt=0$ を得る. ゆえに $F(f,g)$ は定数となる. ▮

e) $k_0(t,s)$ の別の表現

前節の d) において関数 $k_0(t,s)$ を導入し, 非同次方程式 (2.12) の解を $k_0(t,s)$ を使って表現した (定理2.7). 本項では $k_0(t,s)$ を方程式 (2.23) と (2.28) の解の基本系を使って表わそう.

I における解の存在を保証するため

$$p_0(t)\neq 0 \qquad (t\in I) \tag{2.36}$$

と仮定する. $p_0^*(t)=(-1)^n\bar{p}_0(t)$ であるから

$$p_0^*(t)\neq 0.$$

したがって, (2.23) と (2.28) の解は I において存在し, ともに $A^n(I)$ に属する. $\varphi_1,\cdots,\varphi_n$ を (2.23) の解の基本系, $\psi_1,\cdots,\psi_n$ を (2.28) の解の基本系とし, Φ,Ψ によってそれぞれ $\varphi_1,\cdots,\varphi_n$ と $\psi_1,\cdots,\psi_n$ の Wronski 行列を表わす.

関数 $k_0(t,s)$ は

$$k_0(t,s)=\sum_{k=1}^{n}\varphi_k(t)\frac{W_k(\varphi_1,\cdots,\varphi_n)(s)}{W(\varphi_1,\cdots,\varphi_n)(s)}\frac{1}{p_0(s)}$$

で与えられ，$W_k(\varphi_1, \cdots, \varphi_n)(s)/W(\varphi_1, \cdots, \varphi_n)(s)$ は $\Phi^{-1}(s)$ の (k, n) 要素であった．$\Phi^{-1}(s)$ を計算する．

定理 2.12 によって $F(\varphi_j, \psi_k)$ は定数である．定数行列

$$[F(\varphi_j, \psi_k)]$$

を考える．

$$\hat{\varphi}_j = \begin{bmatrix} \varphi_j \\ \varphi_j' \\ \vdots \\ \varphi_j^{(n-1)} \end{bmatrix}, \qquad \hat{\psi}_k = \begin{bmatrix} \psi_k \\ \psi_k' \\ \vdots \\ \psi_k^{(n-1)} \end{bmatrix}$$

とおけば，

$$\Phi = [\hat{\varphi}_1, \cdots, \hat{\varphi}_n], \qquad \Psi = [\hat{\psi}_1, \cdots, \hat{\psi}_n]$$

である．したがって

$$A(s)\Phi(s) = [A(s)\hat{\varphi}_1(s), \cdots, A(s)\hat{\varphi}_n(s)].$$

一方，(2.32) によって

$$F(\varphi_j, \psi_k) = (A(s)\hat{\varphi}_j(s), \hat{\psi}_k(s)).$$

これらから

$$(2.37) \qquad [F(\varphi_j, \psi_k)] = {}^t(A(s)\Phi(s))\overline{\Psi}(s) = {}^t\Phi(s)\,{}^tA(s)\,{}^t\overline{\Psi}(s)$$

を得る．仮定 (2.36) と等式 (2.31) とから，$\det A(s) \neq 0$ $(s \in I)$，したがって，${}^tA^{-1}(s)$ が存在する．よって

$$\Xi = [F(\varphi_j, \psi_k)]^{-1}$$

が存在する．(2.37) から

$$\Xi^{-1} = {}^t\Phi(s)\,{}^tA(s)\,\overline{\Psi}(s).$$

$\Phi^{-1}(s)$ を計算すると

$$\Phi^{-1}(s) = {}^t\Xi\,{}^t\overline{\Psi}(s)A(s)$$

となる．$\Xi = [\xi_{jk}]$ とおき，$A(s)$ の形 ((2.30) をみよ) を考慮すると，行列 $\Phi^{-1}(s)$ の (k, n) 要素は

$$p_0(s)\sum_{j=1}^{n} \xi_{jk}\bar{\psi}_j(s)$$

となる．よって，$k_0(t, s)$ は

$$k_0(t, s) = \sum_{j,k=1}^{n} \xi_{jk}\varphi_k(t)\bar{\psi}_j(s)$$

と表わされた.

問6 $k_0(t,s)$ は $I\times I$ において $n-1$ 回連続微分可能であることを示せ.

§2.4 形式的自己随伴微分作用素

本節でも形式的微分作用素

$$L = p_0(t)\frac{d^n}{dt^n}+p_1(t)\frac{d^{n-1}}{dt^{n-1}}+\cdots+p_n(t)$$

に対し, $p_j\in C^{n-j}(I)$ と仮定する. そのとき, L の形式的随伴微分作用素 L^* が定義され, L^* を

$$L^* = p_0^*(t)\frac{d^n}{dt^n}+p_1^*(t)\frac{d^{n-1}}{dt^{n-1}}+\cdots+p_n^*(t)$$

と表わしたとき,

$$p_j^*(t) = \sum_{k=0}^{j}(-1)^{n-k}\binom{n-k}{j-k}\bar{p}_k{}^{(j-k)} \qquad (j=0, 1, \cdots, n)$$

である.

a) 形式的自己随伴微分作用素

形式的微分作用素 L が

$$L = L^*$$

を満たすとき, L を**形式的に自己随伴**または**形式的自己随伴微分作用素**という. L が形式的に自己随伴であるための条件は

$$p_j = \sum_{k=0}^{j}(-1)^{n-k}\binom{n-k}{j-k}\bar{p}_k{}^{(j-k)} \qquad (j=0, 1, \cdots, n)$$

が成り立つことである. 特に

$$p_0 = (-1)^n\bar{p}_0$$

が成り立つ. これから, n が偶数ならば p_0 は実数値関数, n が奇数ならば p_0 は純虚数値関数であることが分る.

形式的自己随伴微分作用素の標準形を求めてみよう.

形式的微分作用素 L と形式的微分作用素

$$M = q_0(t)\frac{d^n}{dt^n}+q_1(t)\frac{d^{n-1}}{dt^{n-1}}+\cdots+q_n(t)$$

に対し, その和 $L+M$ とその積 LM を $(L+M)f=Lf+Mf$, $(LM)f=L(Mf)$

が成り立つように定義する．すなわち

$$L+M=\sum_{j=0}^{n}(p_j(t)+q_j(t))\frac{d^{n-j}}{dt^{n-j}},$$

$$LM=\sum_{j=0}^{n}\sum_{k=0}^{n}\sum_{l=0}^{n-j}\binom{n-j}{l}p_j q_k{}^{(l)}\frac{d^{2n-j-k-l}}{dt^{2n-j-k-l}}.$$

ただし，$p_0, p_1, \cdots, p_n$ の最初のいくつか，または，$q_0, q_1, \cdots, q_n$ の最初のいくつかは 0 でもよいし，p_j, q_k は考えている区間で $(L+M)^*$，$(LM)^*$ が定義できる程度に何回か連続微分可能とする．d^j/dt^j は形式的微分作用素 d/dt の j 回の積であるから，$d^j/dt^j=(d/dt)^j$ と書いてもよい．0 階の形式的微分作用素は関数を掛けることである．形式的随伴微分作用素の定義から，形式的作用素 $(d/dt)^j$，$p(t)$ の形式的随伴作用素 $((d/dt)^j)^*$，$(p(t))^*$ は

$$\left(\left(\frac{d}{dt}\right)^j\right)^*=(-1)^j\left(\frac{d}{dt}\right)^j,\qquad p^*=\bar{p}$$

で与えられる．

定理 2.13　形式的微分作用素 L, M に対し

1)　$(L+M)^*=L^*+M^*$,

2)　$(LM)^*=M^*L^*$

が成り立つ．

証明　1) は明らかである．

次に 2) の証明を述べよう．形式的微分作用素 L, M, N に対し

$$L(M+N)=LM+LN,$$
$$(L+M)N=LN+MN$$

が成り立つことは容易に確かめられる．この事実と 1) とから

$$L=p\left(\frac{d}{dt}\right)^m,\qquad M=q\left(\frac{d}{dt}\right)^n$$

の場合に 2) を証明すれば十分である．まず 2) の右辺を計算してみる．

$$L^*=(-1)^m\left(\frac{d}{dt}\right)^m\bar{p},\qquad M^*=(-1)^n\left(\frac{d}{dt}\right)^n\bar{q}$$

であるから

$$M^*L^*=(-1)^{m+n}\left(\frac{d}{dt}\right)^n\bar{q}\left(\frac{d}{dt}\right)^m\bar{p}$$

$$= (-1)^{m+n}\left(\frac{d}{dt}\right)^n \sum_{j=0}^{m} \binom{m}{j} \bar{p}^{(j)} \bar{q} \left(\frac{d}{dt}\right)^{m-j}$$

を得る．次に 2) の左辺を計算しよう．

$$LM = p\left(\frac{d}{dt}\right)^m q\left(\frac{d}{dt}\right)^n = \sum_{k=0}^{m} \binom{m}{k} p q^{(k)} \left(\frac{d}{dt}\right)^{m+n-k}$$

から，定義によって

$$(LM)^* = \sum_{k=0}^{m} (-1)^{m+n-k} \binom{m}{k} \left(\frac{d}{dt}\right)^{m+n-k} \bar{p}\bar{q}^{(k)}$$

$$= (-1)^{m+n}\left(\frac{d}{dt}\right)^n \sum_{k=0}^{m} (-1)^k \binom{m}{k} \left(\frac{d}{dt}\right)^{m-k} \bar{p}\bar{q}^{(k)}$$

$$= (-1)^{m+n}\left(\frac{d}{dt}\right)^n \sum_{k=0}^{m} (-1)^k \binom{m}{k} \sum_{l=0}^{m-k} \binom{m-k}{m-k-l} (\bar{p}\bar{q}^{(k)})^{(l)} \left(\frac{d}{dt}\right)^{m-k-l}$$

$$= (-1)^{m+n}\left(\frac{d}{dt}\right)^n \sum_{j=0}^{m} \sum_{k=0}^{j} (-1)^k \binom{m}{k} \binom{m-k}{m-j} (\bar{p}\bar{q}^{(k)})^{(j-k)} \left(\frac{d}{dt}\right)^{m-j}$$

となる．最後の式の和における $(d/dt)^{m-j}$ の係数は

$$\sum_{k=0}^{j} (-1)^k \binom{m}{k} \binom{m-k}{m-j} \left(\frac{d}{dt}\right)^{j-k} (\bar{p}\bar{q}^{(k)})$$

$$= \sum_{k=0}^{j} (-1)^k \binom{m}{k} \binom{m-k}{m-j} \sum_{l=0}^{j-k} \binom{j-k}{l} \bar{p}^{(l)} \bar{q}^{(j-l)}$$

$$= \sum_{l=0}^{j} \sum_{k=0}^{j-l} (-1)^k \binom{m}{k} \binom{m-k}{m-j} \binom{j-k}{l} \bar{p}^{(l)} \bar{q}^{(j-l)}$$

である．

$$\binom{m}{k} \binom{m-k}{m-j} \binom{j-k}{l} = \frac{m!}{(m-j)!\,(j-l)!\,l!} \binom{j-l}{k}$$

と

$$\sum_{k=0}^{j-l} (-1)^k \binom{j-l}{k} = \begin{cases} 0 & (0 \leqq l < j) \\ 1 & (l = j) \end{cases}$$

とから，

$$\sum_{l=0}^{j} \sum_{k=0}^{j-l} (-1)^k \binom{m}{k} \binom{m-k}{m-j} \binom{j-k}{k} \bar{p}^{(l)} \bar{q}^{(j-l)} = \binom{m}{j} \bar{p}^{(j)} \bar{q}$$

を得る．これから $(LM)^* = M^*L^*$ が導かれる．∎

定理 2.14 任意の n 階の形式的自己随伴微分作用素 L は，$n=2\nu$ (偶数) のと

きは

$$L=\sum_{j=0}^{\nu}(-1)^{\nu-j}\left(\frac{d}{dt}\right)^{\nu-j}p_j\left(\frac{d}{dt}\right)^{\nu-j}+i\sum_{j=0}^{\nu-1}\left(\frac{d}{dt}\right)^{\nu-j-1}\left(\frac{d}{dt}q_j+q_j\frac{d}{dt}\right)\left(\frac{d}{dt}\right)^{\nu-j-1}$$

と表わされ，$n=2\nu+1$ (奇数) のときは

$$L=i\sum_{j=0}^{\nu}\left(\frac{d}{dt}\right)^{\nu-j}\left(\frac{d}{dt}p_j+p_j\frac{d}{dt}\right)\left(\frac{d}{dt}\right)^{\nu-j}+\sum_{j=0}^{\nu-1}(-1)^{\nu-j-1}\left(\frac{d}{dt}\right)^{\nu-j-1}q_j\left(\frac{d}{dt}\right)^{\nu-j-1}$$

と表わされる．ここで $i=\sqrt{-1}$，p_j, q_j は実数値関数である．

証明 p が実数値関数のとき，形式的微分作用素

$$(-1)^k\left(\frac{d}{dt}\right)^k p\left(\frac{d}{dt}\right)^k, \qquad i\left(\frac{d}{dt}\right)^k\left(\frac{d}{dt}p+p\frac{d}{dt}\right)\left(\frac{d}{dt}\right)^k$$

が形式的に自己随伴であることは定理 2.13 から容易に証明される．その検証は読者にまかせる．

$n=2\nu$ とする．L の n 階の項を $p(d/dt)^n$ とすれば，p は実数値関数である．

$$(-1)^\nu p_0=p$$

を満たす p_0 をとり，

$$(-1)^\nu\left(\frac{d}{dt}\right)^\nu p_0\left(\frac{d}{dt}\right)^\nu=(-1)^\nu p_0\left(\frac{d}{dt}\right)^n+\cdots$$

を考える．明らかに

$$L=(-1)^\nu\left(\frac{d}{dt}\right)^\nu p_0\left(\frac{d}{dt}\right)^\nu+L_1$$

と書け，L_1 は $n-1$ 階の形式的自己随伴微分作用素である．L_1 の $n-1$ 階の項を $q(d/dt)^{n-1}$ とし，

$$2iq_0=q$$

を満たす q_0 は実数値関数である．この q_0 を使い

$$i\left(\frac{d}{dt}\right)^{\nu-1}\left(\frac{d}{dt}q_0+q_0\frac{d}{dt}\right)\left(\frac{d}{dt}\right)^{\nu-1}=2iq_0\left(\frac{d}{dt}\right)^{n-1}+\cdots$$

を考える．そのとき，

$$L_1=i\left(\frac{d}{dt}\right)^{\nu-1}\left(\frac{d}{dt}q_0+q_0\frac{d}{dt}\right)\left(\frac{d}{dt}\right)^{\nu-1}+L_2$$

と書け，L_2 は $n-2$ 階の形式的自己随伴微分作用素である．この操作をくり返して行い，L の最初の表現を得る．$n=2\nu+1$ の場合にもまったく同様にして証

明できる. ▌

系　実数値関数を係数とする偶数階の形式的自己随伴微分作用素は

$$\sum_{j=0}^{\nu}(-1)^{\nu-j}\left(\frac{d}{dt}\right)^{\nu-j}p_j\left(\frac{d}{dt}\right)^{\nu-j}$$

と書ける. ここで p_j は実数値関数である.

形式的微分作用素

$$-\frac{d}{dt}p\frac{d}{dt}+q$$

は **Sturm-Liouville 作用素**といわれ, 深い研究が行われている.

b) 境界形式と符号

区間 I で定義された形式的自己随伴微分作用素

$$L=\sum_{j=0}^{n}p_j\left(\frac{d}{dt}\right)^{n-j}$$

を考える. この場合 L に対する Green の公式 (2.33) は

$$\int_{t_1}^{t_2}Lf\cdot\bar{g}dt-\int_{t_1}^{t_2}f\cdot\overline{Lg}dt=F(f,g)(t_2)-F(f,g)(t_1)$$

になる. ここで $f,g\in A^n(I)$, $[t_1,t_2]\subset I$. 境界形式 $F(f,g)(t)$ は境界形式行列 $A(t)$ を使って

$$F(f,g)(t)=(A(t)\hat{f}(t),\hat{g}(t))$$

と書かれた. 次の定理を証明しよう.

定理 2.15　L が形式的自己随伴ならば,

1)　$F(f,g)(t)=-\overline{F(g,f)(t)}\qquad(t\in I)$,

2)　$A(t)=-A^*(t)\qquad(t\in I)$

が成り立つ. ここで $A^*(t)$ は $A(t)$ の随伴行列 ${}^t\bar{A}(t)$ である.

証明　1) を証明する. $\tau\in I$ が I の左端でなければ, $t_1\in I$, $t_1<\tau$ がとれて, 閉区間 $[t_1,\tau]$ は I のコンパクトな部分区間である. 与えられた $f,g\in A^n(I)$ に対し, $\varphi,\psi\in A^n(I)$ で

$$\varphi^{(j)}(\tau)=f^{(j)}(\tau),\qquad \varphi^{(j)}(t_1)=0\qquad(j=0,1,\cdots,n-1),$$
$$\psi^{(j)}(\tau)=g^{(j)}(\tau),\qquad \psi^{(j)}(t_1)=0\qquad(j=0,1,\cdots,n-1)$$

を満たすものが存在する. φ,ψ に Green の公式を適用して

$$\int_{t_1}^{\tau}(L\varphi\cdot\bar{\psi}-\varphi\cdot\overline{L\psi})\,dt = F(\varphi,\psi)(\tau) = F(f,g)(\tau),$$

$$\int_{t_1}^{\tau}(L\psi\cdot\bar{\varphi}-\psi\cdot\overline{L\varphi})\,dt = F(\psi,\varphi)(\tau) = F(g,f)(\tau)$$

を得る．I において

$$L\varphi\cdot\bar{\psi}-\varphi\cdot\overline{L\psi} = -(\overline{L\psi\cdot\bar{\varphi}-\psi\cdot\overline{L\varphi}})$$

であるから，$F(f,g)(\tau)=-\overline{F(g,f)(\tau)}$ が得られる．$\tau\in I$ が I の左端である場合には，区間 $[\tau,t_2]\subset I$ をとって同様に考察すればよい．これで 1) が証明された．

2) は 1) から直ちに導かれる．▮

定理の 2) は各 $t\in I$ に対して境界形式行列 $A(t)$ が歪 Hermite 行列であることを主張している．したがって，行列 $i^{-1}A(t)$ $(i=\sqrt{-1})$ は各 $t\in I$ に対して Hermite 行列である．

一般に，n 次の Hermite 行列 $A=[a_{jk}]$ に対し，その正の固有値の数 P と負の固有値の数 N との組 (P,N) を A の**符号**という．$i^{-1}A(t)$ の符号を求めるため，Hermite 行列に関する次の二つの定理を使う．

"位数 r の Hermite 行列 A に対し，A の 1 次から r 次までの主小行列式 A_1, $A_2,\cdots,A_r$ $(\neq 0)$ を次のようにとれる：各 k に対し，A_{k-1} は A_k の主小行列式で，A_{k-1}, A_k は同時に 0 になることはない."

"位数 n の Hermite 行列 A に対し，A の 1 次から n 次までの主小行列式 A_1, $\cdots,A_n$ を上の条件を満たすようにとったとき，

$$P-N=\sum_{k=1}^{n}\operatorname{sgn}(A_{k-1}A_k) \qquad (A_0=1)$$

が成り立つ."

ここで行列 $A=[a_{jk}]$ またはその行列式 $\det A$ の r 次の主小行列式とは，小行列式 $\det[a_{i_j i_k}]$ のことである．ただし $1\leqq i_1<\cdots<i_r\leqq n$. $\operatorname{sgn} a$ は a の符号，すなわち $a>0$, $a=0$, $a<0$ に応じて $\operatorname{sgn} a=1$, 0, -1 を表わす．これらの定理の証明については高木貞治"代数学講義"(共立出版)を見られたい．

定理 2.16 $p_0(t)\neq 0$ $(t\in I)$ とする．そのとき，各 $t\in I$ に対し，Hermite 行列 $i^{-1}A(t)$ の符号 (P,N) は t に無関係に一定で

1) $n=2\nu$ ならば　$(P,N)=(\nu,\nu)$,

2) $n=2\nu+1,\quad (-1)^\nu \operatorname{Im} p_0(t)>0$ ならば $(P,N)=(\nu+1,\nu)$,

3) $n=2\nu+1,\quad (-1)^\nu \operatorname{Im} p_0(t)<0$ ならば $(P,N)=(\nu,\nu+1)$

が成り立つ.

証明 仮定 $p_0(t)\neq 0\ (t\in I)$ から，$\det A(t)=(p_0(t))^n\neq 0\ (t\in I)$. したがって，各 $t\in I$ に対し $i^{-1}A(t)$ の位数は n である. n が奇数 $2\nu+1$ のときは，$p_0(t)$ は純虚数値関数であるから，$\operatorname{Im} p_0(t)$ は I において一定符号である.

行列 $A(t)$ の形から，$i^{-1}A(t)$ は

$$\begin{bmatrix} i^{-1}a_{11}(t) & \cdots & i^{-1}a_{1,n-1}(t) & i^{-1}p_0(t) \\ \vdots & & & \\ i^{-1}a_{n-1,1}(t) & & & \\ i^{-1}(-1)^{n-1}p_0(t) & & 0 & \end{bmatrix}$$

の形に書かれる.

$n=2\nu$ の場合から考える. $i^{-1}A(t)$ の k 次の主小行列式 A_k として，$k=2\rho+1$ のときには，$i^{-1}A(t)$ の第 $\nu-\rho+1$ 行から第 $\nu+\rho+1$ 行までの k 行と，第 $\nu-\rho+1$ 列から第 $\nu+\rho+1$ 列までの k 列からなる小行列式をとり，$k=2\rho$ のときには，$i^{-1}A(t)$ の第 $\nu-\rho+1$ 行から第 $\nu+\rho$ 行までの k 行と第 $\nu-\rho+1$ 列から第 $\nu+\rho$ 列までの k 列からなる小行列式をとる. そのとき，

$$A_{2\rho+1}=\det\begin{bmatrix} i^{-1}a_{\nu-\rho+1,\nu-\rho+1} & \cdots & i^{-1}(-1)^{\nu-\rho}p_0 & 0 \\ \vdots & & & \\ i^{-1}(-1)^{\nu+\rho-1}p_0 & & & \\ 0 & & 0 & \end{bmatrix}=0,$$

$$A_{2\rho}=\det\begin{bmatrix} i^{-1}a_{\nu-\rho+1,\nu-\rho+1} & \cdots & i^{-1}(-1)^{\nu-\rho}p_0 \\ \vdots & & \\ i^{-1}(-1)^{\nu+\rho-1}p_0 & & 0 \end{bmatrix}=(p_0(t))^k$$

であるから,

$$P-N=\sum \operatorname{sgn}(A_{k-1}A_k)=0 \qquad (A_0=1)$$

を得る. これから $P=N=\nu$.

次に $n=2\nu+1$ の場合にうつる. $i^{-1}A(t)$ の k 次の主小行列式 A_k を，$k=2\rho+1$ のときには前と同様に，$r=2\rho$ のときには第 $\nu-\rho+2$ 行から第 $\nu+\rho+1$ 行まで

の k 行と第 $\nu-\rho+2$ 列から第 $\nu+\rho+1$ 列までの k 列からなる小行列式とする．すると，

$$A_{2\rho+1}=\det\begin{bmatrix} i^{-1}a_{\nu-\rho+1,\nu-\rho+1} & \cdots & i^{-1}(-1)^{\nu-\rho}\,\mathrm{Im}\,p_0 \\ \vdots & \iddots & \\ i^{-1}(-1)^{\nu+\rho}\,\mathrm{Im}\,p_0 & & 0 \end{bmatrix}=(-1)^{\nu}(\mathrm{Im}\,p_0)^k,$$

$$A_{2\rho}=\det\begin{bmatrix} i^{-1}a_{\nu-\rho+2,\nu-\rho+1} & \cdots & i^{-1}(-1)^{\nu-\rho+1}\,\mathrm{Im}\,p_0 & 0 \\ \vdots & \iddots & \iddots & \\ i^{-1}(-1)^{\nu+\rho-1}\,\mathrm{Im}\,p_0 & \iddots & & \\ 0 & & 0 & \end{bmatrix}=0$$

となる．これから，

$$P-N=\sum_{k=1}^{n}\mathrm{sgn}\,(A_{k-1}A_k)=\begin{cases} 1 & ((-1)^{\nu}\,\mathrm{Im}\,p_0(t)>0) \\ -1 & ((-1)^{\nu}\,\mathrm{Im}\,p_0(t)<0). \end{cases}$$

したがって，$(-1)^{\nu}\,\mathrm{Im}\,p_0(t)>0$ のときには $P=\nu+1$，$N=\nu$，$(-1)^{\nu}\,\mathrm{Im}\,p_0(t)<0$ のときには $P=\nu$，$N=\nu+1$ となる．∎

§2.5 形式的微分作用素から導かれる作用素

区間 I における形式的微分作用素

$$L=\sum_{j=0}^{n}p_j(t)\left(\frac{d}{dt}\right)^{n-j}$$

とその形式的随伴微分作用素

$$L^*=\sum_{j=0}^{n}p_j{}^*(t)\left(\frac{d}{dt}\right)^{n-j}$$

とから Hilbert 空間 $L^2(I)$ におけるいくつかの作用素を定義しよう．L^* の存在を保証するための条件 (2.24) と方程式 $Lx=0$ の I における解の存在を保証するための条件の (2.36) を以下仮定する．このことを強調するため，(2.24) と (2.36) とを合わせたものを基本仮定と呼ぼう：

基本仮定：　$p_j\in C^{n-j}(I)\quad(j=0,1,\cdots,n)$；　$p_0(t)\neq 0\quad(t\in I)$.

以後，特に断わらない限り，基本仮定が満たされているものとする．

a) 最小閉作用素

$H(I,L),H(I,L^*)$ は§2.3で導入した $L^2(I)$ の部分空間とし，その共通部分

$H(I, L) \cap H(I, L^*)$ に属する関数 f で $\mathrm{supp}\, f$ が I に含まれるコンパクトな集合となるものの全体を $H_0(I)$ で表わす．$C^n(I)$ の関数 f で $\mathrm{supp}\, f$ が I のコンパクトな部分集合となるような f の全体を $C_0{}^n(I)$ で表わせば，$C_0{}^n(I) \subset H_0(I)$ である．$H_0(I)$ に対し，次のことは容易に確かめられる．

1)　$H_0(I)$ は $L^2(I)$ において稠密である．

2)　$f \in H_0(I)$，$g \in H(I, L)$ または $g \in H(I, L^*)$ ならば

$$F(f, g)(\beta) = F(f, g)(\alpha) = 0.$$

問1　2) を証明せよ．——

さて，$L^2(I)$ における作用素 T_0, S_0 を

$$\mathcal{D}(T_0) = H_0(I), \qquad T_0 f = Lf \quad (f \in H_0(I)),$$
$$\mathcal{D}(S_0) = H_0(I), \qquad S_0 f = L^* f \quad (f \in H_0(I))$$

によって定義しよう．T_0, S_0 の定義域は 1) によって $L^2(I)$ において稠密であるから，T_0, S_0 は随伴作用素 $T_0{}^*, S_0{}^*$ を持つ．一方，Green の公式と 2) とから

$$(T_0 f, g) - (f, S_0 g) = F(f, g)(\beta) - F(f, g)(\alpha) = 0.$$

よって

$$(T_0 f, g) = (f, S_0 g) \qquad (\forall f \in \mathcal{D}(T_0),\ \ \forall g \in \mathcal{D}(S_0)).$$

このことは，$T_0{}^*, S_0{}^*$ の定義から $T_0{}^* \supset S_0$，$S_0{}^* \supset T_0$ を意味している．再び 1) によって，$T_0{}^*, S_0{}^*$ の定義域は $L^2(I)$ において稠密であるから，$T_0{}^{**}, S_0{}^{**}$ が存在する．したがって，T_0, S_0 はそれぞれ最小の閉拡張 $T_{\min}, S_{\min}$ を持ち

$$T_{\min} = T_0{}^{**} \supset T_0, \qquad S_{\min} = S_0{}^{**} \supset S_0$$

が成り立つ．$T_{\min}, S_{\min}$ をそれぞれ L, L^* から導かれる**最小閉作用素**という．

b）最大閉作用素

$L^2(I)$ における作用素 $T_{\max}, S_{\max}$ を

$$\mathcal{D}(T_{\max}) = H(I, L), \qquad T_{\max} f = Lf \quad (f \in H(I, L)),$$
$$\mathcal{D}(S_{\max}) = H(I, L^*), \qquad S_{\max} f = L^* f \quad (f \in H(I, L^*))$$

によって定義する．定義から，$T_0 \subset T_{\max}$，$S_0 \subset S_{\max}$ である．

まず，次の補助定理を証明する．

補助定理 2.1　$T_0{}^* = S_{\max}, \qquad S_0{}^* = T_{\max}.$

証明　$f \in H_0(I)$，$g \in H(I, L^*)$ ならば，2) から

$$(T_0 f, g) - (f, S_{\max} g) = (Lf, g) - (f, L^* g) = 0.$$

これから $T_0{}^*\supset S_{\max}$ が導かれる.

次に $T_0{}^*\subset S_{\max}$ を証明すれば, 補助定理の証明は終る. 条件 $T_0{}^*\subset S_{\max}$ は, $g\in\mathcal{D}(T_0{}^*)$ と $g^*\in L^2(I)$ が

(2.38) $$(T_0f,g)=(f,g^*)\qquad(\forall f\in\mathcal{D}(T_0)=H_0(I))$$

を満たすならば,

$$g\in\mathcal{D}(S_{\max})=H(I,L^*),\qquad L^*g=g^*$$

となることと同値である. したがって, この事実を証明すればよい. $L^*g=g^*$ ならば, $g\in L^2(I)$, $L^*g\in L^2(I)$ であるから, $g\in H(I,L^*)$ となる. よって, $L^*g=g^*$ のみを証明すれば十分である. そのためには, I に含まれる任意の有界閉区間 $[t_1,t_2]$ に対して,

$$(L^*g)(t)=g^*(t)\qquad(t\in[t_1,t_2])$$

が成り立つことをいえばよい.

微分方程式 $Lx=0$ と $L^*x=0$ の解の基本系 $\varphi_1,\cdots,\varphi_n$ と $\psi_1,\cdots,\psi_n$ をとり

$$k_0(t,s)=\sum_{j,k=1}^n\xi_{jk}\varphi_k(t)\bar{\psi}_j(s),\qquad k_0{}^*(t,s)=\sum_{j,k=1}^n\xi_{jk}{}^*\psi_k(t)\bar{\varphi}_j(s)$$

とおく. ここで $[\xi_{jk}]=[F(\varphi_j,\psi_k)]^{-1}$, $[\xi_{jk}{}^*]=[F(\psi_j,\varphi_k)]^{-1}$. そのとき,

$$g_1(t)=\int_{t_1}^t k_0{}^*(t,s)g^*(s)\,ds$$

とおくと, $L^*g_1=g^*$ となる. t_1,t_2 の取り方に応じて

(2.39) $$g=g_1+\psi$$

を満たす $L^*x=0$ の解 ψ の存在をいえばよい.

$\operatorname{supp}h\subset[t_1,t_2]$ かつ

(2.40) $$\int_{t_1}^{t_2}\bar{\psi}_j(s)h(s)\,ds=0\qquad(j=1,\cdots,n)$$

を満たす任意の $h\in L^2(I)$ をとり

$$x(t)=\int_{t_1}^t k_0(t,s)h(s)\,ds=\sum_{j,k=1}^n\xi_{jk}\varphi_k(t)\int_{t_1}^t\bar{\psi}_j(s)h(s)\,ds$$

とおく. $x(t)$ は $Lx=h$ の解で初期条件 $x(t_1)=x'(t_1)=\cdots=x^{(n-1)}(t_1)=0$ を満たす. 一方, (2.40) から, $x(t_2)=x'(t_2)=\cdots=x^{(n-1)}(t_2)=0$ が成り立つ. そこで

$$f(t) = \begin{cases} x(t) & (t \in [t_1, t_2]) \\ 0 & (t \in I - [t_1, t_2]) \end{cases}$$

とおく．$f(t_1) = f'(t_1) = \cdots = f^{(n-1)}(t_1) = f(t_2) = f'(t_2) = \cdots = f^{(n-1)}(t_2) = 0$ であるから，$f \in H_0(I)$ となる．さらに $T_0 f = h$ である．(2.38) から $(h, g) = (T_0 f, g) = (f, g^*)$ が成り立つ．ここで $\operatorname{supp} f, \operatorname{supp} h \subset [t_1, t_2]$ に注意すれば

$$\int_{t_1}^{t_2} h\bar{g}dt = \int_{t_1}^{t_2} f\bar{g}^* dt$$

を得る．$T_0 f = h$, $L^* g_1 = g^*$ であるから，Green の公式を区間 $[t_1, t_2]$ に適用して

$$\int_{t_1}^{t_2} h\bar{g}_1 dt - \int_{t_1}^{t_2} f \cdot g^* dt = F(f, g_1)(t_2) - F(f, g_1)(t_1) = 0.$$

上の2式から

$$\int_{t_1}^{t_2} h\overline{(g-g_1)}\, dt = 0 \tag{2.41}$$

を得る．$L^* x = 0$ の解と関数 h とを区間 $[t_1, t_2]$ に制限して考えると，(2.41) は h が $L^* x = 0$ の解空間 S^* と $L^2([t_1, t_2])$ の中で直交していることを示している．$\operatorname{supp} h \subset [t_1, t_2]$ と (2.40) を満たす $h \in L^2([t_1, t_2])$ の全体は $L^2([t_1, t_2])$ における S^* の直交補空間の稠密な部分空間である．このことと (2.41) とから，$g - g_1$ は S^* に属することが分る．これで区間 $[t_1, t_2]$ において (2.39) を満たす $L^* x = 0$ の解 ψ の存在がいえ，$T_0 = S_{\max}$ が証明された．

$S_0{}^* = T_{\max}$ の証明も同様にできる．∎

この補助定理から，$T_{\max}, S_{\max}$ は閉作用素であることがいえる．$T_{\max}, S_{\max}$ を L, L^* から導かれる**最大閉作用素**という．明らかに $T_{\min} \subset T_{\max}$, $S_{\min} \subset S_{\max}$ が成り立つ．

定理 2.17
$$T_{\min}{}^* = S_{\max}, \quad S_{\max}{}^* = T_{\min},$$
$$S_{\min}{}^* = T_{\max}, \quad T_{\max}{}^* = S_{\min}.$$

証明 $T_{\min}$ の定義から $T_{\min} = T_0{}^{**}$，補助定理から $S_{\max}{}^* = T_0{}^{**}$．よって，$S_{\max}{}^* = T_{\min}$．$T_{\min}{}^* = S_{\max}{}^{**}$ となるが，$S_{\max}$ は閉作用素であるから，$S_{\max}{}^{**} = S_{\max}$．したがって $T_{\min}{}^* = S_{\max}$．他の2式も同様に証明される．∎

系 L が形式的に自己随伴ならば，$T_{\min}$ は閉対称作用素：$T_{\min} \subset T_{\min}{}^*$ で，

$$T_{\min}{}^* = T_{\max}, \qquad T_{\max}{}^* = T_{\min}.$$

問 2　作用素 T_{00}, S_{00} を

$$\mathcal{D}(T_{00}) = \mathcal{D}(S_{00}) = C_0{}^\infty(I), \qquad T_{00}f = Lf, \qquad S_{00}f = L^*f \qquad (f \in C_0{}^\infty(I))$$

によって定義したとき，

$$T_{00}{}^* = S_{\max}, \qquad S_{00}{}^* = T_{\max}$$

であることを証明せよ．ここで $C_0{}^\infty(I)$ は I で無限回連続微分可能な関数 $f: I \to \boldsymbol{C}$ で $\operatorname{supp} f$ が I のコンパクトな部分集合となる f の全体を表わす．

c)　$T_{\min}, S_{\min}$ の定義域

$\mathcal{D}(T_0) = \mathcal{D}(S_0) = H_0(I)$，$\mathcal{D}(T_{\max}) = H(I, L)$，$\mathcal{D}(S_{\max}) = H(I, L^*)$ であった．$T_{\min}, S_{\min}$ の定義域について次の定理が成り立つ．

定理 2.18　$\mathcal{D}(T_{\min}), \mathcal{D}(S_{\min})$ について

$$\mathcal{D}(T_{\min}) = \{f \in \mathcal{D}(T_{\max}) \mid F(f,g)(\beta) - F(f,g)(\alpha) = 0\ (\forall g \in \mathcal{D}(S_{\max}))\},$$

$$\mathcal{D}(S_{\min}) = \{f \in \mathcal{D}(S_{\max}) \mid F(f,g)(\beta) - F(f,g)(\alpha) = 0\ (\forall g \in \mathcal{D}(T_{\max}))\}$$

が成り立つ．ここで α は I の左端，β は I の右端である．

証明　$\mathcal{D}(T_{\min}) \subset \mathcal{D}(T_{\max})$ は明らかである．任意の $f \in \mathcal{D}(T_{\max})$ と $g \in \mathcal{D}(S_{\max})$ に対し，Green の公式から

$$(T_{\max}f, g) - (f, S_{\max}g) = F(f,g)(\beta) - F(f,g)(\alpha)$$

が成り立つ．$f \in \mathcal{D}(T_{\min})$ とする．$S_{\max} = T_{\min}{}^*$ であるから，任意の $g \in \mathcal{D}(S_{\max})$ に対し，$(T_{\min}f, g) = (f, S_{\max}g)$ となる．したがって，$F(f,g)(\beta) - F(f,g)(\alpha) = 0\ (\forall g \in \mathcal{D}(S_{\max}))$ が成り立つ．逆に，$f \in \mathcal{D}(T_{\max})$ に対し $F(f,g)(\beta) - F(f,g)(\alpha) = 0\ (\forall g \in \mathcal{D}(S_{\max}))$ が成り立つとする．そのとき，$(T_{\max}f, g) = (f, S_{\max}g)$ を得る．$S_{\max}{}^* = T_{\min}$ であるから，$f \in \mathcal{D}(S_{\max}{}^*) = \mathcal{D}(T_{\min})$ となる．

定理の第 2 式も同様に証明される．▌

系　L が形式的に自己随伴ならば，

$$\mathcal{D}(T_{\min}) = \{f \in \mathcal{D}(T_{\max}) \mid F(f,g)(\beta) - F(f,g)(\alpha) = 0\ (\forall g \in \mathcal{D}(T_{\max}))\}.$$

d)　区間 I の端点

考えている区間 I の左端を α とする．$\alpha = -\infty$ でもよかった．

区間 I は左端 α で開いているが，次の条件が成り立つ場合を考える．

1)　$\alpha \neq -\infty$.

2)　各 j に対し，p_j は区間 $'I = \{\alpha\} \cup I$ における C^{n-j} 級の関数 $'p_j$ に拡張さ

れる．したがって，特に $'p_j(\alpha)=\lim_{t\to\alpha} p_j(t)$．

3)　$'p_0(\alpha)\neq 0$.

このとき，p_j を $'p_j$ でおきかえることにより，L は $'I$ における形式的微分作用素 $'L$ に拡張され，$'L$ は区間 $'I$ において基本仮定を満たす．このようなときには，常に L の代りに $'L$ を考えることと約束する．すなわち，L に対し，区間 I が左端 α で開いているときには，条件 1), 2), 3) のどれかが成り立たないとする．

区間 I が左端 α で閉じているとき，α を L の**正則な境界点**，そうでないとき，L の**特異な境界点**という．

区間 I の右端 β に対しても，同様な規約を行って，β が L の正則な境界点であるか特異な境界点であるかを定義できる．

α (または β) が L に対し正則な境界点ならば，α (または β) は L^* に対しても正則な境界点であり，α (または β) が L に対し特異な境界点ならば，α (または β) は L^* に対しても特異な境界点である．

問 3　このことを証明せよ．——

定義から

$$\mathcal{D}(T_{\max})=H(I,L)\subset C^{n-1}(I),\qquad \mathcal{D}(S_{\max})=H(I,L^*)\subset C^{n-1}(I)$$

である．したがって，次の定理が成り立つ．

定理 2.19　I の左端 α が L に対し正則な境界点ならば，$f\in\mathcal{D}(T_{\max})$ に対し $f(\alpha), f'(\alpha), \cdots, f^{(n-1)}(\alpha)$ が存在し，$g\in\mathcal{D}(S_{\max})$ に対し $g(\alpha), g'(\alpha), \cdots, g^{(n-1)}(\alpha)$ が存在する．したがって，$F(f,g)(\alpha)$ が定義される．

I の右端 β が L の正則な境界点のときにも同様なことが成り立つ．——

問 4　境界点 α に対する上の規約において，L が形成的に自己随伴のとき，条件 2) を次の条件

2′)　各 j に対し，$\lim_{t\to\alpha} p_j(t)$ が存在する，

でおきかえても，定理 2.19 の前半が成り立つことを証明せよ．——

区間 I の左端と右端がともに L に対して正則な境界点のとき，L は I **において正則**であるという．L が I において正則でないとき，すなわち I の端点の少なくとも一方が L に対して特異であるとき，L は I **において特異**であるという．L が I において正則ならば，L^* も I において正則であり，L が I において特異

ならば，L^* も I において特異である．

定理 2.20　L が I において正則ならば，

$$\mathscr{D}(T_{\min}) = \{f \in \mathscr{D}(T_{\max}) \mid f^{(j)}(\alpha) = f^{(j)}(\beta) = 0\ (j=0, 1, \cdots, n-1)\},$$

$$\mathscr{D}(S_{\min}) = \{f \in \mathscr{D}(S_{\max}) \mid f^{(j)}(\alpha) = f^{(j)}(\beta) = 0\ (j=0, 1, \cdots, n-1)\}.$$

証明　定理 2.18 によって，$\mathscr{D}(T_{\min})$ は任意の $g \in \mathscr{D}(S_{\max})$ に対し

$$F(f, g)(\beta) - F(f, g)(\alpha) = 0 \tag{2.42}$$

を満たす $f \in \mathscr{D}(T_{\max})$ の全体の集合である．仮定から，境界形式行列 $A(t)$ は $t=\beta, \alpha$ で定義され，$\det A(\beta) \neq 0$，$\det A(\alpha) \neq 0$ である．前と同様 $\hat{f}$ で $f, f', \cdots, f^{(n-1)}$ を成分とする縦ベクトルを表わすことにすると，$f \in A^n(I)$ に対し $\hat{f}(\beta)$，$\hat{f}(\alpha)$ が存在する．したがって，

$$F(f, g)(\beta) = (A(\beta)\hat{f}(\beta), \hat{g}(\beta)), \qquad F(f, g)(\alpha) = (A(\alpha)\hat{f}(\alpha), \hat{g}(\alpha))$$

と書ける．さらに

$$F(f, g)(\beta) - F(f, g)(\alpha) = \left(\begin{bmatrix} A(\beta) & 0 \\ 0 & -A(\alpha) \end{bmatrix}\begin{bmatrix} \hat{f}(\beta) \\ \hat{f}(\alpha) \end{bmatrix}, \begin{bmatrix} \hat{g}(\beta) \\ \hat{g}(\alpha) \end{bmatrix}\right)$$

と書ける．右辺に現われる行列は退化しない行列であることに注意しよう．g が $\mathscr{D}(S_{\max})$ を動くとき，$\hat{g}(\beta), \hat{g}(\alpha)$ は $\boldsymbol{C}^n$ の任意のベクトルになり得るから (2.42) から

$$\begin{bmatrix} A(\beta) & 0 \\ 0 & -A(\alpha) \end{bmatrix}\begin{bmatrix} \hat{f}(\beta) \\ \hat{f}(\alpha) \end{bmatrix} = 0.$$

係数行列は退化しないから，$\hat{f}(\beta) = 0$，$\hat{f}(\alpha) = 0$ である．これで定理の第1式が証明された．

第2式も同様に証明できる．▌

系　$\dim \mathscr{D}(T_{\max})/\mathscr{D}(T_{\min}) = 2n.$

問　　題

1　実数値関数 $p_j\ (j=0, 1, \cdots, \nu)$ を係数とする $n=2\nu$ 階の形式的自己随伴作用素

$$L = \sum_{j=0}^{\nu} (-1)^{\nu-j}\left(\frac{d}{dt}\right)^{\nu-j} p_j \left(\frac{d}{dt}\right)^{\nu-j}$$

に対し，

$$x^{[k]} = \frac{d^k x}{dt^k} \qquad (k=0, 1, \cdots, \nu-1),$$

$$x^{[\nu]} = p_0 \frac{dx^\nu}{dt^\nu},$$

$$x^{[\nu+k]} = p_k \frac{d^{\nu-k}x}{dt^{\nu-k}} - \frac{dx^{[\nu+k-1]}}{dt} \qquad (k=1, \cdots, \nu)$$

とおく．次のことを証明せよ．

i) $Lx = x^{[2\nu]}$.

ii) $Lx \cdot \bar{y} - x \cdot \overline{Ly} = \dfrac{d}{dt} G(x, y)$.

ここで

$$G(x, y) = \sum_{k=1}^{\nu} (x^{[k-1]} \bar{y}^{[n-k]} - x^{[n-k]} \bar{y}^{[k-1]}).$$

2　$P_0(t), \cdots, P_n(t)$ は区間 I で定義された r 次の行列値関数で，$P_j(t)$ は C^{n-j} 級かつ $\det P_0(t) \neq 0$ $(t \in I)$ とする．

$$L\vec{x} = P_0 \vec{x}^{(n)} + P_1 \vec{x}^{(n-1)} + \cdots + P_n \vec{x},$$

$$L^* \vec{x} = (-1)^n (P_0{}^* \vec{x})^{(n)} + (-1)^{n-1} (P_1{}^* \vec{x})^{(n-1)} + \cdots + P_n{}^* \vec{x}$$

によって，L とその随伴作用素 L^* を定義する．ここで $\vec{x}$ は r 次元ベクトル値関数である．$\vec{x}$ の成分が $x_1, \cdots, x_r$ で $\vec{y}$ の成分が $y_1, \cdots, y_r$ のとき，

$$\langle \vec{x}, \vec{y} \rangle (t) = \sum_{j=1}^{r} x_j(t) \bar{y}_j(t)$$

とおく．次の Lagrange の恒等式を証明せよ．

$$\langle L\vec{x}, \vec{y} \rangle - \langle \vec{x}, L^* \vec{y} \rangle = \frac{d}{dt} F(\vec{x}, \vec{y}).$$

ここで

$$F(\vec{x}, \vec{y})(t) = \sum_{j=0}^{n-1} \sum_{k=1}^{n-j} (-1)^{k-1} \langle \vec{x}^{(n-j-k)}, (P_{n-m}{}^* \vec{y})^{k-1} \rangle (t)$$

である．

3　φ は微分方程式

$$Lx = (p_0 x^{(\nu)})^{(\nu)} + (p_1 x^{(\nu-1)})^{(\nu-1)} + \cdots + p_\nu x = 0$$

の解とする．$j=1, \cdots, \nu$ に対し

$$\varphi_j = \varphi^{(j-1)},$$

$$\varphi_{\nu+j} = (-1)^j \{ (p_0 \varphi^{(\nu)})^{(\nu-j)} + (p_1 \varphi^{(\nu-1)})^{(\nu-j-1)} + \cdots + p_{\nu-j} \varphi^{(j)} \}$$

とおき，$\varphi_1, \cdots, \varphi_{2\nu}$ を成分とするベクトルを $\hat{\varphi}$ で表わす．そのとき，$\hat{\varphi}$ は

$$P_0 \vec{x}' + P_1 \vec{x} = 0$$

の形の方程式を満たすことを示し，行列 P_0, P_1 を求めよ．

第3章　正則境界値問題

本章の目的は，有界閉区間 $I=[\alpha, \beta]$ で定義された

$$L = p_0(t)\frac{d^n}{dt^n}+p_1(t)\frac{d^{n-1}}{dt^{n-1}}+\cdots+p_n(t)$$

が基本仮定：

$$p_j \in C^{n-j}(I) \quad (j=0, 1, \cdots, n), \qquad p_0(t) \neq 0 \quad (t \in I)$$

を満たすとき，すなわち，境界点 α, β が正則点のとき，微分方程式

$$Lx = \lambda x+f \qquad (\lambda \text{ は複素パラメータ})$$

と境界における条件

$$\sum_{k=1}^{n} q_{jk}x^{(k-1)}(\alpha)+\sum_{j=1}^{n} r_{jk}x^{(k-1)}(\beta) = \zeta_j \qquad (j=1, \cdots, n)$$

を満たす解の存在，特に同次の場合

$$Lx = \lambda x,$$

$$\sum_{k} q_{jk}x^{(k-1)}(\alpha)+\sum_{k} r_{jk}x^{(k-1)}(\beta) = 0 \qquad (j=1, \cdots, n)$$

の解の存在について論ずることである．

理論の一般化のため，最初は，

$$p_j \in C^0(I) \quad (j=0, 1, \cdots, n), \qquad p_0(t) \neq 0 \quad (t \in I)$$

だけを仮定して議論を進めた．この場合にも，L から $L^2(I)$ における最大閉作用素 $T_{\max}$ と最小閉作用素 $T_{\min}$ が定義され，$T_{\min} \subset T_{\max}$ が成り立つことは明らかであろう．

§3.1　境界値問題

線型微分方程式

(3.1) $$p_0(t)x^{(n)}+p_1(t)x^{(n-1)}+\cdots+p_n(t)x = f(t)$$

を考える．係数 $p_0, p_1, \cdots, p_n$ は有界閉区間 $I=[\alpha, \beta]$ において連続で，$p_0(t) \neq 0$ $(t \in I)$，f は Hilbert 空間 $L^2(I)$ に属するとする．そのとき，方程式 (3.1) の任

意の解 φ は区間 I において存在し，関数空間 $A^n(I)$ に属する．したがって，φ に対し境界 α, β における値 $\varphi(\alpha), \varphi'(\alpha), \cdots, \varphi^{(n-1)}(\alpha), \varphi(\beta), \varphi'(\beta), \cdots, \varphi^{(n-1)}(\beta)$ が確定する．これらの値を φ の α および β における**境界値**と呼ぶことにする．

a) 境界値問題

方程式 (3.1) の解に対する条件

$$\sum_{k=1}^{n} q_{jk} x^{(k-1)}(\alpha) + \sum_{k=1}^{n} r_{jk} x^{(k-1)}(\beta) = \zeta_j \qquad (j=1, \cdots, m) \tag{3.2}$$

を考える．ここで q_{jk}, r_{jk}, ζ_j は複素定数である．条件 (3.2) は解の α, β における境界値の間の条件で，一般に初期条件とは異なる条件である．このような条件を**境界条件**といい，境界条件を満たす解を求めるという問題を**境界値問題**という．条件 (3.2) は境界値についての1次式からなるので，**線型境界条件**といわれる．(3.2) において $\zeta_1 = \cdots = \zeta_m = 0$ のとき，(3.2) を**同次線型境界条件**という．

同次線型微分方程式

$$p_0(t)x^{(n)} + p_1(t)x^{(n-1)} + \cdots + p_n(t)x = 0 \tag{3.3}$$

の解を同次線型境界条件

$$\sum_{k=1}^{n} q_{jk} x^{(k-1)}(\alpha) + \sum_{k=1}^{n} r_{jk} x^{(k-1)}(\beta) = 0 \qquad (j=1, \cdots, m) \tag{3.4}$$

の下で解く境界値問題を**同次線型境界値問題**という．方程式 (3.3) の解の全体 S は $\boldsymbol{C}$ 上の n 次元ベクトル空間であるが，同次線型境界値問題 (3.3), (3.4) の解の全体 N は S の部分空間となることは明らかである．

われわれに興味があるのは $m=n$ でかつ N の次元が1以上，すなわち恒等的に0以外の解が存在する場合である．

例 3.1 同次微分方程式

$$x'' + x = 0$$

の一般解はよく知られているように

$$x = c_1 \sin t + c_2 \cos t \qquad (c_1, c_2 \text{ は任意定数}) \tag{3.5}$$

で与えられる．

考える区間を $[0, \pi]$ として，境界条件を

$$x(0) = 0, \qquad x(\pi) = 0$$

とすれば，(3.5) において $x(0) = c_2$，$x(\pi) = -c_2$ であるから，$c_1 \sin t$ が境界値

問題の解であることが分る．したがって，$\dim N=1$.

次に区間 $[0,\pi]$ において境界条件

$$x(0)=0, \qquad x'(\pi)=0$$

を考える．(3.5) とその導関数 $x'=c_1\cos t-c_2\sin t$ に対し，それぞれ $t=0$，$t=\pi$ とおくことによって $c_2=0$，$c_1=0$ を得る．ゆえにこの境界値問題は恒等的に 0 以外の解は持たない：$\dim N=0$. ——

この例から分るように，(3.3) の一般解が求まれば，それを境界条件 (3.4) に代入して境界値問題を解くことができる．

$\varphi_1,\cdots,\varphi_n$ を (3.3) の解の基本系とすれば，(3.3) の一般解は

$$x=c_1\varphi_1+\cdots+c_n\varphi_n \qquad (c_1,\cdots,c_n \text{ は任意定数})$$

と書ける．

$$x^{(k-1)}(\alpha)=\sum_{l=1}^{n}c_l\varphi_l{}^{(k-1)}(\alpha), \qquad x^{(k-1)}(\beta)=\sum_{l=1}^{n}c_l\varphi_l{}^{(k-1)}(\beta)$$

を (3.4) に代入すれば，$c_1,\cdots,c_n$ に関する同次 1 次方程式系

$$(3.6) \qquad \sum_{l=1}^{n}\sum_{k=1}^{n}(q_{jk}\varphi_l{}^{(k-1)}(\alpha)+r_{jk}\varphi_l{}^{(k-1)}(\beta))c_l=0 \qquad (j=1,\cdots,m)$$

が得られる．方程式系 (3.6) の解空間の次元と境界値問題 (3.3), (3.4) の解空間 N との次元は等しい．(3.6) の係数から，第 (j,l) 要素を $\sum_{k=1}^{n}(q_{jk}\varphi_l{}^{(k-1)}(\alpha)+r_{jk}\varphi_l{}^{(k-1)}(\beta))$ とする行列を Π とする：

$$\Pi=\left[\sum_{k=1}^{n}(q_{jk}\varphi_l{}^{(k-1)}(\alpha)+r_{jk}\varphi_l{}^{(k-1)}(\beta))\right].$$

そのとき，(3.6) の解空間の次元が d であるのは Π の位数が $n-d$ のときであるから，次の定理が得られる．

定理 3.1 境界値問題 (3.3), (3.4) の解空間 N の次元が d であるための必要十分条件は行列 Π の位数が $n-d$ となることである．——

特に $m<n$ ならば常に $d>0$ である．

次に非同次境界値問題 (3.1), (3.2) を考える．方程式 (3.1) の一つの解を ψ_0 とすれば，(3.1) の一般解は

$$x=c_1\varphi_1+\cdots+c_n\varphi_n+\psi_0$$

で与えられる．これを境界条件 (3.2) に代入すれば，$c_1,\cdots,c_n$ に関する m 個の

1次方程式

$$\sum_{l=1}^{n}\left(\sum_{k=1}^{n} q_{jk}\varphi_l{}^{(k-1)}(\alpha)+r_{jk}\varphi_l{}^{(k-1)}(\beta)\right)c_l=\zeta_j-\sum_{k=1}^{n}(q_{jk}\psi_0{}^{(k-1)}(\alpha)+r_{jk}\psi_0{}^{(k-1)}(\beta))$$

が得られる．この方程式系がただ一通りに解けるのは行列 Π の位数が n のときに限る．したがって次の定理を得る．

定理 3.2　行列 Π の位数が n ならば，境界値問題 (3.1), (3.2) はただ一つの解を持つ．

問 1　行列 Π の位数は (3.3) の解の基本系の取り方によらないことを示せ．

b）固有値問題

複素パラメータ λ を含む同次方程式

(3.7)　$$p_0(t)x^{(n)}+p_1(t)x^{(n-1)}+\cdots+p_n(t)x=\lambda x$$

を n 個の条件からなる境界条件

(3.8)　$$\sum_{k=1}^{n} q_{jk}x^{(k-1)}(\alpha)+\sum_{k=1}^{n} r_{jk}x^{(k-1)}(\beta)=0\qquad (j=1,\cdots,n)$$

の下で考える．境界値問題 (3.7), (3.8) は λ の値によって恒等的に 0 以外の解を持つときと持たないときがある．λ のある値に対し恒等的に 0 以外の解を持つとき，λ のその値を境界値問題 (3.7), (3.8) の**固有値**といい，そのときの恒等的に 0 でない解をその固有値に対応する**固有関数**という．固有値，固有関数を求める問題を**固有値問題**という．

各 $\lambda\in \boldsymbol{C}$ に対し，方程式 (3.7) の解の基本系 $\varphi_1(t,\lambda),\cdots,\varphi_n(t,\lambda)$ を，各 φ_j が $\partial\varphi_j/\partial t,\cdots,\partial^{n-1}\varphi_j/\partial t^{n-1}$ と共に任意に $t\in I$ を固定したとき，λ の関数として $\boldsymbol{C}$ で整型であるようにとる．実際このような $\varphi_1(t,\lambda),\cdots,\varphi_n(t,\lambda)$ が取れることは，定理 2.6 によって，たとえば初期条件

$$x(\alpha)=\cdots=x^{(j-2)}(\alpha)=0,\qquad x^{(j-1)}(\alpha)=1,$$
$$x^{(j)}(\alpha)=x^{(j+1)}(\alpha)=\cdots=x^{(n-1)}(\alpha)=0$$

を満たす解を $\varphi_j(t,\lambda)$ とすればよいことから分る．(3.7) の一般解

$$x=c_1\varphi_1(t,\lambda)+\cdots+c_n\varphi_n(t,\lambda)$$

を境界条件 (3.8) に代入して，$c_1,\cdots,c_n$ に関する1次方程式系

(3.9)　$$\sum_{l=1}^{n}\sum_{k=1}^{n}(q_{jk}\varphi_l{}^{(k-1)}(\alpha,\lambda)+r_{jk}\varphi_l{}^{(k-1)}(\beta,\lambda))c_l=0\qquad (j=1,\cdots,n)$$

が得られる．$\varphi_1(t,\lambda),\cdots,\varphi_n(t,\lambda)$ の取り方から，$c_1,\cdots,c_n$ の係数は λ について $\boldsymbol{C}$ で整型である．したがって，第 (j,l) 要素が

$$\sum_{k=1}^{n}(q_{jk}\varphi_l{}^{(k-1)}(\alpha,\lambda)+r_{jk}\varphi_l{}^{(k-1)}(\beta,\lambda))$$

であるような行列式を $\Delta(\lambda)$ とすれば，$\Delta(\lambda)$ も λ について $\boldsymbol{C}$ で整型である．$\lambda=\lambda_0$ に対して方程式系 (3.9) が $(0,\cdots,0)$ 以外の解をもつための条件は $\Delta(\lambda_0)=0$ となることである．したがって，λ_0 が固有値問題 (3.7), (3.8) の固有値であるための必要十分条件は $\Delta(\lambda_0)=0$ である．$\Delta(\lambda)$ について次の三つのいずれかが成り立つ．

1) $\Delta(\lambda)$ は恒等的に 0 でも，恒等的に定数 $(\neq 0)$ でもない．

2) $\Delta(\lambda)$ は恒等的に 0 である．

3) $\Delta(\lambda)$ は 0 でない定数に恒等的に等しい．

1) の場合，$\Delta(\lambda)=0$ の根が固有値であるが，$\Delta(\lambda)$ は $\boldsymbol{C}$ において整型であるから，$\Delta(\lambda)=0$ の根は存在したとしても高々可算個で有限な値に集積しない．2) の場合にはすべての λ の値が固有であり，3) の場合には固有値は存在しない．このことから，次の定理が得られる．

定理 3.3 固有値問題に対し次のいずれかが成り立つ．

a) 固有値が存在し，高々可算個で有限な値に集積しない．

b) すべての $\lambda\in\boldsymbol{C}$ が固有値である．

c) 固有値は存在しない．——

定理 3.2 から次の定理が得られる．

定理 3.4 λ_0 が固有値問題 (3.7), (3.8) の固有値でなければ，非同次境界値問題

$$p_0(t)x^{(n)}+p_1(t)x^{(n-1)}+\cdots+p_n(t)x=\lambda_0x+f,$$

$$\sum_{k=1}^{n}q_{jk}x^{(k-1)}(\alpha)+\sum_{k=1}^{n}r_{jk}x^{(k-1)}(\beta)=\zeta_j \qquad (j=1,\cdots,n)$$

はただ一つの解を持つ．

例 3.2 方程式

$$-x''=\lambda x$$

を考える．λ について $\boldsymbol{C}$ で整型な解の基本系として $\cos\sqrt{\lambda}\,t$, $(\sin\sqrt{\lambda}\,t)/\sqrt{\lambda}$ がと

れる．これを使って一般解を

$$x = c_1 \cos\sqrt{\lambda}\, t + c_2 \frac{\sin\sqrt{\lambda}\, t}{\sqrt{\lambda}} \tag{3.10}$$

と書く．($\lambda=0$ のときは $x=c_1+c_2t$ となることに注意せよ.)

まず境界条件

$$x(0) = 0, \qquad x'(\pi) = 0$$

を考えよう．一般解 (3.10) を代入して

$$c_1 = 0, \qquad -\sqrt{\lambda}\sin\sqrt{\lambda}\,\pi\cdot c_1 + \cos\sqrt{\lambda}\,\pi\cdot c_2 = 0.$$

したがって，

$$\Delta(\lambda) = \det\begin{bmatrix} 1 & 0 \\ -\sqrt{\lambda}\sin\sqrt{\lambda}\,\pi & \cos\sqrt{\lambda}\,\pi \end{bmatrix} = \cos\sqrt{\lambda}\,\pi.$$

これから $\lambda=(k+1/2)^2$ $(k=0, 1, \cdots)$ が固有値であることが分る．

次に境界条件

$$x(0) - x(\pi) = 0, \qquad x'(0) + x'(\pi) = 0$$

を考える．一般解 (3.10) を代入して

$$(1-\cos\sqrt{\lambda}\,\pi)c_1 - \frac{\sin\sqrt{\lambda}\,\pi}{\sqrt{\lambda}}c_2 = 0,$$

$$-\sqrt{\lambda}\sin\sqrt{\lambda}\,\pi\cdot c_1 + (1+\cos\sqrt{\lambda}\,\pi)c_2 = 0$$

を得る．これから

$$\Delta(\lambda) = \det\begin{bmatrix} 1-\cos\sqrt{\lambda}\,\pi & -\dfrac{\sin\sqrt{\lambda}\,\pi}{\sqrt{\lambda}} \\ -\sqrt{\lambda}\sin\sqrt{\lambda}\,\pi & 1+\cos\sqrt{\lambda}\,\pi \end{bmatrix}$$
$$= 1-\cos^2\sqrt{\lambda}\,\pi - \sin^2\sqrt{\lambda}\,\pi = 0.$$

したがって，すべての複素数が固有値である．

最後に境界条件

$$x(0) - 2x(\pi) = 0, \qquad x'(0) + 2x'(\pi) = 0$$

を考える．一般解 (3.10) を代入して

$$(1-2\cos\sqrt{\lambda}\,\pi)c_1 - \frac{2\sin\sqrt{\lambda}\,\pi}{\sqrt{\lambda}}c_2 = 0,$$

$$-2\sqrt{\lambda}\sin\sqrt{\lambda}\,\pi\cdot c_1 + (1+2\cos\sqrt{\lambda}\,\pi)c_2 = 0.$$

これから

$$\varDelta(\lambda) = \det\begin{bmatrix} 1-2\cos\sqrt{\lambda}\,\pi & -\dfrac{2\sin\sqrt{\lambda}\,\pi}{\sqrt{\lambda}} \\ -2\sqrt{\lambda}\sin\sqrt{\lambda}\,\pi & 1+2\cos\sqrt{\lambda}\,\pi \end{bmatrix}$$
$$= 1-4(\cos^2\sqrt{\lambda}\,\pi+\sin^2\sqrt{\lambda}\,\pi) = -3.$$

したがって固有値は存在しない. ——

問 2　$-x''=\lambda x$ の解の基本系として, $\lambda\neq 0$ のとき $e^{i\sqrt{\lambda}t}$, $e^{-i\sqrt{\lambda}t}$, $\lambda=0$ のとき, $1, t$ をとって, 例 3.2 の結果を確認せよ.

問 3　$r\neq 1$, -1 のとき, 固有値問題 $-x''=\lambda x$, $x(0)+rx(\pi)=0$, $x'(0)+rx'(\pi)=0$ は固有値を持たないことを確かめよ.

c) 境界作用素

$$L = p_0(t)\frac{d^n}{dt^n}+\cdots+p_{n-1}(t)\frac{d}{dt}+p_n(t)$$

を形式的微分作用素とすれば, 方程式 (3.1) を

$$Lx = f \tag{3.11}$$

と書いてよい. L から導かれる $L^2(I)$ における最大閉作用素を $T_{\max}$ で表わす. そのとき, 任意の $f\in L^2(I)$ に対し方程式 (3.11) の解は $\mathcal{D}(T_{\max})$ に属する.

次に $\mathcal{D}(T_{\max})$ に属する関数の境界点 α, β における境界値の 1 次結合

$$b(x) = \sum_{k=1}^{n} q_k x^{(k-1)}(\alpha)+\sum_{k=1}^{n} r_k x^{(k-1)}(\beta) \tag{3.12}$$

を考察する. ここで q_k, r_k は複素定数とする. $x\in\mathcal{D}(T_{\max})$ に対し $b(x)$ は複素数であるから, 写像 $b:\mathcal{D}(T_{\max})\to \boldsymbol{C}$ は $\mathcal{D}(T_{\max})$ を定義域とする汎関数である. b は明らかに線型である. このように定義される汎関数 b を**線型境界汎関数**という. 線型境界汎関数の全体 $\mathcal{B}$ は演算

$$(b_1+b_2)(x) = b_1(x)+b_2(x),$$
$$(\lambda b)(x) = \lambda(b(x))$$

によって $\boldsymbol{C}$ 上のベクトル空間を作る. $\mathcal{B}$ の次元に関して次の定理が成り立つ.

定理 3.5　$\dim\mathcal{B} = 2n$.

証明　境界汎関数 b はその係数 $q_1, \cdots, q_n, r_1, \cdots, r_n$ から定まるから, $(q_1, \cdots, q_n, r_1, \cdots, r_n)$ を $\boldsymbol{C}^{2n}$ の元とみなし, それに (3.12) できまる線型汎関数 b を対応させる. この対応によって写像 $\eta:\boldsymbol{C}^{2n}\to\mathcal{B}$ が得られた. 写像 η は明らかに $\boldsymbol{C}^{2n}$ か

ら $\mathcal{B}$ への線型写像である．また線型汎関数の定義から η は $\mathcal{B}$ の上への写像である．したがって η は1対1の写像であることをいえば，$\boldsymbol{C}^{2n}$ と $\mathcal{B}$ はベクトル空間として同型となり，定理は証明されたことになる．そのためには，$(q_1, \cdots, q_n, r_1, \cdots, r_n)$ が $\boldsymbol{C}^{2n}$ の零元でなければ，それに対応する b も $\mathcal{B}$ の零元でないことをいえばよい．$q_1, \cdots, q_n, r_1, \cdots, r_n$ のどれか一つ，たとえば $q_1 \neq 0$ としよう．$\mathcal{D}(T_{\max})$ の元 x で，$x(\alpha)=1$，$x'(\alpha)=\cdots=x^{(n-1)}(\alpha)=0$，$x(\beta)=x'(\beta)=\cdots=x^{(n-1)}(\beta)=0$ となるものが存在する．そのとき

$$b(x) = q_1x(\alpha)+q_2x'(\alpha)+\cdots+q_nx^{(n-1)}(\alpha)+r_1x(\beta)+\cdots+r_nx^{(n-1)}(\beta) = q_1$$

で $b(x) \neq 0$ となるから，$b \neq 0$ である．∎

さて，m 個の線型汎関数 $b_1, \cdots, b_m$ を

$$b_j(x) = \sum_{k=1}^{n} q_{jk}x^{(k-1)}(\alpha) + \sum_{k=1}^{n} r_{jk}x^{(k-1)}(\beta) \qquad (j=1, \cdots, m)$$

によって定義し，さらに

$$\boldsymbol{b}x = \begin{bmatrix} b_1(x) \\ \vdots \\ b_m(x) \end{bmatrix}$$

とおけば，$\boldsymbol{b}$ は $\mathcal{D}(T_{\max})$ から $\boldsymbol{C}^m$ への線型写像である．このような $\boldsymbol{b}$ を**線型境界作用素**といい，簡単に

(3.13) $$\boldsymbol{b} = \begin{bmatrix} b_1 \\ \vdots \\ b_m \end{bmatrix}$$

で表わす．この記法を使えば，境界条件 (3.4) は

(3.14) $$\boldsymbol{b}x = 0$$

と書かれる．

二つの境界作用素

$$\boldsymbol{b} = \begin{bmatrix} b_1 \\ \vdots \\ b_m \end{bmatrix}, \qquad \boldsymbol{b}' = \begin{bmatrix} b_1' \\ \vdots \\ b_l' \end{bmatrix}$$

に対し，各 b_j は $b_1', \cdots, b_l'$ の1次結合であり，かつ各 b_k' が $b_1, \cdots, b_m$ の1次結合であるとき，$\boldsymbol{b}$ と $\boldsymbol{b}'$ は**同値**であるという．定義から，$\boldsymbol{b}$ と $\boldsymbol{b}'$ が同値であるのは，$b_1, \cdots, b_m$ の張る $\mathcal{B}$ の部分空間 B と $b_1', \cdots, b_l'$ の張る $\mathcal{B}$ の部分空間 B' が

一致するときであり，そのときに限る.

境界作用素 (3.13) に対し，境界条件 (3.14) を満たす空間 $\mathcal{D}(T_{\max})$ の元の全体を $D_{\boldsymbol{b}}$ で表わす:

$$D_{\boldsymbol{b}} = \{x \in \mathcal{D}(T_{\max}) \mid \boldsymbol{b}x=0\}.$$

$\boldsymbol{b}$ は線型であるから，$D_{\boldsymbol{b}}$ は明らかに $\mathcal{D}(T_{\max})$ の部分空間である.

境界汎関数 $b_1, \cdots, b_m$ の張る $\mathcal{B}$ の部分空間を B とすれば,

$$D_{\boldsymbol{b}} = \{x \in \mathcal{D}(T_{\max}) \mid b(x)=0 \ (b \in B)\}$$

が成り立つ. したがって，二つの境界作用素 $\boldsymbol{b}, \boldsymbol{b}'$ に対し，$D_{\boldsymbol{b}}=D_{\boldsymbol{b}'}$ が成り立つのは $B=B'$ のときである. すなわち $\boldsymbol{b}$ と $\boldsymbol{b}'$ が同値のときである.

境界作用素 $\boldsymbol{b}$ が与えられたとき，その同値類，したがって $D_{\boldsymbol{b}}$ に着目することにすれば，$b_1, \cdots, b_m$ は1次独立としても一般性を失わない. したがって，以下特に断わらなくても，境界作用素に対し，その成分は1次独立であるとする. $b_1, \cdots, b_m$ が1次独立のとき，境界作用素 $\boldsymbol{b}$ を**位数 m の境界作用素**という.

境界作用素 $\boldsymbol{b}$ に対し，$T_{\max}$ を $D_{\boldsymbol{b}}$ に制限した $L^2(I)$ における作用素を $T_{\boldsymbol{b}}$ で表わす. そのとき，$f \in L^2(I)$ に対し，境界値問題

$$Lx = f, \quad \boldsymbol{b}x = 0 \tag{3.15}$$

を考えると，$Lx=f$ の解のうち $\boldsymbol{b}x=0$ を満たすものを求めることと，$\boldsymbol{b}x=0$ を満たす $x \in \mathcal{D}(T_{\max})$ のうち $Lx=f$ を満たすものを求めることは同じことであるから，(3.15) を

$$T_{\boldsymbol{b}}x = f$$

と書くことができる. 同様に，固有値問題

$$Lx = \lambda x, \quad \boldsymbol{b}x = 0$$

は

$$T_{\boldsymbol{b}}x = \lambda x$$

と書ける.

L は区間 I において基本仮定を満たすとする. そのとき，定理2.20によって，$\mathcal{D}(T_{\min})$ の元 x は常に $\boldsymbol{b}x=0$ を満たすから,

$$\mathcal{D}(T_{\min}) \subset D_{\boldsymbol{b}} \subset \mathcal{D}(T_{\max}) \tag{3.16}$$

が成り立つ.

問4 $\mathcal{D}(T_{\min}) = \{x \in \mathcal{D}(T_{\max}) \mid b(x)=0 \ (b \in \mathcal{B})\}$ を証明せよ. ——

$\mathcal{B}$ の各元は $\mathcal{D}(T_{\max})$ における線型汎関数であるが，任意の $b \in \mathcal{B}$ と任意の $x \in \mathcal{D}(T_{\min})$ に対し，$b(x)=0$ であるから，$\mathcal{B}$ の元は商空間 $\mathcal{D}(T_{\max})/\mathcal{D}(T_{\min})$ における線型汎関数とみなすことができる．定理 2.20 の系と定理 3.5 によって

$$\dim \mathcal{D}(T_{\max})/\mathcal{D}(T_{\min}) = \dim \mathcal{B} = 2n$$

であるから，$\mathcal{B}$ は $\mathcal{D}(T_{\max})/\mathcal{D}(T_{\min})$ における線型汎関数の全体からなることが分る．したがって

$$\mathcal{D}(T_{\min}) \subset D \subset \mathcal{D}(T_{\max}) \tag{3.17}$$

を満たす部分空間 D に対し，$\mathcal{B}$ の部分空間 B が存在して

$$D = \{x \in \mathcal{D}(T_{\max}) \mid b(x)=0\ (b \in B)\}$$

が成り立つ．$b_1, \cdots, b_m$ が B を張るとすれば

$$D = D_{\boldsymbol{b}}$$

となる．以上のことから，次の定理が得られる．

定理 3.6 L が区間 I において基本仮定を満たすとき，境界作用素の同値類と (3.17) を満たす $\mathcal{D}(T_{\max})$ の部分空間 D とは 1 対 1 に対応する．

d) 境界作用素の行列による表示

境界作用素

$$\boldsymbol{b} = \begin{bmatrix} b_1 \\ \vdots \\ b_m \end{bmatrix}$$

に対し，b_j は

$$b_j(x) = \sum_{k=1}^{n} q_{jk} x^{(k-1)}(\alpha) + \sum_{k=1}^{n} r_{jk} x^{(k-1)}(\beta)$$

で与えられているとする．係数 q_{jk}, r_{jk} から作った行列を

$$Q = \begin{bmatrix} q_{11} & \cdots & q_{1n} \\ \vdots & & \vdots \\ q_{m1} & \cdots & q_{mn} \end{bmatrix}, \qquad R = \begin{bmatrix} r_{11} & \cdots & r_{1n} \\ \vdots & & \vdots \\ r_{m1} & \cdots & r_{mn} \end{bmatrix}$$

とおく．また $x \in \mathcal{D}(T_{\max})$ に対しベクトル値関数 $\hat{x}(t)$ を前のように

$$\hat{x}(t) = \begin{bmatrix} x(t) \\ x'(t) \\ \vdots \\ x^{(n-1)}(t) \end{bmatrix}$$

で定義する．そのとき $\boldsymbol{b}x$ は

$$\boldsymbol{b}x = Q\hat{x}(\alpha) + R\hat{x}(\beta)$$

と書ける．

行列 Q, R を横に並べた $m\times 2n$ 行列を $[Q, R]$ で表わす：

$$[Q, R] = \begin{bmatrix} q_{11} & \cdots & q_{1n} & r_{11} & \cdots & r_{1n} \\ \vdots & & \vdots & \vdots & & \vdots \\ q_{m1} & \cdots & q_{mn} & r_{m1} & \cdots & r_{mn} \end{bmatrix}.$$

境界汎関数 $b_1, \cdots, b_m$ が1次独立であれば，行列 $[Q, R]$ の位数 $\mathrm{rank}\,[Q, R]$ は m であり，逆も成り立つ．

問5 $b_1, \cdots, b_m$ が1次独立 $\Leftrightarrow$ $\mathrm{rank}\,[Q, R]=m$ を証明せよ．——

位数 m の境界作用素

$$\boldsymbol{b}' = \begin{bmatrix} b_1' \\ \vdots \\ b_m' \end{bmatrix}, \qquad b_j'(x) = \sum_{k=1}^{n} q_{jk}' x^{(k-1)}(\alpha) + \sum_{k=1}^{n} r_{jk}' x^{(k-1)}(\beta)$$

に対して，同様に

$$Q' = \begin{bmatrix} q_{11}' & \cdots & q_{1n}' \\ \vdots & & \vdots \\ q_{m1}' & \cdots & q_{mn}' \end{bmatrix}, \qquad R' = \begin{bmatrix} r_{11}' & \cdots & r_{1n}' \\ \vdots & & \vdots \\ r_{m1}' & \cdots & r_{mn}' \end{bmatrix}$$

とおく．$\boldsymbol{b}$ と $\boldsymbol{b}'$ とが同値であるための必要かつ十分条件は非退化な m 次の行列 C が存在して

$$[Q, R] = C[Q', R']$$

が成り立つことである．

問6 このことを証明せよ．

§3.2 Green 関数

前節で使った記号をそのまま使う．

固有値問題

$$(3.18) \qquad Lx = \lambda x, \qquad \boldsymbol{b}x = 0$$

を考える．もちろん，$\boldsymbol{b}$ は位数 n の境界作用素で，その成分を $b_1, \cdots, b_n$ とする．λ_0 が固有値でなければ，$f \in L^2(I)$ のとき，

$$(3.19)\qquad Lx = \lambda_0 x + f, \qquad \boldsymbol{b}x = 0$$

の解は一意的に定まった．(3.19) は

$$T_{\boldsymbol{b}}x - \lambda_0 x = f$$

と書けるから，$T_{\boldsymbol{b}} - \lambda_0 I$ の逆作用素 $(T_{\boldsymbol{b}} - \lambda_0 I)^{-1}$ が存在する．$T_{\boldsymbol{b}} - \lambda_0 I$ は $\mathscr{D}(T_{\max})$ の部分空間 $D_{\boldsymbol{b}}$ を定義域とする微分作用素であるから，その逆作用素 $(T_{\boldsymbol{b}} - \lambda_0 I)^{-1}$ は積分作用素であることが期待される．本節では実際このことが成り立つことを示そう．そのためには，関数 $G(t, s)$ が存在して，(3.19) の解が

$$\int_\alpha^\beta G(t, s) f(s)\, ds$$

と表わされることを示せばよい．もちろん $G(t, s)$ は λ_0 に依存する．したがって，固有値問題 (3.18) に対し，固有値でない λ の値が存在すると仮定し，このような λ の値に対し求める関数 $G(t, s, \lambda)$ を構成しよう．

a) Green 関数

各 $\lambda \in \boldsymbol{C}$ に対し，方程式

$$(3.20)\qquad Lx = \lambda x$$

の解の基本系 $\varphi_1(t, \lambda), \cdots, \varphi_n(t, \lambda)$ を，各 φ_j が $\partial\varphi_j/\partial t, \cdots, \partial^{n-1}\varphi_j/\partial t^{n-1}$ とともに $t \in I$ を任意に固定したとき，λ について $\boldsymbol{C}$ において整型であるようにとる．§2.2, d) で導入された関数

$$k_0(t, s, \lambda) = \frac{1}{p_0(s)\, W(\varphi_1, \cdots, \varphi_n)(s, \lambda)} \det \begin{bmatrix} \varphi_1(s, \lambda) & \cdots & \varphi_n(s, \lambda) \\ \varphi_1'(s, \lambda) & \cdots & \varphi_n'(s, \lambda) \\ \vdots & & \vdots \\ \varphi_1^{(n-2)}(s, \lambda) & \cdots & \varphi_n^{(n-2)}(s, \lambda) \\ \varphi_1(t, \lambda) & \cdots & \varphi_n(t, \lambda) \end{bmatrix}$$

は定理 2.7, 2.8 とその系によって次の性質を持つ．

1) $\partial^j k_0/\partial t^j$ $(j=0, 1, \cdots, n-1)$ が $I \times I \times \boldsymbol{C}$ において存在して連続，かつ任意に $(t, s) \in I \times I$ を固定したとき，λ について $\boldsymbol{C}$ において整型である．

2) $\dfrac{\partial^j k_0}{\partial t^j}(s, s, \lambda) = 0 \qquad (j=0, 1, \cdots, n-2),$

$$\frac{\partial^{n-1} k_0}{\partial t^{n-1}}(s, s, \lambda) = \frac{1}{p_0(s)}$$

が成り立つ.

3) $k_0(t, s, \lambda)$ は，任意に $(s, \lambda) \in I \times \boldsymbol{C}$ を固定したとき，t の関数として (3.20) の解である：

$$Lk_0(\cdot, s, \lambda) = \lambda k_0(\cdot, s, \lambda).$$

さらに，$f \in L^2(I)$ に対し

$$x(t, \lambda) = \int_\alpha^t k_0(t, s, \lambda) f(s)\, ds$$

は，$\lambda \in \boldsymbol{C}$ を固定したとき，$Lx = \lambda x + f$ の解で

$$x^{(j)}(t, \lambda) = \int_\alpha^t \frac{\partial^j k_0}{\partial t^j}(t, s, \lambda) f(s)\, ds \qquad (j=0, 1, \cdots, n-1),$$

$$x^{(n)}(t, \lambda) = \int_\alpha^t \frac{\partial^n k_0}{\partial t^n}(t, s, \lambda) f(s)\, ds + \frac{f(s)}{p_0(s)}$$

が成り立つ.

次に

$$K_0(t, s, \lambda) = \begin{cases} k_0(t, s, \lambda) & (\alpha \leqq s \leqq t \leqq \beta) \\ 0 & (\alpha \leqq t < s \leqq \beta) \end{cases}$$

とおくと，性質 1), 2), 3) によって，関数 $K_0(t, s, \lambda)$ は次の性質を持つことが分る.

1′) $\partial^j K_0 / \partial t^j$ $(j=0, 1, \cdots, n-2)$ は $I \times I \times \boldsymbol{C}$ において連続で，$(t, s) \in I \times I$ を固定したとき，λ について $\boldsymbol{C}$ で整型である. $\partial^{n-1} K_0 / \partial t^{n-1}$ は $t \neq s$ において存在し，$\{(t, s) \mid \alpha \leqq s \leqq t \leqq \beta\} \times \boldsymbol{C}$ と $\{(t, s) \mid \alpha \leqq t \leqq s \leqq \beta\} \times \boldsymbol{C}$ の各々において連続かつ固定

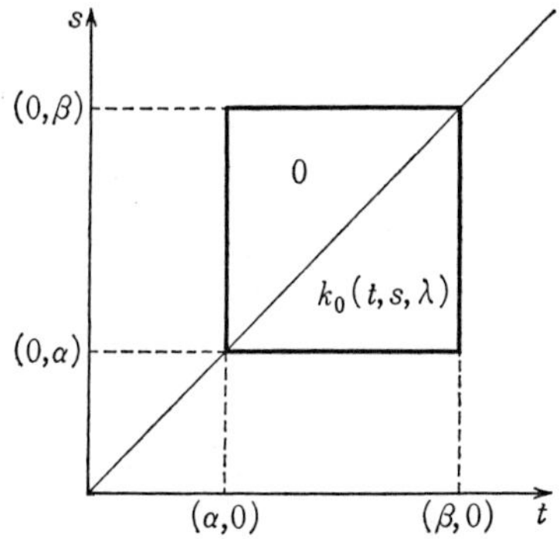

図 3.1

した (t, s) に対し λ について $\boldsymbol{C}$ で整型であるようにできる.

2′) $\dfrac{\partial^{n-1}K_0}{\partial t^{n-1}}(s+0, s, \lambda)-\dfrac{\partial^{n-1}K_0}{\partial t^{n-1}}(s-0, s, \lambda)=\dfrac{1}{p_0(s)}$ 　　$(s\in I)$

が成り立つ.

3′) $K_0(t, s, \lambda)$ は, $(s, \lambda)\in I\times\boldsymbol{C}$ を任意に固定したとき, t の関数として区間 $[\alpha, s]$, $[s, \beta]$ の各々で $Lx=\lambda x$ の解である.

$k_0(t, s, \lambda)$ に対してと同様, $f\in L^2(I)$ に対し

$$x(t, \lambda)=\int_\alpha^\beta K_0(t, s, \lambda)f(s)\,ds$$

は各 $\lambda\in\boldsymbol{C}$ に対し $Lx=\lambda x+f$ の解で

$$x^{(j)}(t, \lambda)=\int_\alpha^\beta \frac{\partial^j K_0}{\partial t^j}(t, s, \lambda)f(s)\,ds \qquad (j=0, 1, \cdots, n-1),$$

$$x^{(n)}(t, \lambda)=\int_\alpha^\beta \frac{\partial^n K_0}{\partial t^n}(t, s, \lambda)f(s)\,ds+\frac{f(s)}{p_0(s)}$$

が成り立つ.

(s, λ) を固定して t の関数とみたとき, $K_0(t, s, \lambda)$ は境界条件 $\boldsymbol{b}x=0$ を一般に満たしていない. そこで

$$G(t, s, \lambda)=K_0(t, s, \lambda)+c_1\varphi_1(t, \lambda)+\cdots+c_n\varphi_n(t, \lambda) \tag{3.21}$$

とおいて, 固有値でない λ の値に対し

$$\boldsymbol{b}G(\cdot, s, \lambda)=0 \tag{3.22}$$

が満たされるように係数 $c_1, \cdots, c_n$ が (s, λ) の関数としてきめられることを示そう. (3.21) を (3.22) に代入して

$$b_k(G(\cdot, s, \lambda))=b_k(K_0(\cdot, s, \lambda))+\sum_{j=1}^n c_j b_k(\varphi_j(\cdot, \lambda))$$

を得るから, (3.22) が成り立つためには,

$$\sum_{j=1}^n c_j b_k(\varphi_j(\cdot, \lambda))=-b_k(K_0(\cdot, s, \lambda)) \qquad (k=1, \cdots, n) \tag{3.23}$$

を満たすように $c_1, \cdots, c_n$ を求めればよい. 左辺の係数から作った行列式

$$\varDelta(\lambda)=\det[\boldsymbol{b}\varphi_1(\cdot, \lambda), \cdots, \boldsymbol{b}\varphi_n(\cdot, \lambda)]$$

は λ について $\boldsymbol{C}$ で整型で, λ が固有値でないことと $\varDelta(\lambda)\neq 0$ とは同値であった. 右辺の $-b_k(K_0(\cdot, s, \lambda))$ は K_0 の性質 1′) から, (s, λ) について $I\times\boldsymbol{C}$ で連続で,

$s\in I$ を固定すれば λ について $\boldsymbol{C}$ で整型である．$\Omega=\{\lambda\in\boldsymbol{C}\mid \Delta(\lambda)\neq 0\}$ とおけば，仮定から $\Omega\neq\phi$ で，さらに $\boldsymbol{C}-\Omega$ は高々可算個の点からなる孤立集合である．$(s,\lambda)\in I\times\Omega$ に対し，(3.23) を満たす $c_1=c_1(s,\lambda)$, …, $c_n=c_n(s,\lambda)$ は一意的に定まり，$c_1(s,\lambda)$, …, $c_n(s,\lambda)$ は $I\times\Omega$ において連続で，$s\in I$ を固定したとき λ について Ω で整型，$\boldsymbol{C}$ において有理型である．

関数 $G(t,s,\lambda)$ の性質は次のように述べられる．

定理 3.7 $G(t,s,\lambda)$ は次の性質をもつ．

i) $\partial^jG/\partial t^j$ $(j=0,1,\cdots,n-2)$ は存在して，$I\times I\times\Omega$ で連続，$(t,s)\in I\times I$ を固定したとき λ について Ω で整型，$\boldsymbol{C}$ で有理型である．$\partial^{n-1}G/\partial t^{n-1}$ は $t\neq s$ のとき存在し，$\{(t,s)\mid\alpha\leqq s\leqq t\leqq\beta\}\times\Omega$, $\{(t,s)\mid\alpha\leqq t\leqq s\leqq\beta\}\times\Omega$ の各々において連続となるようにでき，かつ (t,s) を固定したとき λ について Ω で整型，$\boldsymbol{C}$ において有理型である．

ii) $\dfrac{\partial^{n-1}G}{\partial t^{n-1}}(s+0,s,\lambda)-\dfrac{\partial^{n-1}G}{\partial t^{n-1}}(s-0,s,\lambda)=\dfrac{1}{p_0(s)}\qquad(\alpha<s<\beta).$

iii) $G(t,s,\lambda)$ は，(s,λ) を固定したとき，t の関数として区間 $[\alpha,s]$, $[s,\beta]$ の各々で方程式 $Lx=\lambda x$ を満たす．

iv) $G(t,s,\lambda)$ は，(s,λ) を固定したとき，t の関数として境界条件 $\boldsymbol{b}x=0$ を満たす．

性質 i), ii), iii), iv) を満たす関数は一意的に定まる．

さらに任意の $f\in L^2(I)$ に対し

$$x(t,\lambda)=\int_\alpha^\beta G(t,s,\lambda)f(s)\,ds \tag{3.24}$$

とおけば，

$$x^{(j)}(t,\lambda)=\int_\alpha^\beta \frac{\partial^jG}{\partial t^j}(t,s,\lambda)f(s)\,ds\qquad(j=1,\cdots,n-1), \tag{3.25}$$

$$x^{(n)}(t,\lambda)=\int_\alpha^\beta \frac{\partial^nG}{\partial t^n}(t,s,\lambda)f(s)\,ds+\frac{f(s)}{p_0(s)} \tag{3.26}$$

が成り立ち，$x(t,\lambda)$ は境界値問題 $Lx=\lambda x+f$, $\boldsymbol{b}x=0$ の解である．

証明 G の性質 i), ii), iii) は K_0 の性質 1′), 2′), 3′) と G の定義および $c_1(s,\lambda)$, …, $c_n(s,\lambda)$ の性質から容易に分る．iv) は G のきめ方から明らか．

G の一意性は次のようにして分る．二つあったとしてそれを $G_1(t,s,\lambda)$,

$G_2(t,s,\lambda)$ とする．差 $G_1(t,s,\lambda)-G_2(t,s,\lambda)$ は性質 i), ii) から，$(s,\lambda)\in I\times\Omega$ を固定して t の関数と考えたとき，I において $n-1$ 回連続微分可能である．このことと iii) から I における $Lx=\lambda x$ の解となる．一方，iv) から G_1-G_2 は境界条件 $\boldsymbol{b}x=0$ を満たす．$\lambda\in\Omega$ のとき，$Lx=\lambda x$，$\boldsymbol{b}x=0$ の解は恒等的に0であるから，$(s,\lambda)\in I\times\Omega$ のとき，

$$G_1(t,s,\lambda)-G_2(t,s,\lambda)=0 \qquad (\alpha\leqq t\leqq\beta)$$

を得る．ゆえに G_1 と G_2 は $I\times I\times\Omega$ において一致する．

(3.24) によって定義される関数 $x(t,\lambda)$ が (3.25) と (3.26) を満たすことは K_0 の性質と G の定義から明らかである．$x(t,\lambda)$ が $Lx=\lambda x+f$，$\boldsymbol{b}x=0$ の解であることもほとんど明らかであろう．∎

関数 $G(t,s,\lambda)$ を固有値問題 (3.18) に対する **Green 関数**という．

問1 $\partial^n G/\partial t^n$ は $\{(t,s)\,|\,\alpha\leqq s\leqq t\leqq\beta\}\times I\times\Omega$，$\{(t,s)\,|\,\alpha\leqq t\leqq s\leqq\beta\}\times I\times\Omega$ の各々で連続，(t,s) を固定したとき，λ について Ω で整型，$\boldsymbol{C}$ で有理型であることを示せ．

b) Green 作用素

各 $\lambda\in\Omega$ に対して Green 関数 $G(t,s,\lambda)$ を積分核とする $L^2(I)$ における積分作用素を **Green 作用素**といい，$G(\lambda)$ で表わす：

$$(G(\lambda)f)(t)=\int_\alpha^\beta G(t,s,\lambda)f(s)\,ds.$$

各 $\lambda\in\Omega$ に対して G はコンパクトな閉集合 $I\times I\subset\boldsymbol{R}^2$ で連続であるから，$G(\lambda)$ $(\lambda\in\Omega)$ は Hilbert-Schmidt 作用素，したがって完全連続作用素である．定理3.7によって，任意の $f\in L^2(I)$ に対し $G(\lambda)f\in D_{\boldsymbol{b}}$ でかつ

$$T_{\boldsymbol{b}}(G(\lambda)f)=\lambda G(\lambda)f+f$$

が成り立つ．このことは $G(\lambda)$ が $T_{\boldsymbol{b}}$ のレゾルベントであることを示している：

$$G(\lambda)=(T_{\boldsymbol{b}}-\lambda I)^{-1}.$$

一方，$\lambda\notin\Omega$ ならば，$Lx=\lambda x$，$\boldsymbol{b}x=0$，すなわち，$T_{\boldsymbol{b}}x=\lambda x$ は0でない解をもつから，λ は $T_{\boldsymbol{b}}$ の固有値である．すなわち，λ は $T_{\boldsymbol{b}}$ の点スペクトル $\sigma_p(T_{\boldsymbol{b}})$ に属する．以上のことから，次の定理が得られる．

定理 3.8 作用素 $T_{\boldsymbol{b}}$ について次のいずれかが成り立つ．

1) $T_{\boldsymbol{b}}$ のスペクトルは点スペクトルであり，点スペクトルは高々可算個の点

よりなる孤立集合である.

2) T_b は C を点スペクトルとする.

3) T_b はスペクトルをもたない.

さらに，T_b のレゾルベントは完全連続作用素である. ——

固有値問題 (3.18) は，T_b を使って，

$$T_b x = \lambda x$$

と書かれた. λ_0 が固有値でないとして，これを

$$(T_b - \lambda_0 I)\, x = (\lambda - \lambda_0)\, x \tag{3.27}$$

と書き直し，両辺に $G(\lambda_0)$ を施せば，x は

$$x(t) = (\lambda - \lambda_0) \int_\alpha^\beta G(t, s, \lambda_0)\, x(s)\, ds \tag{3.28}$$

を満たす. 逆に (3.28) から (3.27) が導かれる. ゆえに，固有値でない λ の値 λ_0 が存在すれば，固有値問題 (3.18) は，Green 関数を使って，積分方程式 (3.28) に帰着される.

問 2 (3.28) を

$$\left(G(\lambda_0) - \frac{1}{\lambda - \lambda_0} I\right) x = 0$$

と書き直し，§1.3, c) の結果から定理 3.8 の 1), 2), 3) が成り立つことを確かめよ.

c) Green 関数の例

Green 関数を求めるのに方程式

$$Lx = \lambda x$$

の解の基本系を使った. 解の基本系が求まる場合は極く限られていて，初等関数で表わされるのは本質的には L が定数係数の場合である. ここではこのような場合の例を挙げるに止めておく.

例 3.3 1 階の方程式に対する固有値問題

$$-ix' = \lambda x, \qquad x(0) - r x(2\pi) = 0$$

を考える. $-ix' = \lambda x$ の解として $x = e^{i\lambda t}$ がとれる. したがって，定義により

$$k_0(t, s, \lambda) = \frac{1}{-ie^{is\lambda}} e^{i\lambda t} = ie^{i\lambda(t-s)}.$$

ゆえに

$$K_0(t,s,\lambda)=\begin{cases} ie^{i\lambda(t-s)} & (0\leqq s\leqq t\leqq 2\pi) \\ 0 & (0\leqq t<s\leqq 2\pi) \end{cases}$$

である．

$$G(t,s,\lambda)=\begin{cases} ie^{i\lambda(t-s)}+ce^{i\lambda t} & (0\leqq s\leqq t\leqq 2\pi) \\ ce^{i\lambda t} & (0\leqq t<s\leqq 2\pi) \end{cases}$$

が境界条件 $x(0)-rx(2\pi)=0$ を満たすようにきめる．c の満たす条件は

$$c-r(ie^{i\lambda(2\pi-s)}+ce^{i\lambda\cdot 2\pi})=0.$$

これから

$$c=\frac{ire^{i\lambda(2\pi-s)}}{1-re^{2\pi i\lambda}}.$$

ゆえに

$$G(t,s,\lambda)=\begin{cases} \dfrac{ie^{i\lambda(t-s)}}{1-re^{2\pi i\lambda}} & (0\leqq s\leqq t\leqq 2\pi) \\[2ex] \dfrac{ire^{i\lambda(2\pi+t-s)}}{1-re^{2\pi i\lambda}} & (0\leqq t<s\leqq 2\pi) \end{cases}$$

を得る．

例 3.4　微分方程式

$$-x''=\lambda x$$

を考える．この基本解として，$\cos\sqrt{\lambda}\,t$, $(\sin\sqrt{\lambda}\,t)/\sqrt{\lambda}$ がとれた(例3.2参照)．

$$\det\begin{bmatrix} \cos\sqrt{\lambda}\,s & (\sin\sqrt{\lambda}\,s)/\sqrt{\lambda} \\ -\sqrt{\lambda}\sin\sqrt{\lambda}\,s & \cos\sqrt{\lambda}\,s \end{bmatrix}=1,$$

$$\det\begin{bmatrix} \cos\sqrt{\lambda}\,s & (\sin\sqrt{\lambda}\,s)/\sqrt{\lambda} \\ \cos\sqrt{\lambda}\,t & (\sin\sqrt{\lambda}\,t)/\sqrt{\lambda} \end{bmatrix}=\frac{\sin\sqrt{\lambda}\,(t-s)}{\sqrt{\lambda}}$$

であるから，

$$k_0(t,s,\lambda)=-\frac{\sin\sqrt{\lambda}\,(t-s)}{\sqrt{\lambda}}.$$

したがって，

$$K_0(t,s,\lambda)=\begin{cases} -\dfrac{\sin\sqrt{\lambda}\,(t-s)}{\sqrt{\lambda}} & (s\leqq t) \\[2ex] 0 & (t<s). \end{cases}$$

ここで境界条件

$$x(0)=0, \quad x(l)=0 \quad (l>0)$$

を考える．$G(t,s,\lambda)$ を求めるには，

$$G(t,s,\lambda)=\begin{cases} -\dfrac{\sin\sqrt{\lambda}(t-s)}{\sqrt{\lambda}}+c_1\cos\sqrt{\lambda}\,t+c_2\dfrac{\sin\sqrt{\lambda}\,t}{\sqrt{\lambda}} & (0\leqq s\leqq t\leqq l) \\ c_1\cos\sqrt{\lambda}\,t+c_2\dfrac{\sin\sqrt{\lambda}\,t}{\sqrt{\lambda}} & (0\leqq t<s\leqq l) \end{cases}$$

とおき，境界条件を満たすように c_1, c_2 を定めればよい．$x(0)=0$ から，$c_1=0$ を得る．次に $x(l)=0$ から

$$-\frac{\sin\sqrt{\lambda}(l-s)}{\sqrt{\lambda}}+c_2\frac{\sin\sqrt{\lambda}\,l}{\sqrt{\lambda}}=0.$$

これから

$$c_2=\frac{\sin\sqrt{\lambda}(l-s)}{\sin\sqrt{\lambda}\,l}$$

を得る．

$$-\frac{\sin\sqrt{\lambda}(t-s)}{\sqrt{\lambda}}+\frac{\sin\sqrt{\lambda}\,t\sin\sqrt{\lambda}(l-s)}{\sqrt{\lambda}\sin\sqrt{\lambda}\,l}=\frac{\sin\sqrt{\lambda}(l-t)\sin\sqrt{\lambda}\,s}{\sqrt{\lambda}\sin\sqrt{\lambda}\,l}$$

であるから，

$$G(t,s,\lambda)=\begin{cases} \dfrac{\sin\sqrt{\lambda}(l-t)\sin\sqrt{\lambda}\,s}{\sqrt{\lambda}\sin\sqrt{\lambda}\,l} & (0\leqq s\leqq t\leqq l) \\ \dfrac{\sin\sqrt{\lambda}\,t\sin\sqrt{\lambda}(l-s)}{\sqrt{\lambda}\sin\sqrt{\lambda}\,l} & (0\leqq t<s\leqq l) \end{cases}$$

を得る．——

§3.3　随伴境界値問題

前節までは形式的微分作用素

$$L=p_0(t)\frac{d^n}{dt^n}+p_1(t)\frac{d^{n-1}}{dt^{n-1}}+\cdots+p_n(t)$$

において，係数 $p_0, p_1, \cdots, p_n$ は区間 $I=[\alpha,\beta]$ において連続で $p_0(t)\neq0$ $(t\in I)$ と仮定しただけであった．より豊富な理論を展開するため，$p_j\in C^{n-j}(I)$ $(j=0,1,\cdots,n)$ と仮定しよう．すなわち，有界閉区間 I において基本仮定が成り立つとす

る．そのとき，L の形式的随伴微分作用素

$$L^* = p_0^*(t)\frac{d^n}{dt^n}+p_1^*(t)\frac{d^{n-1}}{dt^{n-1}}+\cdots+p_n^*(t)$$

が定義される．L^* から導かれる $L^2(I)$ における最大閉作用素を $S_{\max}$ とすれば，Green の公式により，任意の $x\in\mathcal{D}(T_{\max})$，$y\in\mathcal{D}(S_{\max})$ に対し

$$(T_{\max}x, y)-(x, S_{\max}y) = F(x, y)(\beta)-F(x, y)(\alpha)$$

が成り立つ．境界形式行列 $A(t)$ を使えば，右辺は

$$F(x, y)(\beta)-F(x, y)(\alpha) = (A(\beta)\hat{x}(\beta), \hat{y}(\beta))-(A(\alpha)\hat{x}(\alpha), \hat{y}(\alpha))$$

と書ける．ここで $(\cdot,\cdot)$ は $\boldsymbol{C}^n$ における内積である．

a) 境界形式に対する公式

位数 m の境界作用素

$$\boldsymbol{b} = \begin{bmatrix} b_1 \\ \vdots \\ b_m \end{bmatrix}$$

を考える．もちろん，境界汎関数 $b_1, \cdots, b_m$ は1次独立である．境界汎関数 $b_{m+1}, \cdots, b_{2n}$ を $b_1, b_2, \cdots, b_m, b_{m+1}, \cdots, b_{2n}$ が1次独立であるようにとったとき，位数 $2n-m$ の境界作用素

$$\boldsymbol{b}_c = \begin{bmatrix} b_{m+1} \\ \vdots \\ b_{2n} \end{bmatrix}$$

を $\boldsymbol{b}$ の**補境界作用素**という．境界作用素に対し常に補境界作用素が存在し，しかもそれは一意的でないことは明らかであろう．

定理 3.9 位数 m の境界作用素 $\boldsymbol{b}$ に対し，その任意の補境界作用素 $\boldsymbol{b}_c$ をとると，$\mathcal{D}(S_{\max})$ における位数 m の境界作用素 $\boldsymbol{b}_c^*$ と位数 $2n-m$ の境界作用素 $\boldsymbol{b}^*$ で，任意の $x\in\mathcal{D}(T_{\max})$ と任意の $y\in\mathcal{D}(S_{\max})$ に対し

$$F(x, y)(\beta)-F(x, y)(\alpha) = (\boldsymbol{b}x, \boldsymbol{b}_c^*y)_m+(\boldsymbol{b}_cx, \boldsymbol{b}^*y)_{2n-m}$$

を満たすものが一意的に存在する．ここで $(\cdot,\cdot)_m$ と $(\cdot,\cdot)_{2n-m}$ はそれぞれ $\boldsymbol{C}^m$, $\boldsymbol{C}^{2n-m}$ における内積である．

$\boldsymbol{b}$ の他の補境界作用素 $'\boldsymbol{b}_c$ をとり，同様に境界作用素 $'\boldsymbol{b}_c^*$, $'\boldsymbol{b}^*$ が得られたとすれば，$\boldsymbol{b}^*$ と $'\boldsymbol{b}^*$ は同値である．

証明 $\boldsymbol{b}$ と $\boldsymbol{b}_c$ とを行列によって

$$\boldsymbol{b}x = Q\hat{x}(\alpha) + R\hat{x}(\beta),$$
$$\boldsymbol{b}_c x = Q_c\hat{x}(\alpha) + R_c\hat{x}(\beta)$$

と表わす. $\boldsymbol{b}_c$ は $\boldsymbol{b}$ の補境界作用素であるから,

$$\operatorname{rank}\begin{bmatrix} Q & R \\ Q_c & R_c \end{bmatrix} = 2n$$

である.

$$\begin{bmatrix} \boldsymbol{b}x \\ \boldsymbol{b}_c x \end{bmatrix} = \begin{bmatrix} Q & R \\ Q_c & R_c \end{bmatrix}\begin{bmatrix} \hat{x}(\alpha) \\ \hat{x}(\beta) \end{bmatrix}$$

と書けるし,

$$F(x, y)(\beta) - F(x, y)(\alpha) = \left(\begin{bmatrix} -A(\alpha) & 0 \\ 0 & A(\beta) \end{bmatrix}\begin{bmatrix} \hat{x}(\alpha) \\ \hat{x}(\beta) \end{bmatrix}, \begin{bmatrix} \hat{y}(\alpha) \\ \hat{y}(\beta) \end{bmatrix}\right)_{2n}$$

と書ける. したがって, 任意の $x \in \mathscr{D}(T_{\max})$ と $y \in \mathscr{D}(S_{\max})$ に対し

$$\left(\begin{bmatrix} -A(\alpha) & 0 \\ 0 & A(\beta) \end{bmatrix}\begin{bmatrix} \hat{x}(\alpha) \\ \hat{x}(\beta) \end{bmatrix}, \begin{bmatrix} \hat{y}(\alpha) \\ \hat{y}(\beta) \end{bmatrix}\right) = \left(\begin{bmatrix} Q & R \\ Q_c & R_c \end{bmatrix}\begin{bmatrix} \hat{x}(\alpha) \\ \hat{x}(\beta) \end{bmatrix}, \begin{bmatrix} J_c & K_c \\ J & K \end{bmatrix}\begin{bmatrix} \hat{y}(\alpha) \\ \hat{y}(\beta) \end{bmatrix}\right)$$

を満たす $m \times n$ 行列 J_c, K_c と $(2n-m)\times n$ 行列 J, K が一通りに定まれば, $\boldsymbol{b}_c{}^*$, $\boldsymbol{b}^*$ を

$$\boldsymbol{b}_c{}^* y = J_c\hat{y}(\alpha) + K_c\hat{y}(\beta),$$
$$\boldsymbol{b}^* y = J\hat{y}(\alpha) + K\hat{y}(\beta)$$

によって定義すればよい. x が $\mathscr{D}(T_{\max})$ を, y が $\mathscr{D}(S_{\max})$ をそれぞれ動くとき, $\begin{bmatrix} \hat{x}(\alpha) \\ \hat{x}(\beta) \end{bmatrix}$ と $\begin{bmatrix} \hat{y}(\alpha) \\ \hat{y}(\beta) \end{bmatrix}$ はそれぞれ $\boldsymbol{C}^{2n}$ の任意のベクトルとなり得るから,

$$\begin{bmatrix} -A(\alpha) & 0 \\ 0 & A(\beta) \end{bmatrix} = \begin{bmatrix} J_c & K_c \\ J & K \end{bmatrix}^* \begin{bmatrix} Q & R \\ Q_c & R_c \end{bmatrix}$$

でなければならない. したがって, J_c, K_c, J, K は

$$\begin{bmatrix} J_c & K_c \\ J & K \end{bmatrix} = \left(\begin{bmatrix} -A(\alpha) & 0 \\ 0 & A(\beta) \end{bmatrix}\begin{bmatrix} Q & R \\ Q_c & R_c \end{bmatrix}^{-1}\right)^*$$

で与えられる.

他の補境界作用素 $'\boldsymbol{b}_c$ を

$$'\boldsymbol{b}_c x = {}'Q_c\hat{x}(\alpha) + {}'R_c\hat{x}(\beta)$$

で表わせば,

$$
\begin{bmatrix} Q & R \\ 'Q_c & 'R_c \end{bmatrix} = \begin{bmatrix} I_m & 0 \\ C & D \end{bmatrix} \begin{bmatrix} Q & R \\ Q_c & R_c \end{bmatrix} \tag{3.29}
$$

が成り立つ．ここで I_m は m 次の単位行列，C は $(2n-m)\times m$ 行列，D は非退化な $(2n-m)\times(2n-m)$ 行列である．$\boldsymbol{b}$ と $'\boldsymbol{b}_c$ から定まる境界作用素を $'\boldsymbol{b}_c{}^*, '\boldsymbol{b}^*$ とし，その行列表現を

$$
'\boldsymbol{b}_c{}^* y = 'J_c \hat{y}(\alpha) + 'K_c \hat{y}(\beta),
$$
$$
'\boldsymbol{b}^* y = 'J \hat{y}(\alpha) + 'K \hat{y}(\beta)
$$

とすれば，$'J_c, 'K_c, 'J, 'K$ は

$$
\begin{bmatrix} 'J_c & 'K_c \\ 'J & 'K \end{bmatrix} = \left(\begin{bmatrix} -A(\alpha) & 0 \\ 0 & A(\beta) \end{bmatrix} \begin{bmatrix} Q & R \\ 'Q_c & 'R_c \end{bmatrix}^{-1} \right)^*
$$

によって与えられる．この式に (3.29) を代入して

$$
\begin{bmatrix} 'J_c & 'K_c \\ 'J & 'K \end{bmatrix} = \begin{bmatrix} I_m & 0 \\ C & D \end{bmatrix}^{-1*} \begin{bmatrix} J_c & K_c \\ J & K \end{bmatrix}
$$

を得る．簡単な考察から，$m\times(2n-m)$ 行列 E が存在して

$$
\begin{bmatrix} I_m & 0 \\ C & D \end{bmatrix}^{-1*} = \begin{bmatrix} I_m & E \\ 0 & D^{-1*} \end{bmatrix}
$$

と書ける．ゆえに

$$
\begin{bmatrix} 'J_c & 'K_c \\ 'J & 'K \end{bmatrix} = \begin{bmatrix} I_m & E \\ 0 & D^{-1*} \end{bmatrix} \begin{bmatrix} J_c & K_c \\ J & K \end{bmatrix}.
$$

したがって

$$
['J, 'K] = D^{-1*}[J, K].
$$

このことは $'\boldsymbol{b}^*$ は $\boldsymbol{b}^*$ に同値であることを示している．▌

$\mathscr{D}(T_{\max})$ における位数 m の境界作用素 $\boldsymbol{b}$ に対し，定理3.9から定まる $\mathscr{D}(S_{\max})$ における境界作用素 $\boldsymbol{b}^*$ を $\boldsymbol{b}$ の**随伴境界作用素**という．

問　次のことを示せ．

1)　$\boldsymbol{b}$ と $'\boldsymbol{b}$ が同値なとき，それらの随伴境界作用素 $\boldsymbol{b}^*, '\boldsymbol{b}^*$ は同値である．

2)　$\boldsymbol{b}^*$ が $\boldsymbol{b}$ の随伴作用素で，$'\boldsymbol{b}^*$ が $\boldsymbol{b}^*$ に同値なとき，$'\boldsymbol{b}^*$ も $\boldsymbol{b}$ の随伴境界作用素である．

3)　$(\boldsymbol{b}^*)^*$ は $\boldsymbol{b}$ と同値である．

定理 3.10　境界作用素 $\boldsymbol{b}$ とその随伴境界作用素 $\boldsymbol{b}^*$ が

$$
\boldsymbol{b}x = Q\hat{x}(\alpha) + R\hat{x}(\beta), \tag{3.30}
$$

(3.31) $$\boldsymbol{b}^*y = J\hat{y}(\alpha)+K\hat{y}(\beta)$$

と表わされるとき，

(3.32) $$QA^{-1}(\alpha)J^* = RA^{-1}(\beta)K^*$$

が成り立つ．逆に，(3.30) と表わされる $\mathscr{D}(T_{\max})$ における位数 $\boldsymbol{m}$ の境界作用素 $\boldsymbol{b}$ と (3.31) と表わされる $\mathscr{D}(S_{\max})$ における位数 $2n-m$ の境界作用素 $\boldsymbol{b}^*$ に対し，(3.32) が成り立つとき，$\boldsymbol{b}^*$ は $\boldsymbol{b}$ の随伴境界作用素である．

証明 $\boldsymbol{b}^*$ を $\boldsymbol{b}$ の随伴境界作用素とすると，$\boldsymbol{b}$ の補境界作用素 $\boldsymbol{b}_c$ を適当にとると，$\boldsymbol{b}_c{}^*$ が存在して，

$$F(x,y)(\beta)-F(x,y)(\alpha) = (\boldsymbol{b}x, \boldsymbol{b}_c{}^*y)_m+(\boldsymbol{b}_cx, \boldsymbol{b}^*y)_{2n-m}$$

が成り立つ．

$$\boldsymbol{b}_cx = Q_c\hat{x}(\alpha)+R_c\hat{x}(\beta), \qquad \boldsymbol{b}_c{}^*y = J_c\hat{y}(\alpha)+K_c\hat{y}(\beta)$$

とおくと，

$$\left(\begin{bmatrix}-A(\alpha) & 0\\ 0 & A(\beta)\end{bmatrix}\begin{bmatrix}\hat{x}(\alpha)\\ \hat{x}(\beta)\end{bmatrix}, \begin{bmatrix}\hat{y}(\alpha)\\ \hat{y}(\beta)\end{bmatrix}\right) = \left(\begin{bmatrix}Q & R\\ Q_c & R_c\end{bmatrix}\begin{bmatrix}\hat{x}(\alpha)\\ \hat{x}(\beta)\end{bmatrix}, \begin{bmatrix}J_c & K_c\\ J & K\end{bmatrix}\begin{bmatrix}\hat{y}(\alpha)\\ \hat{y}(\beta)\end{bmatrix}\right)$$

から

$$\begin{bmatrix}-A(\alpha) & 0\\ 0 & A(\beta)\end{bmatrix} = \begin{bmatrix}J_c & K_c\\ J & K\end{bmatrix}^*\begin{bmatrix}Q & R\\ Q_c & R_c\end{bmatrix} = \begin{bmatrix}J_c{}^* & J^*\\ K_c{}^* & K^*\end{bmatrix}\begin{bmatrix}Q & R\\ Q_c & R_c\end{bmatrix}$$

が成り立つ．これから

$$\begin{bmatrix}-A^{-1}(\alpha) & 0\\ 0 & A^{-1}(\beta)\end{bmatrix}\begin{bmatrix}J_c{}^* & J^*\\ K_c{}^* & K^*\end{bmatrix}\begin{bmatrix}Q & R\\ Q_c & R_c\end{bmatrix} = \begin{bmatrix}I_n & 0\\ 0 & I_n\end{bmatrix}$$

を得る．さらに

$$\begin{bmatrix}Q & R\\ Q_c & R_c\end{bmatrix}\begin{bmatrix}-A^{-1}(\alpha) & 0\\ 0 & A^{-1}(\beta)\end{bmatrix}\begin{bmatrix}J_c{}^* & J^*\\ K_c{}^* & K^*\end{bmatrix} = \begin{bmatrix}I_n & 0\\ 0 & I_n\end{bmatrix}.$$

ここで右上のブロックを計算して

$$-QA^{-1}(\alpha)J^*+RA^{-1}(\beta)K^* = 0,$$

すなわち (3.32) を得る．

逆を証明する．(3.32) を

$$Q(-A^{-1}(\alpha)J^*)+R(A^{-1}(\beta)K^*) = 0$$

と書いてみる．このことは $2n\times(2n-m)$ 行列

(3.33) $$\begin{bmatrix}-A^{-1}(\alpha)J^*\\ A^{-1}(\beta)K^*\end{bmatrix} = \begin{bmatrix}-A^{-1}(\alpha) & 0\\ 0 & A^{-1}(\beta)\end{bmatrix}\begin{bmatrix}J^*\\ K^*\end{bmatrix}$$

の各列は1次方程式系

$$[Q, R]u = 0 \tag{3.34}$$

の解であることを示している．仮定から

$$\operatorname{rank}\begin{bmatrix} J^* \\ K^* \end{bmatrix} = 2n-m$$

であるから，行列 (3.33) の位数も $2n-m$ である．

$\boldsymbol{b}$ の一つの随伴境界作用素を $'\boldsymbol{b}^*$ とし，$'\boldsymbol{b}^*$ は

$$'\boldsymbol{b}^* y = 'J\hat{y}(\alpha) + 'K\hat{y}(\beta)$$

と表わされるとする．すでに証明したことから

$$QA^{-1}(\alpha)'J^* = RA^{-1}(\beta)'K^*$$

が成り立つ．前と同じ論法により，行列

$$\begin{bmatrix} -A^{-1}(\alpha)'J^* \\ A^{-1}(\beta)'K^* \end{bmatrix}$$

の位数は $2n-m$ で，各行は1次方程式系 (3.34) の解である．

したがって，$2n-m$ 次の非退化行列 C が存在して

$$\begin{bmatrix} -A^{-1}(\alpha)J^* \\ A^{-1}(\beta)K^* \end{bmatrix} = \begin{bmatrix} -A^{-1}(\alpha)'J^* \\ A^{-1}(\beta)'K^* \end{bmatrix} C$$

が成り立つ．これから

$$-A^{-1}(\alpha)J^* = -A^{-1}(\alpha)'J^*C, \qquad A^{-1}(\beta)K^* = A^{-1}(\beta)'K^*C.$$

行列 $A^{-1}(\alpha), A^{-1}(\beta)$ は非退化であるから

$$J^* = 'J^*C, \qquad K^* = 'K^*C,$$

よって

$$J = C^{*\prime}J, \qquad K = C^{*\prime}K.$$

これは $\boldsymbol{b}^*$ は $'\boldsymbol{b}^*$ と同値であることを示している．ゆえに $\boldsymbol{b}^*$ は $\boldsymbol{b}$ の随伴境界作用素である．∎

b）随伴境界値問題

境界値問題

$$Lx = 0, \qquad \boldsymbol{b}x = 0 \tag{3.35}$$

に対し境界値問題

$$L^*x = 0, \qquad \boldsymbol{b}^*x = 0 \tag{3.36}$$

を (3.35) の**随伴境界値問題**という．明らかに (3.35) は (3.36) の随伴境界値問題である．

定理 3.11 $\boldsymbol{b}$ が位数 m の境界作用素で，境界値問題 (3.35) がちょうど l 個の 1 次独立な解をもてば，随伴境界値問題 (3.36) は $l+m-n$ 個の 1 次独立な解をもつ．

証明 境界作用素 $\boldsymbol{b}, \boldsymbol{b}^*$ を

$$\boldsymbol{b}x = Q\hat{x}(\alpha)+R\hat{x}(\beta),$$
$$\boldsymbol{b}^*y = J\hat{y}(\alpha)+K\hat{y}(\beta)$$

と表わし，次に $\boldsymbol{b}$ の補境界作用素

$$\boldsymbol{b}_c x = Q_c\hat{x}(\alpha)+R_c\hat{x}(\beta)$$

と $\boldsymbol{b}^*$ の補境界作用素

$$\boldsymbol{b}_c^* y = J_c\hat{y}(\alpha)+K_c\hat{y}(\beta)$$

を

$$F(x,y)(\beta)-F(x,y)(\alpha) = (\boldsymbol{b}x, \boldsymbol{b}_c^*y)_m+(\boldsymbol{b}_c x, \boldsymbol{b}^*y)_{2n-m} \tag{3.37}$$

が成り立つようにとる．

$\varphi_1, \cdots, \varphi_l$ を境界値問題 (3.35) の 1 次独立な解とする．

まず $\boldsymbol{C}^{2n-m}$ のベクトル $\boldsymbol{b}_c\varphi_1, \cdots, \boldsymbol{b}_c\varphi_l$ は 1 次独立であることをいう．そのために定数 $\gamma_1, \cdots, \gamma_l$ に対し

$$\gamma_1\boldsymbol{b}_c\varphi_1+\cdots+\gamma_l\boldsymbol{b}_c\varphi_l = 0$$

が成り立っていたとする．$\boldsymbol{b}_c$ の線型性から

$$\boldsymbol{b}_c(\gamma_1\varphi_1+\cdots+\gamma_l\varphi_l) = 0.$$

一方，$\varphi_1, \cdots, \varphi_l$ は (3.35) の解であるから，

$$\boldsymbol{b}(\gamma_1\varphi_1+\cdots+\gamma_l\varphi_l) = 0.$$

よって，$\phi=\gamma_1\varphi_1+\cdots+\gamma_l\varphi_l$ とおけば，ϕ は

$$Q\hat{\phi}(\alpha)+R\hat{\phi}(\beta) = 0,$$
$$Q_c\hat{\phi}(\alpha)+R_c\hat{\phi}(\beta) = 0$$

を満たす．$\operatorname{rank}\begin{bmatrix} Q & R \\ Q_c & R_c \end{bmatrix}=2n$ であるから，$\hat{\phi}(\alpha)=\hat{\phi}(\beta)=0$ でなければならない．特に

$$\phi(\alpha) = \phi'(\alpha) = \cdots = \phi^{(n-1)}(\alpha) = 0.$$

この初期条件を満たす $Lx=0$ の解は恒等的に 0 に限るから，$\phi=\gamma_1\varphi_1+\cdots+\gamma_l\varphi_l$ は恒等的に 0 である．$\varphi_1, \cdots, \varphi_l$ の 1 次独立性から $\gamma_1=\cdots=\gamma_l=0$ を得る．よって $\boldsymbol{b}_c\varphi_1, \cdots, \boldsymbol{b}_c\varphi_l$ は 1 次独立である．

$\psi_1, \cdots, \psi_n$ を $L^*x=0$ の解の基本系とする．Green の公式

$$(L\varphi_j, \psi_k)-(\varphi_j, L^*\psi_k) = F(\varphi_j, \psi_k)(\beta)-F(\varphi_j, \psi_k)(\alpha)$$

において，$L\varphi_j=0$，$L^*\psi_k=0$ であるから

$$F(\varphi_j, \psi_k)(\beta)-F(\varphi_j, \psi_k)(\alpha) = 0 \qquad (j=1, \cdots, l;\ k=1, \cdots, n).$$

(3.37) を使って

$$(\boldsymbol{b}\varphi_j, \boldsymbol{b}_c{}^*\psi_k)_m+(\boldsymbol{b}_c\varphi_j, \boldsymbol{b}^*\psi_k)_{2n-m} = 0 \qquad (j=1, \cdots, l;\ k=1, \cdots, n).$$

$\boldsymbol{b}\varphi_j=0\ (j=1, \cdots, l)$ であるから

$$(\boldsymbol{b}_c\varphi_j, \boldsymbol{b}^*\psi_k)_{2n-m} = 0 \qquad (j=1, \cdots, l;\ k=1, \cdots, n).$$

この式を

$$[\boldsymbol{b}^*\psi_1, \cdots, \boldsymbol{b}^*\psi_n]^*\boldsymbol{b}_c\varphi_j = 0 \qquad (j=1, \cdots, l) \tag{3.38}$$

と書き直すことができる．ここで $[\boldsymbol{b}^*\psi_1, \cdots, \boldsymbol{b}^*\psi_n]^*$ は $n\times(2n-m)$ 行列である．(3.38) は 1 次方程式系

$$[\boldsymbol{b}^*\psi_1, \cdots, \boldsymbol{b}^*\psi_n]^*u = 0$$

が l 個の 1 次独立な解 $\boldsymbol{b}_c\varphi_1, \cdots, \boldsymbol{b}_c\varphi_l \in \boldsymbol{C}^{2n-m}$ を持つことを示している．ゆえに

$$\operatorname{rank}[\boldsymbol{b}^*\psi_1, \cdots, \boldsymbol{b}^*\psi_n]^* = \operatorname{rank}[\boldsymbol{b}^*\psi_1, \cdots, \boldsymbol{b}^*\psi_n] \leqq 2n-m-l$$

が成り立つ．

$$\operatorname{rank}[\boldsymbol{b}^*\psi_1, \cdots, \boldsymbol{b}^*\psi_n] = 2n-m-l$$

であれば，定理 3.1 によって随伴境界値問題 (3.36) はちょうど $n-(2n-m-l)=l+m-n$ 個の 1 次独立な解を持つ．したがって，$\operatorname{rank}[\boldsymbol{b}^*\psi_1, \cdots, \boldsymbol{b}^*\psi_n]<2n-m-l$ と仮定して矛盾を導けば，定理の証明は終る．そのとき，(3.36) の 1 次独立な解の個数を l^* とすれば，$l^*>l+m-n$ である．境界値問題 (3.36) から出発し，上の論法を使えば，境界値問題 (3.35) は少なくとも $l^*+2n-m-n>l+m-n+2n-m-n=l$ 個の 1 次独立な解を持つことになる．これは矛盾である．▌

定理 3.12　$\boldsymbol{b}$ を位数 n の境界作用素とする．λ_0 が固有値問題

$$Lx = \lambda x, \qquad \boldsymbol{b}x = 0 \tag{3.39}$$

の固有値であるための必要かつ十分な条件は $\bar{\lambda}_0$ が

$$L^*x = \lambda x, \quad b^*x = 0 \tag{3.40}$$

の固有値であることであり，$\lambda=\lambda_0$ のときの (3.39) の 1 次独立な解の個数は $\lambda=\bar{\lambda}_0$ のときの (3.40) の 1 次独立な解の個数と等しい．

証明　形式的微分作用素 $L-\lambda$ の形式的随伴微分作用素は $L^*-\bar{\lambda}$ であることに注意しよう．$\boldsymbol{b}$ の位数は n であるという仮定のもとで，定理 3.11 を適用すればよい．∎

$\boldsymbol{b}$ を位数 m の境界作用素とし，$L^2(I)$ における作用素 $T_{\boldsymbol{b}}$ を $T_{\max}$ の部分空間 $D_{\boldsymbol{b}}=\{x \in \mathcal{D}(T_{\max}) \mid \boldsymbol{b}x=0\}$ への制限とし，作用素 $S_{\boldsymbol{b}^*}$ を $S_{\max}$ の部分空間 $E_{\boldsymbol{b}^*}=\{y \in \mathcal{D}(S_{\max}) \mid \boldsymbol{b}^*y=0\}$ への制限とすれば，次の定理が成り立つ．

定理 3.13　$T_{\boldsymbol{b}}{}^* = S_{\boldsymbol{b}^*}$，$S_{\boldsymbol{b}^*}{}^* = T_{\boldsymbol{b}}$.

証明　$T_{\min} \subset T_{\boldsymbol{b}} \subset T_{\max}$ と定理 2.17 とから

$$S_{\min} \subset T_{\boldsymbol{b}}{}^* \subset S_{\max}$$

が成り立つことに注意しよう．定理 3.9 から境界作用素 $\boldsymbol{b}_c, \boldsymbol{b}_c{}^*$ を適当にとって，任意の $x \in \mathcal{D}(T_{\max})$，$y \in \mathcal{D}(S_{\max})$ に対し

$$(T_{\max}x, y) - (x, S_{\max}y) = (\boldsymbol{b}x, \boldsymbol{b}_c{}^*y)_m + (\boldsymbol{b}_cx, \boldsymbol{b}^*y)_{2n-m}$$

が成り立つようにできる．任意の $x \in D_{\boldsymbol{b}}$ に対し，$T_{\max}x=T_{\boldsymbol{b}}x$，$\boldsymbol{b}x=0$ であるから，

$$(T_{\boldsymbol{b}}x, y) - (x, S_{\max}y) = (\boldsymbol{b}_cx, \boldsymbol{b}^*y)_{2n-m} \qquad (x \in D_{\boldsymbol{b}},\ y \in \mathcal{D}(S_{\max})).$$

したがって，

$$y \in \mathcal{D}(T_{\boldsymbol{b}}{}^*) \iff (\boldsymbol{b}_cx, \boldsymbol{b}^*y)_{2n-m} = 0 \qquad (x \in D_{\boldsymbol{b}})$$

である．x が $D_{\boldsymbol{b}}$ を動くとき，$\boldsymbol{b}_cx$ は $\boldsymbol{C}^{2n-m}$ の任意のベクトルとなり得るから，

$$y \in \mathcal{D}(T_{\boldsymbol{b}}{}^*) \iff \boldsymbol{b}^*y = 0 \iff y \in \mathcal{D}(S_{\boldsymbol{b}^*}).$$

一方，明らかに $T_{\boldsymbol{b}}{}^* \subset S_{\boldsymbol{b}^*}$ であるから

$$T_{\boldsymbol{b}}{}^* = S_{\boldsymbol{b}^*}$$

を得る．

等式 $S_{\boldsymbol{b}^*}{}^*=T_{\boldsymbol{b}}$ は (3.35) が (3.36) の随伴境界値問題であることからも分る．∎

c) Green 関数の対称性

$\boldsymbol{b}$ を位数 m の境界作用素として固有値問題 (3.39) を考える．λ が (3.39) の固有値でなければ，$\bar{\lambda}$ は固有値問題 (3.40) の固有値でない．そのとき，(3.39) に対する Green 関数 $G(t, s, \lambda)$ と (3.40) に対する Green 関数 $G^*(t, s, \bar{\lambda})$ が存在す

る．これらの Green 関数に対して次の定理が成り立つ．

定理 3.14　(3.39) の固有値でない λ に対し

$$G(t, s, \lambda) = \bar{G}^*(s, t, \bar{\lambda}) \qquad ((t, s) \in I\times I) \tag{3.41}$$

が成り立つ．

証明　$\alpha<s_1<s_2<\beta$ を満たす任意の s_1, s_2 に対し，

$$G(t) = G(t, s_1, \lambda), \qquad G^*(t) = G^*(t, s_2, \bar{\lambda})$$

とおく．区間 $[\alpha, s_1]$ において Green の公式を G と G^* に適用すると，

$$\int_\alpha^{s_1} (LG\cdot G^* - G\cdot\overline{L^*G^*})\,dt = F(G, G^*)(s_1-0) - F(G, G^*)(\alpha)$$

が得られる．ここで $F(G, G^*)(s_1-0)$ としたのは G の $n-1$ 階導関数が $t=s_1$ で不連続だからである．

$$\int_\alpha^{s_1} (LG\cdot\bar{G}^* - G\cdot\overline{L^*G^*})\,dt = \int_\alpha^{s_1} (\lambda G\cdot\bar{G}^* - G\cdot\overline{\bar{\lambda}G^*})\,ds = 0$$

であるから，

$$F(G, G^*)(s_1-0) - F(G, G^*)(\alpha) = 0$$

を得る．区間 $[s_1, s_2]$ を考えれば，同様にして

$$F(G, G^*)(s_2-0) - F(G, G^*)(s_1+0) = 0$$

が得られ，区間 $[s_2, \beta]$ を考えれば，

$$F(G, G^*)(\beta) - F(G, G^*)(s_2+0) = 0$$

が得られる．一方，$\boldsymbol{b}G=0$，$\boldsymbol{b}^*G^*=0$ であるから

$$F(G, G^*)(\beta) - F(G, G^*)(\alpha) = 0.$$

したがって，これらの関係式から

$$F(G, G^*)(s_1+0) - F(G, G^*)(s_1-0) + F(G, G^*)(s_2+0) - F(G, G^*)(s_2-0) = 0$$

を得る．$t=s_1$ において不連続なのは $G^{(n-1)}$ だけであり，$t=s_2$ で不連続なのは $G^{*(n-1)}$ だけである．$F(G, G^*)(t)$ で $G^{(n-1)}$ と $G^{*(n-1)}$ を含む項は

$$p_0(t)(G^{(n-1)}(t)\bar{G}^*(t) + (-1)^{n-1}G(t)\bar{G}^{*(n-1)}(t))$$

である．Green 関数の性質から

$$G^{(n-1)}(s+0, s, \lambda) - G^{(n-1)}(s-0, s, \lambda) = \frac{1}{p_0(s)},$$

$$G^{*(n-1)}(s+0, s, \bar{\lambda}) - G^{*(n-1)}(s-0, s, \bar{\lambda}) = \frac{1}{(-1)^n\bar{p}_0(s)}$$

が成り立っている．これから

$$F(G, G^*)(s_1+0)-F(G, G^*)(s_1-0) = \bar{G}^*(s_1) = \bar{G}^*(s_1, s_2, \bar{\lambda}),$$
$$F(G, G^*)(s_2+0)-F(G, G^*)(s_2-0) = -G(s_2) = -G(s_2, s_1, \lambda).$$

したがって

(3.42)
$$G(s_2, s_1, \lambda) = \bar{G}^*(s_1, s_2, \bar{\lambda})$$

が $\alpha<s_1<s_2<\beta$ のとき成り立つ．

$\alpha<s_2<s_1<\beta$ のときにも同様にして (3.42) を証明できる．したがって，Green 関数の連続性から (3.41) が証明される．▮

§3.4　自己随伴固有値問題

境界値問題

(3.43)
$$Lx = 0, \quad \boldsymbol{b}x = 0$$

に対し，

$$L^* = L, \quad \boldsymbol{b}^* \text{ は } \boldsymbol{b} \text{ と同値}$$

が成り立つとき，(3.43) を**自己随伴**という．このとき，$\boldsymbol{b}$ の位数は n である．

(3.43) が自己随伴のとき，固有値問題

(3.44)
$$Lx = \lambda x, \quad \boldsymbol{b}x = 0$$

を**自己随伴固有値問題**という．

問 1　$L^*=L$ とする．$\boldsymbol{b}$ を

$$\boldsymbol{b}x = Q\hat{x}(\alpha)+R\hat{x}(\beta)$$

で表わしたとき，(3.44) が自己随伴であるための必要十分条件は

$$QA^{-1}(\alpha)Q^* = RA^{-1}(\beta)R^*$$

であることを証明せよ．

a) 固有値

$L^2(I)$ における作用素 $T_{\boldsymbol{b}}$ を前のように定義すれば，固有値問題 (3.44) は

$$T_{\boldsymbol{b}}x = \lambda x$$

と書ける．固有値問題 (3.44) が自己随伴ならば，定理 3.13 から，$T_{\boldsymbol{b}}$ は自己随伴である：$T_{\boldsymbol{b}}^*=T_{\boldsymbol{b}}$．したがって，自己随伴固有値問題 (3.44) に対し，固有値はすべて実数で，異なる固有値に対応する固有関数は $L^2(I)$ において直交している．

問 2　自己随伴固有値問題 (3.44) の固有値は実数で，異なる固有値に対応する

固有関数は直交することを Green の公式および定理3.9から証明せよ. ——

固有値 λ に対し, k 個の1次独立な固有関数が存在するとき, λ を k 個考え, その各々に1個の固有関数が対応し, それらの固有関数は直交していると見なすことができる. この規約のもとでは, 1個の固有値には1個の固有関数が対応し, 固有関数は互いに直交する. もちろん同じ固有値が何個か(n 以下である)存在し得る. 以下, この規約のもとで考える.

上に述べた事実を含む次の定理が成り立つ.

定理 3.15　自己随伴固有値問題(3.44)に対し,

1) 固有値は実数である.

2) 可算無限個の固有値 $\lambda_1, \lambda_2, \cdots$ が存在し, 固有値の集合 $\{\lambda_1, \lambda_2, \cdots\}$ は有限な集積点を持たない.

3) 各固有値に対応する固有関数は直交する.

証明　2)を証明すればよい.

固有値は高々可算個であるから固有値でない $\lambda_0 \in \boldsymbol{R}$ が存在する. そのとき, $\lambda=\lambda_0$ に対して Green 関数 $G(t, s, \lambda_0)$ が存在し, 定理3.14によって

$$G(t, s, \lambda_0) = \bar{G}(s, t, \lambda_0)$$

が成り立つ. このことから, 対応する Green 作用素 $G(\lambda_0)$ は完全連続な自己随伴作用素である.

$$\mu = \frac{1}{\lambda-\lambda_0} \tag{3.45}$$

とおくと, 固有値問題(3.44)は

$$G(\lambda_0)x = \mu x \tag{3.46}$$

と同値である. $G(\lambda_0) \neq 0$ であるから, $G(\lambda_0)$ は固有値 $\mu_1 \neq 0$ で, $|\mu_1| = \|G(\lambda_0)\| = \sup_{\|x\|=1} |(G(\lambda_0)x, x)|$ を満たすものが存在する. μ_1 に対応する $G(\lambda_0)$ の固有関数 φ_1 で $\|\varphi_1\|=1$ となるものを取り,

$$G_1(t, s, \lambda_0) = G(t, s, \lambda_0) - \mu_1\varphi_1(t)\bar{\varphi}_1(s)$$

を積分核とする積分作用素を $G_1(\lambda_0)$ で表わす:

$$(G_1(\lambda_0)x)(t) = \int_\alpha^\beta G_1(t, s, \lambda_0)x(s)\,ds.$$

明らかに $G_1(\lambda_0)$ は完全連続な自己随伴作用素であるから, $G_1(\lambda_0) \neq 0$ ならば,

$|\mu_2|=\|G_1(\lambda_0)\|=\sup_{\|x\|=1}|(G_1(\lambda_0)x, x)|$ を満たす固有値 $\mu_2\neq 0$ を持つ．μ_2 に対応する固有関数 φ_2 で $\|\varphi_2\|=1$ となるものを取る：

$$G_1(\lambda_0)\varphi_2 = \mu_2\varphi_2, \qquad \|\varphi_2\| = 1.$$

ここで $G_1(\lambda_0)\varphi_1$ を考える．

$$\begin{aligned}(G_1(\lambda_0)\varphi_1)(t) &= \int_\alpha^\beta G(t, s, \lambda_0)\varphi_1(s)\,ds-\mu_1\varphi_1(t)\int_\alpha^\beta \bar{\varphi}_1(s)\varphi_1(s)\,ds \\ &= \mu_1\varphi_1(t)-\mu_1\varphi_1(t) = 0\end{aligned}$$

であるから，任意の $x\in L^2(I)$ に対して

$$(G_1(\lambda_0)x, \varphi_1) = (x, G_1(\lambda_0)\varphi_1) = 0$$

が成り立つ．特に $x=\varphi_2$ をとれば，$(\mu_2\varphi_2, \varphi_1)=0$，したがって，$(\varphi_2, \varphi_1)=0$ を得る．すなわち φ_1, φ_2 は直交する．

$$G(\lambda_0)\varphi_2 = G_1(\lambda_0)\varphi_2+\mu_1(\varphi_2, \varphi_1)\varphi_1 = \mu_2\varphi_2$$

であるから，μ_2 は $G(\lambda_0)$ の固有値で φ_2 は対応する固有関数である．μ_1 は絶対値が最大の $G(\lambda_0)$ の固有値であるから，

$$|\mu_1| \geqq |\mu_2|$$

が成り立つ．

次に

$$G_2(t, s, \lambda_0) = G_1(t, s, \lambda_0)-\mu_2\varphi_2(t)\bar{\varphi}_2(s)$$

を積分核とする積分作用素 $G_2(\lambda_0)$ を考える．$G_2(\lambda_0)$ も完全連続な自己随伴作用素である．$G_2(\lambda_0)\neq 0$ ならば，上と同様の論法で，$|\mu_3|=\|G_2(\lambda_0)\|$ を満たす $G_2(\lambda_0)$ の固有値 μ_3 は $G(\lambda_0)$ の固有値で

$$|\mu_2| \geqq |\mu_3|$$

を満たし，μ_3 に対応する $G_2(\lambda_0)$ の固有関数 φ_3, $\|\varphi_3\|=1$, は μ_3 に対応する $G(\lambda_0)$ の固有関数で

$$(\varphi_3, \varphi_1) = 0, \qquad (\varphi_3, \varphi_2) = 0$$

を満たすことが分る．

このようにして，$G(\lambda_0)$ の固有値 $\mu_1, \mu_2, \cdots$ で

$$|\mu_1| \geqq |\mu_2| \geqq \cdots$$

を満たし，各 μ_j に対応する固有関数を φ_j とすれば，$\varphi_1, \varphi_2, \cdots$ は正規直交系となるものを求めることができる．しかも μ_j の極値性から $G(\lambda_0)$ の固有値は μ_1,

$\mu_2, \cdots$ で尽くされる．

このようにして得られた $G(\lambda_0)$ の固有値の列 $\mu_1, \mu_2, \cdots$ が実際に無限に続くことを示そう．そのためには，ある番号 ν に対し $G_\nu(\lambda_0)=0$ と仮定して矛盾を導けばよい．$G_\nu(\lambda_0)$ の積分核 $G_\nu(t, s, \lambda_0)$ は

$$G_\nu(t, s, \lambda_0) = G(t, s, \lambda_0) - \sum_{j=1}^{\nu} \mu_j \varphi_j(t) \bar{\varphi}_j(s)$$

であるから，仮定により

$$G(t, s, \lambda_0) = \sum_{j=1}^{\nu} \mu_j \varphi_j(t) \bar{\varphi}_j(s)$$

となる．右辺は (t, s) について $I \times I$ で n 回連続微分可能である．一方，$G(t, s, \lambda_0)$ の $n-1$ 階導関数は $t=s$ のところで不連続である．これは矛盾である．

μ が $G(\lambda_0)$ の固有値ならば，(3.45) を満たす λ は (3.44) の固有値であるから，(3.44) は無限個の固有値をもつことが分った．

$G(\lambda_0)$ は完全連続であるから，その固有値の集合は 0 以外に集積しない．したがって，(3.44) の固有値は可算個で，(3.45) によって有限な値に集積しない．これで証明は終った．▌

b）諸　例

例 3.5 $$-ix' = \lambda x, \quad x(0) = x(2\pi)$$

を考える．$(-id/dt)^* = -id/dt$ であり，

$$\int_0^{2\pi} (-ix'(t))\bar{y}(t)\,dt - \int_0^{2\pi} x(t)\overline{(-iy'(t))}\,dt = -i(x(2\pi)\overline{y(2\pi)} - x(0)\overline{y(0)})$$

であるから，これは自己随伴固有値問題である．方程式 $-ix'=\lambda x$ の解として $x=e^{i\lambda t}$ をとり，境界条件に代入して $e^{2\pi i\lambda}=1$ を得る．これから，固有値は $\lambda=0, \pm 1, \cdots$ で，n に対応する固有関数は $e^{int}/\sqrt{2\pi}$ であることが分る．

例 3.6 $$-x'' = \lambda x, \quad x(0) = 0, \quad x(\pi) = 0.$$

$\lambda=0$ は固有値でないことはすぐ分る．$\lambda \neq 0$ のとき，方程式 $-x''=\lambda x$ の一般解は $c_1 \sin\sqrt{\lambda}\,t + c_2 \cos\sqrt{\lambda}\,t$ (c_1, c_2 は任意定数) と書ける．$x(0)=0$ から $c_2=0$ を得る．したがって，$x(\pi)=0$ から，$\sin \pi\sqrt{\lambda}=0$ でなければならない．これから $\lambda=n^2$ $(n=1, 2, \cdots)$ が固有値で，対応する固有関数は $(\sqrt{2}\sin nt)/\sqrt{\pi}$ である．

例 3.7 $$-x'' = \lambda x, \quad x(0) = x(2\pi), \quad x'(0) = x'(2\pi).$$

$\lambda=0$ は固有値で，それに対応する固有関数は $1/\sqrt{2\pi}$ である．$\lambda\neq 0$ のとき，$-x''=\lambda x$ の一般解 $x=c_1\sin\sqrt{\lambda}\,t+c_2\cos\sqrt{\lambda}\,t$ を境界条件に代入して，

$$-\sin 2\pi\sqrt{\lambda}\cdot c_1+(1-\cos 2\pi\sqrt{\lambda})c_2=0,$$
$$\sqrt{\lambda}(1-\cos 2\pi\sqrt{\lambda})c_1+\sqrt{\lambda}\sin 2\pi\sqrt{\lambda}\cdot c_2=0$$

を得る．係数から作った行列式 $\Delta(\lambda)$ は $\Delta(\lambda)=2\sqrt{\lambda}(\cos 2\pi\sqrt{\lambda}-1)$ となるから，$\lambda=n^2\ (n=0,1,\cdots)$ が固有値で，$n>0$ のときは対応する固有関数は二つあって $(\sin nt)/\sqrt{\pi}$，$(\cos nt)/\sqrt{\pi}$ である．したがって，一つの固有値には一つの固有関数を対応させるという規約に従えば，固有値は

$$0,1,1,2^2,2^2,\cdots$$

で，対応する固有関数は

$$\frac{1}{\sqrt{2\pi}},\ \frac{\sin t}{\sqrt{\pi}},\ \frac{\cos t}{\sqrt{\pi}},\ \frac{\sin 2t}{\sqrt{\pi}},\ \frac{\cos 2t}{\sqrt{\pi}},\ \cdots$$

となる．

c）展開定理

自己随伴固有値問題 (3.44) の固有値を $\lambda_1,\lambda_2,\cdots$，それに対応する固有関数の正規直交系を $\varphi_1,\varphi_2,\cdots$ とする．(3.44) と同値な固有値問題 (3.46) の固有値を $\mu_1,\mu_2,\cdots$ とすれば，λ_j と μ_j は

$$\mu_j=\frac{1}{\lambda_j-\lambda_0}$$

で結ばれているとしてよい．さらに

$$|\mu_1|\geqq|\mu_2|\geqq\cdots$$

が成り立つとしてよい．ここで $\mu_j\to 0\ (j\to\infty)$ が成り立つ．

まず，次の定理を証明しよう．

定理 3.16 固有関数の列 $\{\varphi_1,\varphi_2,\cdots\}$ は $L^2(I)$ における完全正規直交系である．したがって，任意の $f\in L^2(I)$ に対し

(3.47) $$f=\sum_{j=1}^{\infty}(f,\varphi_j)\varphi_j,$$

(3.48) $$\|f\|^2=\sum_{j=0}^{\infty}|(f,\varphi_j)|^2$$

が成り立つ．

証明　$G(\lambda_0)$ は完全連続な自己随伴作用素であるから，一般論により，任意の $x\in L^2(I)$ に対し

$$G(\lambda_0)x=\sum_{j=1}^{\infty}\mu_j(x,\varphi_j)\varphi_j \tag{3.49}$$

が成り立つ．ここで $f=G(\lambda_0)x$ とおく．$G(\lambda_0)\varphi_j=\mu_j\varphi_j$ と $G(\lambda_0)$ の自己随伴性に注意すると，

$$\mu_j(x,\varphi_j)=(x,\mu_j\varphi_j)=(x,G(\lambda_0)\varphi_j)=(G(\lambda_0)x,\varphi_j)=(f,\varphi_j)$$

が得られる．したがって，(3.49) から，$f=G(\lambda_0)x$ に対し (3.47) が成り立つことが分る．

$\mathcal{R}(G(\lambda_0))=\mathcal{D}(T_b)$ は $L^2(I)$ において稠密であるから，正規直交系 $\{\varphi_j\}$ は完全であり，任意の $f\in L^2(I)$ に対して (3.47) と (3.48) が成り立つ．▮

この定理は f の Fourier 展開 (3.47) が $L^2(I)$ において収束する，すなわち

$$\int_\alpha^\beta\left|f(t)-\sum_{j=1}^{N}\varphi_j(t)\int_\alpha^\beta f(s)\overline{\varphi}_j(s)\,ds\right|^2dt\longrightarrow 0\quad (N\to\infty) \tag{3.50}$$

が成り立つことを示している．解析学では f の Fourier 展開

$$\sum_{j=1}^{\infty}\varphi_j(t)\int_\alpha^\beta f(s)\overline{\varphi}_j(s)\,ds \tag{3.51}$$

の各点収束性または一様収束性が重要な問題となる．たとえば，(3.51) の一様収束性がいえるためには f に制限がつかなければならない．

定理 3.17　完全連続な作用素 K_N $(N=1,2,\cdots)$ を

$$K_Nx=\sum_{j=1}^{N}\mu_j(x,\varphi_j)\varphi_j$$

によって定義すれば，作用素列 K_N は $G(\lambda_0)$ に一様収束する．

証明　$G(\lambda_0)-K_N$ は

$$G(t,s,\lambda_0)-\sum_{j=1}^{N}\mu_j\varphi_j(t)\overline{\varphi}_j(s)$$

を積分核とする積分作用素で，定理 3.15 の証明から

$$\|G(\lambda)-K_N\|=|\mu_{N+1}|$$

であった．$|\mu_N|\to 0$ $(N\to\infty)$ から，作用素列 K_N は $G(\lambda_0)$ に一様収束する．▮

定理 3.18　$f\in\mathcal{D}(T_b)$ ならば，その Fourier 展開 (3.51) は区間 I において f

に一様収束する.

証明 $f \in \mathscr{D}(T_b)$ に対し，$x \in L^2(I)$ が存在して

$$f = G(\lambda_0)x$$

と書ける．$|G(t, s, \lambda_0)|$ の $I \times I$ における最大値を M とすると，

$$\begin{aligned}|(G(\lambda_0)x)(t)| &\leqq \int_\alpha^\beta |G(t, s, \lambda_0)||x(s)|ds \\ &\leqq \left(\int_\alpha^\beta |G(t, s, \lambda_0)|^2 ds\right)^{1/2}\left(\int |x(s)|^2 ds\right)^{1/2} \\ &\leqq M\sqrt{\beta-\alpha}\|x\|\end{aligned}$$

が成り立つことに注意する．任意の自然数 p, q $(p<q)$ に対し

$$\sum_{j=p}^{q} \mu_j (x, \varphi_j) \varphi_j = G(\lambda_0)\left(\sum_{j=p}^{q} (x, \varphi_j) \varphi_j\right)$$

であるから

$$\begin{aligned}\left|\sum_{j=p}^{q} \mu_j (x, \varphi_j) \varphi_j(t)\right| &\leqq M\sqrt{\beta-\alpha}\left\|\sum_{j=p}^{q} (x, \varphi_j) \varphi_j\right\| \\ &= M\sqrt{\beta-\alpha}\left(\sum_{j=p}^{q} |(x, \varphi_j)|^2\right)^{1/2}.\end{aligned}$$

Parseval の等式から，右辺は $p, q \to \infty$ のとき 0 に近づく．したがって，

$$\sum_{j=1}^{\infty} \mu_j (x, \varphi_j) \varphi_j(t) \tag{3.52}$$

は区間 I において一様収束する．

さて，定理 3.16 の証明において，(3.52) は $G(\lambda_0)x = f$ の Fourier 展開 (3.51) に他ならず，(3.51) は $L^2(I)$ において f に収束することをみた．(3.51) の一様収束性と $L^2(I)$ における収束性から，(3.51) の極限関数は f であることがいえる．▮

問 3 次のことを証明せよ．

1) s を固定したとき，$G(t, s, \lambda_0)$ の Fourier 展開は

$$\sum_{j=1}^{\infty} \mu_j \overline{\varphi}_j(s) \varphi_j(t)$$

である．

2)　$\sum_{j=1}^{\infty}\mu_j^2|\varphi_j(s)|^2 = \int_\alpha^\beta |G(t, s, \lambda_0)|^2 dt.$

3)　$\sum_{j=1}^{\infty}\mu_j^2 = \int_\alpha^\beta\int_\alpha^\beta |G(t, s, \lambda_0)|^2 dtds.$ ——

T_b の固有値 λ_j は

$$\mu_j = \frac{1}{\lambda_j - \lambda_0}$$

を満たすことと，定理3.17, 3.18とから，級数

$$\sum_{j=1}^{\infty}\frac{1}{\lambda_j-\lambda_0}\varphi_j(t)\bar{\varphi}_j(s)$$

は $I\times I$ において一様収束して $G(t, s, \lambda_0)$ に等しいことが期待される．事実このことは正しいのであるが，証明は省略する．λ_0 を λ でおきかえると，$G(t, s, \lambda)$ の展開

$$G(t, s, \lambda) = \sum_{j=1}^{\infty}\frac{1}{\lambda_j-\lambda}\varphi_j(t)\bar{\varphi}_j(s)$$

が得られる．この右辺は λ について有理型な関数 $G(t, s, \lambda)$ の部分分数展開になっている．これから各固有値 λ_j は $G(t, s, \lambda)$ の1位の極であることが分る．

d）固有値と固有関数の漸近的性質

自己随伴固有値問題(3.44)の固有値を λ_n $(n=1, 2, \cdots)$ とすると，λ_n は実軸上どのように分布しているか，それに対応する固有関数 φ_n はどのような特質を持つかという問題が考えられる．この重要な問題は，$n\to\infty$ のとき，λ_n, φ_n は n についてどのような漸近的性質を持つかという形でとらえられる．

この問題について論ずる余裕がないので，次のような例を挙げることで満足する．

固有値問題

$$(3.53)\qquad \begin{cases} -x''+p(t)x = \lambda x, \\ Ax(\alpha)+Bx'(\alpha) = 0, \qquad Cx(\beta)+Dx'(\beta) = 0 \end{cases}$$

において，p は $[\alpha, \beta]$ で連続微分可能で，$BD\neq 0$ とする．そのとき，(3.53)の固有値 λ_n $(n=1, 2, \cdots)$ を $\lambda_1<\lambda_2<\cdots$ と並べることができ，漸近関係

$$\sqrt{\lambda_n} = \frac{n\pi}{\beta-\alpha}+O\left(\frac{1}{n}\right) \quad (n\to\infty)$$

が成り立つ．対応する固有関数 φ_n を $\|\varphi_n\|=1$ と規格化すれば，

$$\varphi_n(t)=\sqrt{\frac{2}{\beta-\alpha}}\cos\frac{n\pi(t-\alpha)}{\beta-\alpha}+O\left(\frac{1}{n}\right)\quad(n\to\infty)$$

が成り立つ．

問　　題

1　区間 $I=[\alpha,\beta]$ で定義された

$$Lx=-(px')'+qx$$

において，$p\in C^1(I)$，$p(t)>0\,(t\in I)$，q は実数値連続関数とする．

i)　$q_{jk}, r_{jk}\in \boldsymbol{C}$ に対し，境界値問題

$$\pi\begin{cases} Lx=0 \\ \boldsymbol{b}x=\begin{bmatrix} q_{11} & q_{12} \\ q_{21} & q_{22}\end{bmatrix}\begin{bmatrix} x(\alpha) \\ x'(\alpha)\end{bmatrix}+\begin{bmatrix} r_{11} & r_{12} \\ r_{21} & r_{22}\end{bmatrix}\begin{bmatrix} x(\beta) \\ x'(\beta)\end{bmatrix}=0\end{cases}$$

が自己随伴であるための必要十分条件は

$$\frac{\bar{q}_{11}q_{12}-\bar{q}_{12}q_{11}}{p(\alpha)}=\frac{\bar{r}_{11}r_{12}-\bar{r}_{12}r_{11}}{p(\beta)},$$

$$\frac{\bar{q}_{21}q_{22}-q_{21}\bar{q}_{22}}{p(\alpha)}=\frac{\bar{r}_{21}r_{22}-r_{21}\bar{r}_{22}}{p(\beta)},$$

$$\frac{\bar{q}_{11}q_{22}-q_{21}\bar{q}_{12}}{p(\alpha)}=\frac{\bar{r}_{11}r_{22}-r_{21}\bar{r}_{12}}{p(\beta)}$$

であることを示せ．

ii)　$q_{jk}, r_{jk}\in \boldsymbol{R}$ のとき，上の条件はどうなるか．

iii)　$\boldsymbol{b}x=0$ として

a)　$Ax(\alpha)+Bx'(\alpha)=0,\quad Cx(\beta)+Dx'(\beta)=0\quad(A,B,C,D\in\boldsymbol{R})$,

b)　$x(\alpha)-rx(\beta)=0,\quad p(\alpha)x'(\alpha)-r^{-1}p(\beta)y'(\beta)=0\quad(r\in\boldsymbol{R})$,

c)　$x(\alpha)-rp(\beta)x'(\beta)=0,\quad p(\alpha)x'(\alpha)-r^{-1}x(\beta)=0\quad(r\in\boldsymbol{R})$,

をとったとき，π は自己随伴であることを示せ．

2　L は $I=[\alpha,\beta]$ で定義された n 階線型常微分作用素，$\boldsymbol{b}$ は位数 n の境界作用素とする．$\boldsymbol{b}x=0$，$\boldsymbol{b}y=0$ を満たす任意の $x, y\in C^n(I)$ に対し

$$(Lx,y)=(x,Ly)$$

が成り立つとき，境界値問題 $Lx=0$，$\boldsymbol{b}x=0$ は自己随伴であることを示せ．

3　次の固有値問題の Green 関数，固有値，固有関数を求めよ．

i)　$-x''=\lambda x,\quad x'(0)=0,\quad x(l)=0.$

ii)　$-x''=\lambda x,\quad x'(0)=0,\quad x'(l)=0.$

4 固有値問題

$$-x'' = \lambda x, \qquad x(0) = 0, \qquad x'(0) + x'(\pi) = 0$$

の Green 関数を求めよ．

第4章　特異自己随伴微分作用素

本章では，開区間 $I=]\alpha,\beta[$ で定義された自己随伴常微分作用素 L に関する基本的事柄を論じる．L から導かれる $L^2(I)$ における最大閉作用素 $T_{\max}$ を T_1 で表わし，最小閉作用素 $T_{\min}$ を T_0 と表わし，さらに $D_1=\mathcal{D}(T_1)$，$D_0=\mathcal{D}(T_0)$ とおく．λ を複素パラメータとして，微分方程式 $Lx=\lambda x$ の解の作るベクトル空間を $S(\lambda)$ で表わす．L は境界点で一般に正則でないから，$S(\lambda)$ の元は D_1 に属するとは限らない．そのとき，$N(\lambda)=S(\lambda)\cap D_1$ の次元は L に関する重要な量となる．L を α の近傍，β の近傍に制限して同様の考察を行い，L の境界点 α, β における指数を定義することができる．本章の出発点は L の α,β における指数の定義である．

§4.1　特異境界点の分類

本章および次章で考える形式的微分作用素

$$L = p_0(t)\frac{d^n}{dt^n}+p_1(t)\frac{d^{n-1}}{dt^{n-1}}+\cdots+p_n(t)$$

は開区間 $I=]\alpha,\beta[$ で定義されていて，

基本仮定:　$p_j\in C^{n-j}(I)$　$(j=0,1,\cdots,n)$;　$p_0(t)\neq 0$　$(t\in I)$

が満たされているとする．ここで $\alpha=-\infty$ でも $\beta=\infty$ でもよい．さらに，L は形式的に自己随伴:

$$L = L^* \tag{4.1}$$

であるとする．

仮定 (4.1) から，n が偶数 2ν のときは，p_0 は実数値関数，n が奇数 $2\nu+1$ のときは，p_0 は純虚数値関数である．以下，次の三つの場合を区別する．

a)　$n=2\nu$,

b)　$n=2\nu+1$,　$(-1)^\nu\,\mathrm{Im}\,p_0(t)>0$,

c)　$n=2\nu+1$,　$(-1)^\nu\,\mathrm{Im}\,p_0(t)<0$.

L の代りに $-L$ を考えれば，b) は c) に，c) は b) に変るから，場合 b) と c) の区別は本質的ではない．

任意の $x, y \in A^n(I)$ と任意の有界閉区間 $[t_1, t_2] \subset I$ に対し，Green の公式

$$\int_{t_1}^{t_2} (Lx \cdot \bar{y} - x \cdot \overline{Ly})\, dt = F(x, y)(t_2) - F(x, y)(t_1) \tag{4.2}$$

が成り立つ．$t \in I$ を固定したとき，境界形式 $F(x, y)(t)$ は $A^n(I)$ で定義された歪 Hermite 形式であり，それに付随する境界形式行列 $A(t)$ は歪 Hermite 行列である．I の1点 t_0 を取り，§2.3, d) で導入したように

$$H_\alpha(I, L) = \{x \in A^n(I) \mid x, Lx \text{ は }]\alpha, t_0[\text{ で2乗可積分}\},$$

$$H_\beta(I, L) = \{x \in A^n(I) \mid x, Lx \text{ は }]t_0, \beta[\text{ で2乗可積分}\}$$

とおくと，$F(x, y)(\alpha)$ は空間 $H_\alpha(I, L)$ 上の歪 Hermite 形式で，$F(x, y)(\beta)$ は空間 $H_\beta(I, L)$ 上の歪 Hermite 形式である．

L から導かれる $L^2(I)$ における最大閉作用素 $T_{\max}$，最小閉作用素 $T_{\min}$ を簡単に T_1, T_0 で表わす．T_0 は対称閉作用素で

$$T_0^* = T_1 \tag{4.3}$$

が成り立つ．簡単のため $D_1 = \mathcal{D}(T_1)$，$D_0 = \mathcal{D}(T_0)$ とおく．

a）境界点での指数

各 $\lambda \in \boldsymbol{C}$ に対し，方程式

$$Lx = \lambda x \tag{4.4}$$

の解の全体を $S(\lambda)$ で表わす．$S(\lambda)$ は n 次元複素ベクトル空間で，その基底とは (4.4) の解の基本系のことである．$S(\lambda)$ の元は必ずしも $L^2(I)$ に属するとは限らない．そこで

$$N(\lambda) = S(\lambda) \cap L^2(I),$$

$$\omega(\lambda) = \dim N(\lambda)$$

とおく．明らかに $N(\lambda) \subset D_1$ であって，

$$N(\lambda) = \{\varphi \in D_1 \mid T_1\varphi = \lambda\varphi\}$$

が成り立つ．T_0 の不足指数を ω^+, ω^- とすれば，(4.3) から

$$\omega(\lambda) = \begin{cases} \omega^+ & (\operatorname{Im} \lambda > 0) \\ \omega^- & (\operatorname{Im} \lambda < 0) \end{cases}$$

が成り立つ．ω^+, ω^- は L の性質を表わす重要な量である．

第3章で見たように，L が区間 I において正則であれば，$\omega^+=\omega^-=n$ である．L が区間 I において正則でなければ，$\omega^+<n$，または $\omega^-<n$ となることがある．方程式 (4.4) の解は I に含まれる任意の有界閉区間において2乗可積分であるから，(4.4) の解 φ が $N(\lambda)$ に属しないならば，φ は α の近くまたは β の近くで2乗可積分とならない．(4.4) の解の α の近くでの挙動と β の近くでの挙動は関連があるわけでないから，

$$N_\alpha(\lambda)=S(\lambda)\cap H_\alpha(I,L),$$
$$N_\beta(\lambda)=S(\lambda)\cap H_\beta(I,L)$$

とおく．明らかに

$$N(\lambda)=N_\alpha(\lambda)\cap N_\beta(\lambda)$$

である．さらに

$$\omega_\alpha(\lambda)=\dim N_\alpha(\lambda),$$
$$\omega_\beta(\lambda)=\dim N_\beta(\lambda)$$

とおく．

区間 I の1点 γ をとり固定する．L を区間 $'I=]\alpha,\gamma]$ に制限したものを $'L$ とし，方程式

$$'Lx=\lambda x$$

の解の全体を $'S(\lambda)$ で表わし，

$$'N(\lambda)='S(\lambda)\cap L^2('I)$$

とおく．$S(\lambda)$ の元を区間 $'I$ に制限したものは $'S(\lambda)$ の元となり，$S(\lambda)$ と $'S(\lambda)$ はこの対応によって同型である．$N_\alpha(\lambda)$ と $'N(\lambda)$ は定義からこの対応によって同型となり，等式

$$\dim N_\alpha(\lambda)=\dim{}'N(\lambda)$$

を得る．一方，$'L$ から導かれる $L^2('I)$ における最大閉作用素を $'T_1$，最小閉作用素を $'T_0$ とし，前と同じ考察をする．これから，$'T_0$ の不足指数を $\omega_\alpha{}^+, \omega_\alpha{}^-$ とすれば，

$$\dim{}'N(\lambda)=\begin{cases}\omega_\alpha{}^+ & (\mathrm{Im}\,\lambda>0)\\ \omega_\alpha{}^- & (\mathrm{Im}\,\lambda<0)\end{cases}$$

がいえる．したがって，$\omega_\alpha(\lambda)$ は上半平面 $\mathrm{Im}\,\lambda>0$ において一定値 $\omega_\alpha{}^+$ をとり，下半平面 $\mathrm{Im}\,\lambda<0$ において一定値 $\omega_\alpha{}^-$ をとる．

L を区間 $I'=[\gamma,\beta[$ に制限したものを L' とし，L' に対して同様な考察をすることにより，$\omega_\beta(\lambda)$ は $\mathrm{Im}\,\lambda>0$ において一定値 $\omega_\beta{}^+$ をとり，$\mathrm{Im}\,\lambda<0$ において一定値 $\omega_\beta{}^-$ をとる．ここで $\omega_\beta{}^+, \omega_\beta{}^-$ は L' から導かれる $L^2(I')$ における最小閉作用素 T_0' の不足指数である．

以上の結果を定理としてまとめておく．

定理 4.1　$\omega(\lambda), \omega_\alpha(\lambda), \omega_\beta(\lambda)$ は上半平面 $\mathrm{Im}\,\lambda>0$ において一定値 $\omega^+, \omega_\alpha{}^+, \omega_\beta{}^+$ をとり，下半平面 $\mathrm{Im}\,\lambda<0$ において一定値 $\omega^-, \omega_\alpha{}^-, \omega_\beta{}^-$ をとる．ω^+, ω^- は T_0 の，$\omega_\alpha{}^+, \omega_\alpha{}^-$ は $'T_0$ の，$\omega_\beta{}^+, \omega_\beta{}^-$ は T_0' の不足指数である．——

ここで記号 $\nu_\alpha(\lambda), \nu_\beta(\lambda)$ を場合 a), b), c) と $\mathrm{Im}\,\lambda>0$, $\mathrm{Im}\,\lambda<0$ に応じて次のように定義しておこう．

	$\nu_\alpha(\lambda)$			$\nu_\beta(\lambda)$		
	a)	b)	c)	a)	b)	c)
$\mathrm{Im}\,\lambda>0$	ν	$\nu+1$	ν	ν	ν	$\nu+1$
$\mathrm{Im}\,\lambda<0$	ν	ν	$\nu+1$	ν	$\nu+1$	ν

明らかに

$$\nu_\alpha(\lambda)+\nu_\alpha(\bar\lambda)=\nu_\beta(\lambda)+\nu_\beta(\bar\lambda)=\nu_\alpha(\lambda)+\nu_\beta(\lambda)=n \tag{4.5}$$

が成り立つ．次に $\mathrm{Im}\,\lambda\neq0$ に対して

$$\tau_\alpha(\lambda)=\omega_\alpha(\lambda)-\nu_\alpha(\lambda), \tag{4.6}$$

$$\tau_\beta(\lambda)=\omega_\beta(\lambda)-\nu_\beta(\lambda) \tag{4.7}$$

とおく．定理 4.1 と $\nu_\alpha(\lambda), \nu_\beta(\lambda)$ の定義から次の系を得る．

系　$\tau_\alpha(\lambda), \tau_\beta(\lambda)$ は上半平面 $\mathrm{Im}\,\lambda>0$ において一定値 $\tau_\alpha{}^+, \tau_\beta{}^+$ をとり，下半平面 $\mathrm{Im}\,\lambda<0$ において一定値 $\tau_\alpha{}^-, \tau_\beta{}^-$ をとる．——

後で $\tau_\alpha{}^+, \tau_\alpha{}^-, \tau_\beta{}^+, \tau_\beta{}^-\geqq0$ が示されるが，$\tau_\alpha{}^+, \tau_\alpha{}^-$ は L の α の近くでの性質を表わす量であり，$\tau_\beta{}^+, \tau_\beta{}^-$ は L の β の近くでの性質を表わす量である．$\tau_\alpha{}^+, \tau_\alpha{}^-$ を L の α **での指数**，$\tau_\beta{}^+, \tau_\beta{}^-$ を L の β **での指数**という．

b）特性部分空間

有限次元複素ベクトル空間 V 上の Hermite 形式 $H(\cdot,\cdot)$ を考える．V の次元を n とし，V の基底 $e_1, \cdots, e_n$ をとる．$x, y\in V$ が

$$x = \sum_{k=1}^{n} x_k e_k, \qquad y = \sum_{j=1}^{n} y_j e_j$$

と表わされれば，$H(x, y)$ は

$$H(x, y) = \sum_{j,k=1}^{n} x_k \bar{y}_j H(e_k, e_j)$$

と表わされる．$H(e_k, e_j)$ を (j, k) 要素とする行列を A とする：$A=[H(e_k, e_j)]$．A は n 次の Hermite 行列で，

$$x = \begin{bmatrix} x_1 \\ \vdots \\ x_n \end{bmatrix}, \qquad y = \begin{bmatrix} y_1 \\ \vdots \\ y_n \end{bmatrix}$$

とすれば，

$$H(x, y) = (Ax, y)$$

と書かれる．ここで $(\cdot, \cdot)$ は $\boldsymbol{C}^n$ の普通の内積である．

行列 A は基底のとり方により異なり，したがって，その固有値は基底のとり方によって変る．しかし，A の正の固有値の数，負の固有値の数，0 の固有値の数は基底のとり方によらないで H だけで定まる．行列 A の符号定数，すなわち，A の正の固有値と負の固有値の組を H の**符号定数**という．

境界形式 $F(x, y)(t)$ は，$t \in I$ を固定したとき，$A^n(I)$ で定義された歪 Hermite 形式で，$F(x, y)(t)$ に付随した境界形式行列 $A(t)$ は n 次の歪 Hermite 行列である．Hermite 行列 $i^{-1}A(t)$ の符号定数は t によらず一定で，場合 a), b), c) に応じて (ν, ν)，$(\nu+1, \nu)$，$(\nu, \nu+1)$ であった．

$\mathrm{Im}\,\lambda \neq 0$ とし，各 $t \in I$ に対し，$S(\lambda)$ 上の Hermite 形式 $H_\lambda(\cdot, \cdot)(t)$ を

$$H_\lambda(\varphi, \psi)(t) = \frac{1}{2i\,\mathrm{Im}\,\lambda} F(\varphi, \psi)(t) \qquad (\varphi, \psi \in S(\lambda))$$

によって定義すると，次の定理が得られる．

定理 4.2 $\mathrm{Im}\,\lambda \neq 0$ とする．

1) 各 $t \in I$ に対し，解空間 $S(\lambda)$ 上の Hermite 形式 $H_\lambda(\cdot, \cdot)(t)$ の符号定数は $(\nu_\alpha(\lambda), \nu_\beta(\lambda))$ である．

2) $\alpha < t_1 < t_2 < \beta$ のとき，

$$H_\lambda(\varphi, \varphi)(t_1) < H_\lambda(\varphi, \varphi)(t_2) \qquad (\varphi \in S(\lambda),\ \varphi \neq 0)$$

が成り立つ．

証明　$S(\lambda)$ の基底 $\phi_1, \cdots, \phi_n$ をとり，

$$\varphi = \sum_{k=1}^{n} c_k\phi_k, \qquad \psi = \sum_{j=1}^{n} d_j\phi_j$$

とおくと，

$$F(\varphi, \psi)(t) = \sum_{j,k=1}^{n} c_k\bar{d}_j F(\phi_k, \phi_j)(t)$$

である．

$$\hat{\phi}_j = \begin{bmatrix} \phi_j \\ \phi_j' \\ \vdots \\ \phi_j^{(n-1)} \end{bmatrix}, \qquad \varPhi = \begin{bmatrix} \phi_1 & \cdots & \phi_n \\ \phi_1' & \cdots & \phi_n' \\ \vdots & & \vdots \\ \phi_1^{(n-1)} & \cdots & \phi_n^{(n-1)} \end{bmatrix}$$

とおくと，$F(\phi_k, \phi_j)(t) = (A(t)\hat{\phi}_k(t), \hat{\phi}_j(t))$ であるから，$F(\phi_k, \phi_j)(t)$ を (j, k) 要素とする行列 $[F(\phi_k, \phi_j)(t)]$ は $\varPhi^*(t)A(t)\varPhi(t)$ に等しい．したがって，Hermite 形式 $H_\lambda(\cdot, \cdot)(t)$ の基底 $\phi_1, \cdots, \phi_n$ に対する Hermite 行列は

$$\left[\frac{F(\phi_k, \phi_j)(t)}{2i\,\mathrm{Im}\,\lambda}\right] = \varPhi^*(t)\left(\frac{A(t)}{2i\,\mathrm{Im}\,\lambda}\right)\varPhi(t) \tag{4.8}$$

となる．$A(t)/2i\,\mathrm{Im}\,\lambda$ の符号定数と (4.8) の右辺の行列の符号定数は等しいから．$i^{-1}A(t)$ の符号定数と $\nu_\alpha(\lambda), \nu_\beta(\lambda)$ の定義によって 1) が成り立つことがいえる．

次に 2) を証明しよう．$\varphi \in S(\lambda)$, $\varphi \neq 0$ とする．Green の公式から

$$\int_{t_1}^{t_2} (L\varphi\cdot\bar{\varphi} - \varphi\cdot\overline{L\varphi})\,dt = F(\varphi, \varphi)(t_2) - F(\varphi, \varphi)(t_1)$$

を得る．$L\varphi = \lambda\varphi$ であるから

$$\int_{t_1}^{t_2} (L\varphi\cdot\bar{\varphi} - \varphi\cdot\overline{L\varphi})\,dt = (\lambda - \bar{\lambda})\int_{t_1}^{t_2} |\varphi(t)|^2 dt.$$

$H_\lambda(\cdot, \cdot)(t)$ の定義によって

$$H_\lambda(\varphi, \varphi)(t_2) - H_\lambda(\varphi, \varphi)(t_1) = \int_{t_1}^{t_2} |\varphi|^2 dt > 0 \tag{4.9}$$

を得る．▌

次に $N_\alpha(\lambda), N_\beta(\lambda)$ 上の Hermite 形式 $H_\lambda(\cdot, \cdot)(\alpha)$, $H_\lambda(\cdot, \cdot)(\beta)$ をそれぞれ

$$H_\lambda(\varphi, \psi)(\alpha) = \frac{-1}{2i\,\mathrm{Im}\,\lambda} F(\varphi, \psi)(\alpha) \qquad (\varphi, \psi \in N_\alpha(\lambda)),$$

$$H_\lambda(\varphi, \psi)(\beta)=\frac{1}{2i\,\mathrm{Im}\,\lambda}F(\varphi, \psi)(\beta) \qquad (\varphi, \psi \in N_\beta(\lambda))$$

によって定義し，$H_\lambda(\cdot, \cdot)(\alpha)$ と $H_\lambda(\cdot, \cdot)(\beta)$ の符号定数を求めたい．そのため，次の定理を使うことにする．

定理 A　n 次の Hermite 行列 A の固有値を大きさの順に

$$\mu_1 \leqq \mu_2 \leqq \cdots \leqq \mu_n$$

としたとき，μ_j は次の式で与えられる：

$$(4.10) \qquad \mu_j=\max_{\|y_1\|=1, \cdots, \|y_{j-1}\|=1} \min_{\substack{\|x\|=1 \\ (x, y_1)=\cdots=(x, y_{j-1})=0}} \{(Ax, x)\}.$$

ここで $(\cdot, \cdot)$, $\|\cdot\|$ は $\boldsymbol{C}^n$ の普通の内積，ノルムであり，$j=1$ のときは，(4.10) は $\mu_1=\min\{(Ax, x) \mid \|x\|=1\}$ となる．

定理 B　n 次の Hermite 行列 A_1, A_2 に対し

$$(4.11) \qquad (A_1x, x) \leqq (A_2x, x) \qquad (x \in \boldsymbol{C}^n)$$

が成り立っているとする．A_1, A_2 の固有値をそれぞれ

$$\mu_1^1 \leqq \mu_2^1 \leqq \cdots \leqq \mu_n^1, \qquad \mu_1^2 \leqq \mu_2^2 \leqq \cdots \leqq \mu_n^2$$

としたとき，

$$\mu_1^1 \leqq \mu_1^2,\ \mu_2^1 \leqq \mu_2^2,\ \cdots,\ \mu_n^1 \leqq \mu_n^2$$

が成り立つ．

定理 C　n 次元複素ベクトル空間 V 上に Hermite 形式の列 $H_1(\cdot, \cdot)$, $H_2(\cdot, \cdot)$, $\cdots$ が定義されていて，$p<q$ のとき

$$H_p(x, x) \leqq H_q(x, x) \qquad (x \in V)$$

が成り立っているとする．V の基底 $e_1, \cdots, e_n$ に対し，H_p に対応する Hermite 行列 $A_p=[H_p(e_k, e_j)]$ の固有値を

$$\mu_1^p \leqq \cdots \leqq \mu_n^p$$

とする．(各 j に対し列 $\mu_j^1, \mu_j^2, \cdots, \mu_j^p, \cdots$ は増加列である.) $W \subset V$ を

$$W=\{x \in V \mid \lim_{p\to\infty} H_p(x, x)<\infty\}$$

で定義する．そのとき，次のことが成り立つ．

1)　W は部分空間である．

2)　任意の $x, y \in W$ に対し，$p\to\infty$ のとき $H_p(x, y)$ は収束する．

3)　$H_\infty(\cdot, \cdot)$ を

$$H_\infty(x, y) = \lim_{p\to\infty} H_p(x, y) \qquad (x, y \in W)$$

によって定義すると，$H_\infty(\cdot, \cdot)$ は W 上の Hermite 形式である．

4)　m を部分空間 W の次元とすると，$\mu_j = \lim_{p\to\infty} \mu_j{}^p$ $(j=1, \cdots, n)$ とおいたとき，$\mu_1 \leqq \cdots \leqq \mu_m < \infty$，$\mu_{m+1} = \cdots = \mu_n = \infty$ が成り立つ．——

この三つの定理の証明は d) で与えることとし，先を急ぐ．

空間 $S(\lambda)$ 上の Hermite 形式 $-H_\lambda(\cdot, \cdot)(t)$ を考える．定理 4.2 と $\nu_\alpha(\lambda)$，$\nu_\beta(\lambda)$ の定義から，各 $t \in I$ に対し $-H_\lambda(\cdot, \cdot)(t)$ の符号定数は $(\nu_\beta(\lambda), \nu_\alpha(\lambda))$，すなわち $(\nu_\alpha(\bar{\lambda}), \nu_\alpha(\lambda))$ であって，$\alpha < t_1 < t_2 < \beta$ のとき

$$-H_\lambda(\varphi, \varphi)(t_1) - (-H_\lambda(\varphi, \varphi)(t_2)) = \int_{t_1}^{t_2} |\varphi|^2 dt \geqq 0 \qquad (\varphi \in S(\lambda))$$

が成り立つ．これから

$$N_\alpha(\lambda) = \{\varphi \in S(\lambda) \mid \lim_{t\to\alpha} (-H_\lambda(\varphi, \varphi)(t)) < \infty\}$$

である．$\phi_1, \cdots, \phi_n$ を $S(\lambda)$ の基底とし，$-H_\lambda(\cdot, \cdot)(t)$ の $\phi_1, \cdots, \phi_n$ に関する行列 $[-H_\lambda(\phi_k, \phi_j)(t)]$ の固有値を

$$\mu_1{}^\alpha(t) \leqq \mu_2{}^\alpha(t) \leqq \cdots \leqq \mu_n{}^\alpha(t)$$

とする．そのとき，最初の $\nu_\alpha(\lambda)$ 個の固有値は負：

$$\mu_j{}^\alpha(t) < 0 \qquad (j=1, \cdots, \nu_\alpha(\lambda))$$

で，残りの $\nu_\alpha(\bar{\lambda})$ 個の固有値は正：

$$0 < \mu_j{}^\alpha(t) \qquad (j=\nu_\alpha(\lambda)+1, \cdots, n)$$

である．(4.9) と定理 B から，各 $\mu_j{}^\alpha(t)$ は t の減少関数である．したがって，極限

$$\lim_{t\to\alpha} \mu_j{}^\alpha(t) = \mu_j{}^\alpha \qquad (j=1, \cdots, n)$$

が存在し，

$$-\infty < \mu_j{}^\alpha \leqq 0 \quad (j=1, \cdots, \nu_\alpha(\lambda)), \qquad 0 < \mu_j{}^\alpha \leqq \infty \quad (j=\nu_\alpha(\lambda)+1, \cdots, n)$$

を満たす．$\mu_1{}^\alpha, \cdots, \mu_n{}^\alpha$ のうち有限であるようなものの個数は，定理 C から，$\omega_\alpha(\lambda) = \dim N_\alpha(\lambda)$ に等しい．これから

$$\omega_\alpha(\lambda) \geqq \nu_\alpha(\lambda),\ \text{したがって},\ \tau_\alpha(\lambda) \geqq 0$$

であって，$\tau_\alpha(\lambda)$ 個の $\mu_j{}^\alpha$ $(j=\nu_\alpha(\lambda)+1, \cdots, \omega_\alpha(\lambda))$ が正，最後の $n-\omega_\alpha(\lambda)$ 個の $\mu_j{}^\alpha$ $(j=\omega_\alpha(\lambda)+1, \cdots, n)$ が ∞ である．最初の $\nu_\alpha(\lambda)$ 個の $\mu_j{}^\alpha$ $(j=1, \cdots, \nu_\alpha(\lambda))$ のう

ち，負であるものの個数を $\sigma_\alpha(\lambda)$ とすれば，残りの $\nu_\alpha(\lambda)-\sigma_\alpha(\lambda)$ 個は0であって，$(\tau_\alpha(\lambda), \sigma_\alpha(\lambda))$ が $N_\alpha(\lambda)$ 上の Hermite 形式 $H_\lambda(\cdot,\cdot)(\alpha)$ の符号定数である．後に $\sigma_\alpha(\lambda)=\tau_\alpha(\bar{\lambda})$ であることが示される．

次に $S(\lambda)$ 上の Hermite 形式 $H_\lambda(\cdot,\cdot)(t)$ を考え，$t\to\beta$ とすることにより，$N_\beta(\lambda)$ 上の Hermite 形式 $H_\lambda(\cdot,\cdot)(\beta)$ について同様の結果を得る．

以上をまとめて

定理 4.3 $\mathrm{Im}\,\lambda\neq 0$ とする．そのとき，

$$\omega_\alpha(\lambda)\geqq\nu_\alpha(\lambda),\qquad \tau_\alpha(\lambda)\geqq 0,$$
$$\omega_\beta(\lambda)\geqq\nu_\beta(\lambda),\qquad \tau_\beta(\lambda)\geqq 0.$$

$N_\alpha(\lambda)$ 上の Hermite 形式 $H_\lambda(\cdot,\cdot)(\alpha)$ の1つの基底に関する行列の正の固有値の数は $\tau_\alpha(\lambda)$，負または0の固有値の数は $\nu_\alpha(\lambda)$ である．

$N_\beta(\lambda)$ 上の Hermite 形式 $H_\lambda(\cdot,\cdot)(\beta)$ の一つの基底に関する行列の正の固有値の数は $\tau_\beta(\lambda)$，負または0の固有値の数は $\nu_\beta(\lambda)$ である．——

以下常に $\mathrm{Im}\,\lambda\neq 0$ とする．

負または0の固有値の数から，次の定理を得る．

定理 4.4 $N_\alpha(\lambda)$ の部分空間 A で $H_\lambda(\varphi,\varphi)(\alpha)\leqq 0$ $(\varphi\in A)$ が成り立っているものの次元の最大値は $\nu_\alpha(\lambda)$ である．$N_\beta(\lambda)$ の部分空間 B で $H_\lambda(\phi,\phi)(\beta)\leqq 0$ $(\phi\in B)$ が成り立っているものの次元の最大値は $\nu_\beta(\lambda)$ である．——

この定理によって，$N_\alpha(\lambda)$ の $\nu_\alpha(\lambda)$ 次元部分空間 $C_\alpha(\lambda)$ で

$$H_\lambda(\varphi,\varphi)(\alpha)\leqq 0\qquad (\varphi\in C_\alpha(\lambda))$$

が成り立つものが存在する．$C_\alpha(\lambda)$ は一意的にきまるわけではない．同様に $N_\beta(\lambda)$ の $\nu_\beta(\lambda)$ 次元部分空間 $C_\beta(\lambda)$ で

$$H_\lambda(\phi,\phi)(\beta)\leqq 0\qquad (\phi\in C_\beta(\lambda))$$

が成り立つものが存在する．$C_\alpha(\lambda)$ を $N_\alpha(\lambda)$ **の特性部分空間**，$C_\beta(\lambda)$ を $N_\beta(\lambda)$ **の特性部分空間**という．

c) 特性部分空間分解

次の定理を証明しよう．

定理 4.5 $N_\alpha(\lambda)$ と $N_\beta(\lambda)$ の特性部分空間 $C_\alpha(\lambda)$ と $C_\beta(\lambda)$ に対し

$$S(\lambda)=C_\alpha(\lambda)\oplus C_\beta(\lambda)$$

が成り立つ．

証明 $\dim C_\alpha(\lambda)+\dim C_\beta(\lambda)=\nu_\alpha(\lambda)+\nu_\beta(\lambda)=n$ であるから,

$$C_\alpha(\lambda)\cap C_\beta(\lambda)=\{0\}$$

を証明すればよい. $\varphi\in C_\alpha(\lambda)\cap C_\beta(\lambda)$ に対し

$$\int_\alpha^\beta|\varphi|^2dt=H_\lambda(\varphi,\varphi)(\beta)+H_\lambda(\varphi,\varphi)(\alpha)\leqq 0$$

を得る. これから $\varphi=0$ を得る. ∎

特性部分空間の対 $(C_\alpha(\lambda), C_\beta(\lambda))$ を $S(\lambda)$ の**特性部分空間分解**という.

各 $t\in I$ に対し, 境界形式 $F(\varphi,\psi)(t)$ は $A^n(I)$ における1重半線型形式であるが, φ は $S(\lambda)$ を動き, ψ は $S(\bar\lambda)$ を動くとすれば, $F(\varphi,\psi)(t)$ は $S(\lambda)\times S(\bar\lambda)$ 上の形式となる. 定理2.12によって, $\varphi\in S(\lambda)$, $\psi\in S(\bar\lambda)$ のとき $F(\varphi,\psi)(t)$ は t によらない定数となるから, $F(\varphi,\psi)(t)$ を簡単に $F(\varphi,\psi)$ と書くことにしよう. 境界形式行列 $A(t)$ の位数が n であることから, $S(\lambda)\times S(\bar\lambda)$ 上の1重半線型形式 $F(\varphi,\psi)$ は非退化, すなわち位数が n であることが分る.

$S(\lambda)$ の特性部分空間分解 $(C_\alpha(\lambda), C_\beta(\lambda))$ と $S(\bar\lambda)$ の特性部分空間分解 $(C_\alpha(\bar\lambda), C_\beta(\bar\lambda))$ は次の条件を満たすとき, 互いに他の**双対**であるという:

$$F(\varphi,\psi)=0 \qquad (\varphi\in C_\alpha(\lambda),\ \ \psi\in C_\alpha(\bar\lambda)),$$
$$F(\varphi,\psi)=0 \qquad (\varphi\in C_\beta(\lambda),\ \ \psi\in C_\beta(\bar\lambda)).$$

定理 4.6 $(C_\alpha(\lambda), C_\beta(\lambda))$ は $S(\lambda)$ の特性部分空間分解であるとする. そのとき,

$$C_\alpha(\bar\lambda)=\{\psi\in S(\bar\lambda)\mid F(\varphi,\psi)=0\ (\varphi\in C_\alpha(\lambda))\},$$
$$C_\beta(\bar\lambda)=\{\psi\in S(\bar\lambda)\mid F(\varphi,\psi)=0\ (\varphi\in C_\beta(\lambda))\}$$

とおくと, $(C_\alpha(\bar\lambda), C_\beta(\bar\lambda))$ は $S(\bar\lambda)$ の特性部分空間分解である.

証明 $C_\alpha(\bar\lambda)$ が $N_\alpha(\bar\lambda)$ の特性部分空間であることをいう. $S(\lambda)\times S(\bar\lambda)$ 上の形式 $F(\cdot,\cdot)$ は非退化で $\dim C_\alpha(\lambda)=\nu_\alpha(\lambda)$ であるから, $\dim C_\alpha(\bar\lambda)=n-\nu_\alpha(\lambda)=\nu_\alpha(\bar\lambda)$ である.

次に $\psi\in C_\alpha(\bar\lambda)$, $\psi\neq 0$ とする. 任意に $t_0\in I$ をとる. $S(\lambda)$ の元 φ_0 で ψ と t_0 で同じ初期値をとるものが存在する: $\varphi_0^{(k)}(t_0)=\psi^{(k)}(t_0)$ $(k=0,1,\cdots,n-1)$. 任意の $\varphi\in C_\alpha(\lambda)$ に対し

$$-H_\lambda(\varphi,\varphi_0)(t_0)=-\frac{F(\varphi,\psi)}{2i\operatorname{Im}\lambda}=0$$

が成り立つ. 一方, $C_\alpha(\lambda)$ の定義から

$$-H_\lambda(\varphi,\varphi)(t_0) < -H_\lambda(\varphi,\varphi)(\alpha) \leqq 0 \qquad (\varphi\in C_\alpha(\lambda),\ \varphi\neq 0)$$

が成り立つ．よって，定理4.5から

$$-H_\lambda(\varphi_0,\varphi_0)(t_0) > 0$$

である．これから

$$-H_{\bar\lambda}(\psi,\psi)(t_0) = H_\lambda(\varphi_0,\varphi_0)(t_0) < 0$$

を得る．t_0 は任意であったから，$t_0\to\alpha$ として

$$H_{\bar\lambda}(\psi,\psi)(\alpha) \leqq 0$$

を得る．

以上によって $C_\alpha(\bar\lambda)$ は $N_\alpha(\bar\lambda)$ の特性部分空間である．

同様に $C_\beta(\bar\lambda)$ は $N_\beta(\bar\lambda)$ の特性部分空間であることが分る．∎

系1 $(C_\alpha(\lambda), C_\beta(\lambda))$ と $(C_\alpha(\bar\lambda), C_\beta(\bar\lambda))$ が互いに双対な特性部分空間分解ならば，一方から他方は一意的にきまる．

系2 各 $\lambda\in \boldsymbol{C}-\boldsymbol{R}$ に対し，$S(\lambda)$ の特性部分空間分解 $(C_\alpha(\lambda), C_\beta(\lambda))$ を，$(C_\alpha(\lambda), C_\beta(\lambda))$ と $(C_\alpha(\bar\lambda), C_\beta(\bar\lambda))$ が互いに双対であるように対応させることができる．

d) 定理 A, B, C の証明

定理 A の証明 Hermite 行列 A の固有値 μ_j に対応する固有ベクトルを e_j とする．$x\in\boldsymbol{C}^n$ を

$$x = x_1e_1+\cdots+x_ne_n \tag{4.12}$$

と表わせば，

$$(Ax,x) = \mu_1|x_1|^2+\cdots+\mu_n|x_n|^2 \tag{4.13}$$

と表わされる．$\|y_1\|=\cdots=\|y_{j-1}\|=1$ を満たす $y_1,\cdots,y_{j-1}\in\boldsymbol{C}^n$ を任意にとる．そのとき，

$$\|x\|=1,\qquad (x,y_1)=\cdots=(x,y_{j-1})=(x,e_{j+1})=\cdots=(x,e_n)=0 \tag{4.14}$$

を満たす $x\in\boldsymbol{C}^n$ が在存し，明らかに

$$\begin{aligned}&\min\{(Ax,x)\mid \|x\|=1,\ (x,y_1)=\cdots=(x,y_{j-1})=0\}\\ &\leqq \min\{(Ax,x)\mid x\in\boldsymbol{C}^n \text{ は (4.14) を満たす}\}\end{aligned}$$

が成り立つ．x が (4.12) と表わされ，$\|x\|=1$ かつ $(x,e_{j+1})=\cdots=(x,e_n)=0$ を満たせば，(4.13) から

$$(Ax,x) = \mu_1|x_1|^2+\cdots+\mu_j|x_j|^2 \leqq \mu_j(|x_1|^2+\cdots+|x_n|^2) = \mu_j$$

であるから，

$$\min\{(Ax, x) \mid x \in \boldsymbol{C}^n \text{ は (4.14) を満たす}\} \leqq \mu_j$$

である．したがって，任意の $y_1, \cdots, y_{j-1}$ に対し

$$\min\{(Ax, x) \mid \|x\|=1,\ (x, y_1)=\cdots=(x, y_{j-1})=0\} \leqq \mu_j$$

が成り立つ．一方，$y_1=e_1,\ \cdots,\ y_{j-1}=e_{j-1},\ x=e_j$ ととると

$$(Ax, x) = \mu_j$$

となるから，

$$\min\{(Ax, x) \mid \|x\|=1,\ (x, e_1)=\cdots=(x, e_{j-1})=0\} = \mu_j$$

である．したがって，(4.10) がいえた．▌

定理 A は max-min 定理といわれる．Hermite 行列 A の固有値を

$$\mu_1 \geqq \mu_2 \geqq \cdots \geqq \mu_m$$

と並べれば，j 番目の固有値 μ_j は

$$\mu_i = \min_{\|y_1\|=\cdots=\|y_{j-1}\|=1} \max_{\substack{\|x\|=1 \\ (x, y_1)=\cdots=(x, y_{j-1})=0}} \{(Ax, x)\}$$

で与えられる．このように述べられた定理を min-max 定理という．

問 1 min-max 定理を証明せよ．

定理 B の証明 任意の $y_1, \cdots, y_{j-1} \in \boldsymbol{C}^n$ に対し，(4.11) から

$$\min\{(A_1x, x) \mid \|x\|=1,\ (x, y_1)=\cdots=(x, y_{j-1})=0\}$$
$$\leqq \min\{(A_2x, x) \mid \|x\|=1,\ (x, y_1)=\cdots=(x, y_{j-1})=0\}$$

が成り立つ．よって定理 A から $\mu_j^1 \leqq \mu_j^2$ を得る．▌

定理 C の証明 V の基底 $e_1, \cdots, e_n$ を固定する．$x \in V$ が

$$x = x_1e_1 + \cdots + x_ne_n$$

と表わされたとき，x と $\begin{bmatrix} x_1 \\ \vdots \\ x_n \end{bmatrix}$ を同一視する，すなわち，x を $\boldsymbol{C}^n$ の元とみなす．そのとき，各 p に対し

$$H_p(x, y) = (A_px, y)$$

である．

仮定により

$$(A_1x, x) \leqq (A_2x, x) \leqq \cdots \qquad (x \in \boldsymbol{C}^n)$$

であるが，さらに

$$0 < (A_1x, x) \leqq (A_2x, x) \leqq \cdots \qquad (x \in \boldsymbol{C}^n,\ x \neq 0)$$

と仮定して一般性を失わない．実際，$0<(A_1x, x)$ $(x\in \boldsymbol{C}^n,\ x\neq 0)$ が成り立たないときには，十分大きい $N>0$ をとって，$B_p=A_p+NI$ (I は単位行列) とおくと，

$$0<(B_1x, x)\leqq(B_2x, x)\leqq\cdots\qquad(x\in \boldsymbol{C}^n,\ x\neq 0)$$

が成り立つようにできる．B_p の固有値を

$$\nu_1{}^p\leqq\nu_2{}^p\leqq\cdots\leqq\nu_n{}^p$$

とすれば，

$$\nu_j{}^p=\mu_j{}^p+N\qquad(j=1,\cdots,n;\ p=1,2,\cdots)$$

で

$$W=\{x\in \boldsymbol{C}^n \mid \lim_{p\to\infty}(B_px, x)<\infty\}$$

が成り立つからである．

証明にかかる前に，次の二つのことを注意しておこう．

a) 正定値 Hermite 行列 A，すなわち $(Ax, x)>0$ $(x\in \boldsymbol{C}^n,\ x\neq 0)$ を満たす Hermite 行列 A に対し，$\sqrt{(Ax, x)}$ は $\boldsymbol{C}^n$ の一つのノルムである．したがって，特に

$$\sqrt{(A(\lambda x), \lambda x)}=|\lambda|\sqrt{(Ax, x)}\qquad(\lambda\in \boldsymbol{C},\ x\in \boldsymbol{C}^n),$$

$$\sqrt{(A(x+y), x+y)}\leqq\sqrt{(Ax, x)}+\sqrt{(Ay, y)}\qquad(x, y\in \boldsymbol{C}^n)$$

が成り立つ．

b) A, B は $\boldsymbol{C}^n$ の正定値 Hermite 行列とし

$$U=\{x\in \boldsymbol{C}^n \mid (Ax, x)\leqq 1\},\qquad V=\{x\in \boldsymbol{C}^n \mid (Bx, x)\leqq 1\}$$

とおく．そのとき

$$(Ax, x)\leqq(Bx, x)\qquad(x\in \boldsymbol{C}^n)$$

が成り立つための必要十分条件は $U\supseteqq V$ である．

問 2　a), b) を証明せよ．——

まず定理の 1) を証明しよう．$x\in W$ とすれば，列 $\{(A_px, x)\}$ は有界である．任意の $\lambda\in \boldsymbol{C}$ に対し，$(A_p(\lambda x), \lambda x)=|\lambda|^2(A_px, x)$ であるから，$\{(A_p(\lambda x), \lambda x)\}$ は有界，したがって $\lambda x\in W$．次に，$x\in W$，$y\in W$ とする．列 $\{\sqrt{(A_px, x)}\}$ と $\{\sqrt{(A_py, y)}\}$ の有界性と不等式 $(A_p(x+y), x+y)\leqq(\sqrt{(A_px, x)}+\sqrt{(A_py, y)})^2$ とから，列 $(A_p(x+y), x+y)$ は有界，したがって $x+y\in W$ を得る．

2) はよく知られた等式

$$(A_p x, y) = \frac{1}{4}\{(A_p(x+y), x+y) - (A_p(x-y), x-y) + i(A_p(x+iy), x+iy) - i(A_p(x-iy), x-iy)\}$$

から直ちに得られる．

3) の証明は容易である．

4) を証明しよう．$\mu_1 \leqq \cdots \leqq \mu_l < \infty$，$\mu_{l+1} = \cdots = \mu_n = \infty$ とする．A_p の固有値 $\mu_1{}^p \leqq \cdots \leqq \mu_n{}^p$ に対応する固有ベクトルを $f_1{}^p, \cdots, f_n{}^p$ とし，$f_1{}^p, \cdots, f_n{}^p$ は正規直交系をなしているとする：

$$(f_j{}^p, f_k{}^p) = \delta_{jk} \qquad (\delta_{jk} \text{ は Kronecker のデルタ}).$$

各 j に対し，ベクトル列 $\{f_j{}^p\}_{p=1}^{\infty}$ は，$\|f_j{}^p\|=1$ であるから，収束する部分列を含む．記号を節約して，各 j に対し，$\{f_j{}^p\}_{p=1}^{\infty}$ は収束するとし，

$$\lim_{p\to\infty} f_j{}^p = f_j \qquad (j=1, \cdots, n)$$

とする．$f_1, \cdots, f_n$ は正規直交系である．

まず，任意の p に対し

$$(A_p f_j, f_j) \leqq \mu_j \qquad (j=1, \cdots, l) \tag{4.15}$$

が成り立つことをいう．$p=1, 2, \cdots$；$j=1, \cdots, n$ に対して

$$g_j{}^p = \frac{f_j{}^p}{\sqrt{\mu_j{}^p}}, \qquad g_j = \frac{f_j}{\sqrt{\mu_j}}, \qquad U_p = \{x \in \boldsymbol{C}^n \mid (A_p x, x) \leqq 1\}$$

とおく．$g_j{}^p \to g_j$ $(p\to\infty)$ に注意する．

$$(A_p g_j{}^p, g_j{}^p) = \frac{1}{\mu_j{}^p}(A_p f_j{}^p, f_j{}^p) = \frac{1}{\mu_j{}^p}(\mu_j{}^p f_j{}^p, f_j{}^p) = (f_j{}^p, f_j{}^p) = 1$$

であるから，$g_j{}^p \in U_p$ である．$p<q$ なる任意の q に対し，$U_p \supseteqq U_q$ であるから，$g_j{}^q \in U_q$ から $g_j{}^q \in U_p$ を得る．U_p は $\boldsymbol{C}^n$ の閉集合であるから，$q\to\infty$ として，$g_j \in U_p$ を得る．これから，$(A_p g_j, g_j) \leqq 1$，したがって

$$\left(A_p \frac{f_j}{\sqrt{\mu_j}}, \frac{f_j}{\sqrt{\mu_j}}\right) = \frac{1}{\mu_j}(A_p f_j, f_j) \leqq 1.$$

よって，(4.15) が成り立つ．

(4.15) は $f_1, \cdots, f_l \in W$ であること，したがって $l \leqq \dim W$ を示している．

次に，$l = \dim W$ を証明するためには，$(y, f_1) = \cdots = (y, f_l) = 0$，$y \neq 0$ を満たす $y \in \boldsymbol{C}^n$ に対し $(A_p y, y) \to \infty$ $(p\to\infty)$ を示せばよい．y は

$$y = y_{l+1}f_{l+1}+\cdots+y_nf_n,$$
$$y = y_1{}^pf_1{}^p+\cdots+y_n{}^pf_n{}^p$$

と書かれる．各 p に対し $f_1{}^p, \cdots, f_n{}^p$ は正規直交系でかつ $p\to\infty$ のとき $f_j{}^p\to f_j$ であるから，$p\to\infty$ のとき

$$(4.16)\qquad y_j{}^p \longrightarrow 0 \quad (j=1, \cdots, l), \qquad y_j{}^p \longrightarrow y_j \quad (j=l+1, \cdots, n)$$

が成り立つ．

$$\begin{aligned}(A_py, y) &= \sum_{j,k=1}^{n} y_j{}^p\overline{y_k{}^p}(A_pf_j{}^p, f_k{}^p) = \sum_{j,k=1}^{n} \mu_j y_j{}^p\overline{y_k{}^p}(f_j{}^p, f_k{}^p)\\ &= \sum_{j=1}^{n} \mu_j{}^p|y_j{}^p|^2 \geqq \mu_{l+1}{}^p|y_{l+1}{}^p|^2+\cdots+\mu_n{}^p|y_n{}^p|^2\\ &\geqq \mu_{l+1}{}^p(|y_{l+1}{}^p|^2+\cdots+|y_n{}^p|^2)\end{aligned}$$

が成り立つ．(4.16) と $\mu_{l+1}{}^p\to\infty$ $(p\to\infty)$ とから，

$$(A_py, y) \longrightarrow \infty \quad (p\to\infty)$$

となり，$l=\dim W$ が証明された．▮

問 3 W 上の Hermite 形式 $H_\infty(\cdot, \cdot)$ の基底 $f_1, \cdots, f_l$ に関する行列の固有値は $\mu_1\leqq\mu_2\leqq\cdots\leqq\mu_l$ であることを証明せよ．

§4.2 D_1 の部分空間と特性部分空間

a) D_1 の部分空間

Hilbert 空間における対称閉作用素の一般論から，次の定理を得る．

定理 4.7 $\mathrm{Im}\,\lambda\neq 0$ のとき，D_1 は $D_0, N(\lambda), N(\bar\lambda)$ の直和である：

$$(4.17)\qquad D_1 = D_0\oplus N(\lambda)\oplus N(\bar\lambda).$$

$T_0-\lambda I$ は D_0 から $N(\bar\lambda)$ の直交補空間 $L^2(I)\ominus N(\bar\lambda)$ の上への 1 対 1 の写像である．したがって，$(T_0-\lambda I)(T_0-\bar\lambda I)^{-1}$ は $L^2(I)\ominus N(\lambda)$ から $L^2(I)\ominus N(\bar\lambda)$ の上への 1 対 1 の写像である．

系 $$\dim D_1/D_0 = \omega^+ + \omega^-.$$ ——

部分空間 D_0 は定理 2.18 によって

$$D_0 = \{x\in D_1 \mid F(x, y)(\beta)-F(x, y)(\alpha)=0\ (\forall y\in D_1)\}$$

で与えられた．次に D_1 の部分空間 D_α, D_β を

$$D_\alpha = \{x \in D_1 \mid F(x, y)(\alpha) = 0\ (\forall y \in D_1)\},$$
$$D_\beta = \{x \in D_1 \mid F(x, y)(\beta) = 0\ (\forall y \in D_1)\}$$

で定義し，次の定理を証明しよう．

定理 4.8　　$D_1 = D_\alpha + D_\beta, \qquad D_0 = D_\alpha \cap D_\beta.$

ここで $D_\alpha + D_\beta = \{x+y \mid x \in D_\alpha,\ y \in D_\beta\}$ である．

証明　$\alpha < t_1 < t_2 < \beta$ を満たす t_1, t_2 をとると，$u_1, u_2 \in C^\infty(I)$ で次の条件を満たすものが存在する．

$$0 \leqq u_1(t) \leqq 1, \quad 0 \leqq u_2(t) \leqq 1, \quad u_1(t) + u_2(t) = 1,$$
$$u_1(t) = \begin{cases} 0 & (\alpha < t < t_1) \\ 1 & (t_2 < t < \beta), \end{cases} \qquad u_2(t) = \begin{cases} 1 & (\alpha < t < t_1) \\ 0 & (t_2 < t < \beta). \end{cases}$$

任意の $y \in D_1$ に対し

(4.18)　$$y_1(t) = u_1(t) y(t), \qquad y_2(t) = u_2(t) y(t)$$

とおけば，$y_1 \in D_\alpha$，$y_2 \in D_\beta$ で

(4.19)　$$y = y_1 + y_2$$

が成り立つ．このことは $D_1 = D_\alpha + D_\beta$ を示している．

$D_\alpha \cap D_\beta \subset D_0$ は明らかである．$x \in D_0$ とする．$y \in D_1$ に対して (4.18) によって y_1, y_2 を定義すると y は (4.19) と書ける．

$F(x, y_1)(\alpha) = F(x, y_2)(\beta) = 0$ であるから，

$$F(x, y)(\alpha) = F(x, y_2)(\alpha) = -(F(x, y_2)(\beta) - F(x, y_2)(\alpha)) = 0,$$
$$F(x, y)(\beta) = F(x, y_1)(\beta) = F(x, y_1)(\beta) - F(x, y_1)(\alpha) = 0.$$

したがって，$x \in D_\alpha$，$x \in D_\beta$，すなわち $D_0 \subset D_\alpha \cap D_\beta$ がいえた．▌

系　次の等式が成り立つ．

(4.20)　$$\dim D_1/D_\alpha = \dim D_\beta/D_0,$$

(4.21)　$$\dim D_1/D_\beta = \dim D_\alpha/D_0,$$

(4.22)　$$\dim D_1/D_\alpha + \dim D_1/D_\beta = \omega^+ + \omega^-.$$　——

次に $\dim D_1/D_\alpha$，$\dim D_1/D_\beta$ を具体的に求めるため，区間 I の1点 γ をとり，前節 a) において導入した $'L, 'T_1, 'T_0$ を考察する．$'N(\lambda)$ は $N_\alpha(\lambda)$ の元を区間 $'I =]\alpha, \gamma]$ に制限したものであったから，以後 $'N(\lambda)$ を $N_\alpha(\lambda)$ と同一視する．$'D_1 = \mathscr{D}('T_1)$，$'D_0 = \mathscr{D}('T_0)$ とおくと，定理 4.7 から

(4.23)　$$'D_1 = {}'D_0 \oplus N_\alpha(\lambda) \oplus N_\alpha(\bar{\lambda}),$$

したがって

$$\dim {}'D_1/{}'D_0 = \omega_\alpha{}^+ + \omega_\alpha{}^-$$

が成り立つ.

次に D_α, D_β の定義と同様に ${}'D_1$ の部分空間 ${}'D_\alpha, {}'D_\gamma$ を

$$ {}'D_\alpha = \{{}'x \in {}'D_1 \mid F({}'x, {}'y)(\alpha) = 0 \ (\forall {}'y \in {}'D_1)\},$$

$$ {}'D_\gamma = \{{}'x \in {}'D_1 \mid F({}'x, {}'y)(\gamma) = 0 \ (\forall {}'y \in {}'D_1)\}$$

によって定義しよう. すると

$$ {}'D_1 = {}'D_\alpha + {}'D_\gamma, \qquad {}'D_0 = {}'D_\alpha \cap {}'D_\gamma \tag{4.24}$$

が成り立つ. (4.20), (4.21), (4.22) に対応して

$$\dim {}'D_1/{}'D_\alpha = \dim {}'D_\gamma/{}'D_0, \tag{4.25}$$

$$\dim {}'D_1/{}'D_\gamma = \dim {}'D_\alpha/{}'D_0, \tag{4.26}$$

$$\dim {}'D_1/{}'D_\alpha + \dim {}'D_1/{}'D_\gamma = \omega_\alpha{}^+ + \omega_\alpha{}^- \tag{4.27}$$

が得られる. γ は ${}'L$ の正則な境界点であるから, ${}'x \in {}'D_1$ が ${}'D_\gamma$ に属するための必要十分条件は ${}'x^{(j)}(\gamma) = 0 \ (j = 0, 1, \cdots, n-1)$ が成り立つことである. このことから容易に

$$\dim {}'D_1/{}'D_\gamma = n$$

したがって, (4.26) から

$$\dim {}'D_\alpha/{}'D_0 = n \tag{4.28}$$

が得られる. (4.26) と (4.27) から

$$\dim {}'D_1/{}'D_\alpha = \omega_\alpha{}^+ + \omega_\alpha{}^- - n.$$

$\tau_\alpha(\lambda)$ の定義 (4.6) と (4.5) から

$$\dim {}'D_1/{}'D_\alpha = \tau_\alpha{}^+ + \tau_\alpha{}^- \tag{4.29}$$

を得る.

以上の準備のもとに, 次の定理を証明しよう.

定理 4.9

$$\dim D_1/D_\alpha = \tau_\alpha{}^+ + \tau_\alpha{}^-, \tag{4.30}$$

$$\dim D_1/D_\beta = \tau_\beta{}^+ + \tau_\beta{}^-. \tag{4.31}$$

証明 (4.30) を証明するためには, (4.29) から D_1/D_α と ${}'D_1/{}'D_\alpha$ がベクトル空間として同型であることを示せばよい. D_1 に属する関数 x に対し, 関数 x を区間 ${}'I =]\alpha, \gamma]$ に制限して得られる関数 ${}'x \in {}'D_1$ を対応させる写像を π とする:

$\pi(x)=x|_{'I}$. 集合 $\{x\in D_1\,|\,\pi(x)=0\}$ は $\{x\in D_1\,|\,x(t)=0\ (\alpha<t\leqq\gamma)\}$ であり，集合 $\{x\in D_\alpha\,|\,\pi(x)=0\}$ は $\{x\in D_\alpha\,|\,x(t)=0\ (\alpha<t\leqq\gamma)\}$ であるが，明らかに

$$\{x\in D_1\,|\,x(t)=0\ (\alpha<t\leqq\gamma)\} = \{x\in D_\alpha\,|\,x(t)=0\ (\alpha<t\leqq\gamma)\}$$

が成り立つ. π は D_1 を $'D_1$ の上へ，D_α を $'D_\alpha$ の上へうつす写像であるから，$D_1/D_\alpha\cong{}'D_1/'D_\alpha$ がいえる.

(4.31) を証明するには，$'L, 'T_1, 'T_0$ の代りに L', T_1', T_0' を考え，同様の考察を行えばよい. ▌

b) $H_\lambda(\cdot,\cdot)(\alpha)$, $H_\lambda(\cdot,\cdot)(\beta)$ の符号定数

以下 $\mathrm{Im}\,\lambda\neq0$ とする. まず次の定理を証明しよう.

定理 4.10　次の等式が成り立つ.

$$\dim(N_\alpha(\lambda)\cap{}'D_\alpha)=\nu_\alpha(\lambda)-\tau_\alpha(\bar\lambda), \tag{4.32}$$

$$\dim(N_\beta(\lambda)\cap D_\beta')=\nu_\beta(\lambda)-\tau_\beta(\bar\lambda). \tag{4.33}$$

ここで D_β' は $'D_\alpha$ と同様に定義され，$N_\alpha(\lambda)$ は $'N(\lambda)$ と $N_\beta(\lambda)$ は $N'(\lambda)$ と同一視されているとする.

証明　(4.32) を証明する. (4.28) によって，$'D_0$ を法として1次独立な $'D_\alpha$ の n 個の元 $'x_1,\cdots,'x_n$ がとれる. (4.23) により，各 $'x_j$ は

$$'x_j={}'x_j^0+{}'x_j^+ \qquad ('x_j^0\in{}'D_0,\ \ 'x_j^+\in N_\alpha(\lambda)\oplus N_\alpha(\bar\lambda))$$

と一意的に分解される. $'x_j$ の取り方から $'x_j^+,\cdots,'x_n^+$ は $'D_0$ を法として1次独立である. したがって，$'x_1^+,\cdots,'x_n^+$ で張られる $N_\alpha(\lambda)\oplus N_\alpha(\bar\lambda)$ の部分空間を V とすれば，$\dim V=n$. 一方，$'x_1^+,\cdots,'x_n^+\in{}'D_\alpha$ であるから，$V\subset{}'D_\alpha$. これから

$$N_\alpha(\lambda)\cap{}'D_\alpha\supset N_\alpha(\lambda)\cap V,$$
$$N_\alpha(\lambda)+V\subset N_\alpha(\lambda)\oplus N_\alpha(\bar\lambda).$$

よって

$$\dim(N_\alpha(\lambda)\cap{}'D_\alpha)\geqq\dim(N_\alpha(\lambda)\cap V), \qquad \dim(N_\alpha(\lambda)+V)\leqq\omega_\alpha(\lambda)+\omega_\alpha(\bar\lambda)$$

である.

$$\begin{aligned}\dim(N_\alpha(\lambda)\cap V)&=\dim N_\alpha(\lambda)+\dim V-\dim(N_\alpha(\lambda)+V)\\&\geqq\omega_\alpha(\lambda)+n-(\omega_\alpha(\lambda)+\omega_\alpha(\bar\lambda))\\&=n-\omega_\alpha(\bar\lambda)=\nu_\alpha(\lambda)-\tau_\alpha(\bar\lambda)\end{aligned}$$

から，

(4.34)
$$\dim(N_\alpha(\lambda)\cap{}'D_\alpha)\geqq\nu_\alpha(\lambda)-\tau_\alpha(\bar{\lambda})$$
を得る．

次に，$S(\lambda)\times S(\bar{\lambda})$ 上の 1 重半線型形式 $F(\cdot,\cdot)$ を考える．$\varphi\in N_\alpha(\lambda)\cap{}'D_\alpha\subset{}'D_\alpha$ に対し
$$F(\varphi,\psi)=0\qquad(\psi\in N_\alpha(\bar{\lambda}))$$
が成り立つ．すなわち
$$N_\alpha(\lambda)\cap{}'D_\alpha\subset\{\varphi\in S(\lambda)\,|\,F(\varphi,\psi)=0\ (\forall\psi\in N_\alpha(\bar{\lambda}))\}.$$
$S(\lambda)\times S(\bar{\lambda})$ 上の形式 $F(\cdot,\cdot)$ は非退化であるから
$$\dim\{\varphi\in S(\lambda)\,|\,F(\varphi,\psi)=0\ (\forall\psi\in N_\alpha(\bar{\lambda}))\}=n-\omega_\alpha(\bar{\lambda})$$
したがって

(4.35)
$$\dim(N_\alpha(\lambda)\cap{}'D_\alpha)\leqq n-\omega_\alpha(\bar{\lambda})=\nu_\alpha(\lambda)-\tau_\alpha(\bar{\lambda}).$$
(4.34) と (4.35) から (4.32) が得られる．

(4.33) の証明も同様にしてなされる．▮

$F(x,y)(\alpha)$ は $H_\alpha(I,L)$ 上の歪 Hermite 形式であるが，それを $H_\alpha(I,L)$ の部分空間に制限すれば，その部分空間上の歪 Hermite 形式となる．$H_\alpha(I,L)$ の二つの部分空間をとれば，$F(x,y)(\alpha)$ はその部分空間の積で定義された 1 重半線型形式である．$F(x,y)(\beta)$ についても同様である．このことに注意して次の定理を証明しよう．

定理 4.11　1)　$N_\alpha(\lambda)\oplus N_\alpha(\bar{\lambda})$ 上の歪 Hermite 形式 $F(\cdot,\cdot)(\alpha)$ の位数は $\tau_\alpha{}^++\tau_\alpha{}^-$ であり，$N_\beta(\lambda)\oplus N_\beta(\bar{\lambda})$ 上の歪 Hermite 形式 $F(\cdot,\cdot)(\beta)$ の位数は $\tau_\beta{}^++\tau_\beta{}^-$ である．

2)　$F(\cdot,\cdot)(\alpha)$ を $N_\alpha(\lambda)\times N_\alpha(\bar{\lambda})$ 上の 1 重半線型形式としたとき，その位数は $\tau_\alpha{}^++\tau_\alpha{}^-$ であり，$F(\cdot,\cdot)(\beta)$ を $N_\beta(\lambda)\times N_\beta(\bar{\lambda})$ 上の 1 重半線型形式とみたとき，その位数は $\tau_\beta{}^++\tau_\beta{}^-$ である．

3)　$F(\cdot,\cdot)(\alpha)$ を $N_\alpha(\lambda)$ 上の歪 Hermite 形式としたとき，その位数は $\tau_\alpha{}^++\tau_\alpha{}^-$ であり，$F(\cdot,\cdot)(\beta)$ を $N_\beta(\lambda)$ 上の歪 Hermite 形式としたとき，その位数は $\tau_\beta{}^++\tau_\beta{}^-$ である．

証明　$F(\cdot,\cdot)(\alpha)$ に対する証明はそのまま $F(\cdot,\cdot)(\beta)$ に対する証明に通用するから，$F(\cdot,\cdot)(\alpha)$ に対する命題のみを証明する．

まず 1) の証明から始める．$F(\cdot,\cdot)(\alpha)$ は $'D_1$ 上の歪 Hermite 形式とみなせる

ことに注意する．(4.23) と $'D_0 \subset 'D_\alpha$ から

$$'D_1 = 'D_\alpha + (N_\alpha(\lambda) \oplus N_\alpha(\bar{\lambda}))$$

が成り立つ．同型定理によって

$$'D_1/'D_\alpha \cong (N_\alpha(\lambda) \oplus N_\alpha(\bar{\lambda}))/'D_\alpha \cap (N_\alpha(\lambda) \oplus N_\alpha(\bar{\lambda}))$$

である．$\dim 'D_1/'D_\alpha = \tau_\alpha^+ + \tau_\alpha^-$ であるから

$$\dim (N_\alpha(\lambda) \oplus N_\alpha(\bar{\lambda}))/'D_\alpha \cap (N_\alpha(\lambda) \oplus N_\alpha(\bar{\lambda})) = \tau_\alpha^+ + \tau_\alpha^-.$$

$'D_\alpha$ の定義から，この式は $F(\cdot, \cdot)(\alpha)$ を $N_\alpha(\lambda) \oplus N_\alpha(\bar{\lambda})$ 上の歪 Hermite 形式と考えたとき，その位数は $\tau_\alpha^+ + \tau_\alpha^-$ であることを示している．

2) の証明に移る．$N_\alpha(\lambda) \times N_\alpha(\bar{\lambda})$ 上の 1 重半線型形式 $F(\cdot, \cdot)(\alpha)$ は $S(\lambda) \times S(\bar{\lambda})$ 上の 1 重半線型形式 $F(\cdot, \cdot)$ を $N_\alpha(\lambda) \times N_\alpha(\bar{\lambda})$ 上へ制限したものと考えることができる．定理 4.10 から，$S(\lambda)$ の基底 $\varphi_1, \cdots, \varphi_n$ と $S(\bar{\lambda})$ の基底 $\psi_1, \cdots, \psi_n$ を次のように選ぶことができる：

$$\varphi_j \in N_\alpha(\lambda) \quad (j=1, \cdots, \omega_\alpha(\lambda)), \qquad \varphi_j \in 'D_\alpha \quad (j=1, \cdots, \nu_\alpha(\lambda) - \tau_\alpha(\bar{\lambda})),$$

$$\psi_j \in N_\alpha(\bar{\lambda}) \quad (j=1, \cdots, \omega_\alpha(\bar{\lambda})), \qquad \psi_j \in 'D_\alpha \quad (j=1, \cdots, \nu_\alpha(\bar{\lambda}) - \tau_\alpha(\lambda)).$$

そのとき，$S(\lambda) \times S(\bar{\lambda})$ 上の形式 $F(\cdot, \cdot)$ の $\{\varphi_k\}, \{\psi_j\}$ に関する行列 $[F(\varphi_k, \psi_j)]$ は

$$\begin{array}{r} \nu_\alpha(\bar{\lambda})-\tau_\alpha(\lambda) \\ \tau_\alpha(\lambda)+\tau_\alpha(\bar{\lambda}) \\ \nu_\alpha(\lambda)-\tau_\alpha(\bar{\lambda}) \end{array} \left[\begin{array}{c:c:c} \overbrace{\quad 0 \quad}^{\nu_\alpha(\lambda)-\tau_\alpha(\bar{\lambda})} & \overbrace{\quad 0 \quad}^{\tau_\alpha(\bar{\lambda})+\tau_\alpha(\lambda)} & \overbrace{\quad A_1 \quad}^{\nu_\alpha(\bar{\lambda})-\tau_\alpha(\lambda)} \\ \hdashline 0 & A_2 & * \\ \hdashline A_3 & * & * \end{array} \right]$$

となる．$S(\lambda) \times S(\bar{\lambda})$ 上の 1 重半線型形式 $F(\cdot, \cdot)$ の位数は n であるから，小行列 A_1, A_2, A_3 は非退化である．一方，$N_\alpha(\lambda) \times N_\alpha(\bar{\lambda})$ 上の形式 $F(\cdot, \cdot)(\alpha)$ の φ_j $(j=1, \cdots, \omega_\alpha(\lambda))$，$\psi_j$ $(j=1, \cdots, \omega_\alpha(\bar{\lambda}))$ に関する行列は

$$\begin{bmatrix} 0 & 0 \\ 0 & A_2 \end{bmatrix}$$

であるから，$N_\alpha(\lambda) \times N_\alpha(\bar{\lambda})$ の形式 $F(\cdot, \cdot)(\alpha)$ の位数は $\tau_\alpha^+ + \tau_\alpha^-$ である．

3) を証明する．$N_\alpha(\lambda)$ の基底 φ_j $(j=1, \cdots, \omega_\alpha(\lambda))$ と $N_\alpha(\bar{\lambda})$ の基底 ψ_j $(j=1, \cdots, \omega_\alpha(\bar{\lambda}))$ を

$$\varphi_j \in 'D_\alpha \quad (j=1, \cdots, \nu_\alpha(\lambda) - \tau_\alpha(\bar{\lambda})), \qquad \psi_j \in 'D_\alpha \quad (j=1, \cdots, \nu_\alpha(\bar{\lambda}) - \tau_\alpha(\lambda))$$

を満たすようにとる．$N_\alpha(\lambda)\oplus N_\alpha(\bar{\lambda})$ の基底 φ_j, ψ_k に関する $N_\alpha(\lambda)\oplus N_\alpha(\bar{\lambda})$ 上の形式 $F(\cdot,\cdot)(\alpha)$ の行列は次の形をとる．

$$\begin{bmatrix} 0 & 0 & 0 & 0 \\ 0 & A_{11} & 0 & A_{12} \\ 0 & 0 & 0 & 0 \\ 0 & A_{21} & 0 & A_{22} \end{bmatrix}$$

1) によって，この行列の位数は $\tau_\alpha{}^+ + \tau_\alpha{}^-$ であり，2) によって，小行列 A_{12} と A_{21} の位数も $\tau_\alpha{}^+ + \tau_\alpha{}^-$ である．このことから容易に A_{11} と A_{22} の位数も $\tau_\alpha{}^+ + \tau_\alpha{}^-$ であることが分る．これは $N_\alpha(\lambda)$ 上の形式 $F(\cdot,\cdot)(\alpha)$ の位数が $\tau_\alpha{}^+ + \tau_\alpha{}^-$ であることを示している．∎

定理 4.12　$N_\alpha(\lambda)$ 上の Hermite 形式 $H_\lambda(\cdot,\cdot)(\alpha)$ の符号定数は $(\tau_\alpha(\lambda), \tau_\alpha(\bar{\lambda}))$ であり，$N_\beta(\lambda)$ 上の Hermite 形式 $H_\lambda(\cdot,\cdot)(\beta)$ の符号定数は $(\tau_\beta(\lambda), \tau_\beta(\bar{\lambda}))$ である．

証明　定理 4.11 の 3) によって $H_\lambda(\cdot,\cdot)(\alpha)$ の位数は $\tau_\alpha(\lambda)+\tau_\alpha(\bar{\lambda})$ である．一方，定理 4.3 によって，$H_\lambda(\cdot,\cdot)(\alpha)$ の符号定数は $(\tau_\alpha(\lambda), \sigma_\alpha(\lambda))$ である．これから $\sigma_\alpha(\lambda)=\tau_\alpha(\bar{\lambda})$，したがって，$H_\lambda(\cdot,\cdot)(\alpha)$ の符号定数は $(\tau_\alpha(\lambda), \tau_\alpha(\bar{\lambda}))$ である．

$H_\lambda(\cdot,\cdot)(\beta)$ の符号定数についても同様に証明できる．∎

系　$-i^{-1}F(\cdot,\cdot)(\alpha)$ を $N_\alpha(\lambda)$ 上の Hermite 形式とみなしたとき，その符号定数は $(\tau_\alpha{}^+, \tau_\alpha{}^-)$ である．$i^{-1}F(\cdot,\cdot)(\beta)$ を $N_\beta(\lambda)$ 上の Hermite 形式とみなしたとき，その符号定数は $(\tau_\beta{}^+, \tau_\beta{}^-)$ である．

定理 4.13　$-i^{-1}F(\cdot,\cdot)(\alpha)$ を $N(\lambda)\oplus N(\bar{\lambda})$ 上の Hermite 形式とみなしたときの符号定数は $(\tau_\alpha{}^+, \tau_\alpha{}^-)$ であり，$i^{-1}F(\cdot,\cdot)(\beta)$ を $N(\lambda)\oplus N(\bar{\lambda})$ 上の Hermite 形式とみなしたときの符号定数は $(\tau_\beta{}^+, \tau_\beta{}^-)$ である．

証明　$\mathrm{Im}\,\lambda>0$ であるとしてよい．

(4.17) と $D_0\subset D_\alpha$ から，$D_1/D_0\cong(N(\lambda)\oplus N(\bar{\lambda}))/D_\alpha\cap(N(\lambda)\oplus N(\bar{\lambda}))$ (同型) を得る．これから (4.17) によって

$$\dim(N(\lambda)\oplus N(\bar{\lambda}))/D_\alpha\cap(N(\lambda)\oplus N(\bar{\lambda})) = \tau_\alpha{}^+ + \tau_\alpha{}^-.$$

これは $N(\lambda)\oplus N(\bar{\lambda})$ 上の Hermite 形式 $i^{-1}F(\cdot,\cdot)(\alpha)$ の位数は $\tau_\alpha{}^+ + \tau_\alpha{}^-$ であることを示している．

次に，定理 4.12 によって $N(\lambda)$ から $\tau_\alpha{}^+$ 個の1次独立な元 $\varphi_j\ (j=1, \cdots, \tau_\alpha{}^+)$ を

$$-i^{-1}F(\varphi_j, \varphi_k) = \delta_{jk} \qquad (j, k=1, \cdots, \tau_\alpha{}^+)$$

であるようにとれる．$\alpha<t_1<t_2<\beta$ なる t_1, t_2 に対し，$C^\infty(I)$ に属する関数 $u(t)$ で，$0 \leqq u(t) \leqq 1$，$u(t)=1\ (\alpha<t\leqq t_1)$，$u(t)=0\ (t_2<t<\beta)$ が存在する．

$$\chi_j(t) = u(t)\varphi_j(t) \qquad (j=1, \cdots, \tau_\alpha{}^+)$$

とおくと，$\chi_j\ (j=1, \cdots, \tau_\alpha{}^+)$ は D_1 に属し，D_0 を法として1次独立，かつ

$$-i^{-1}F(\chi_k, \chi_j)(\alpha) = \delta_{jk} \qquad (j, k=1, \cdots, \tau_\alpha{}^+)$$

を満たす．(4.17) により，各 χ_j は

$$\chi_j = \chi_j{}^0 + \chi_j{}^+ \qquad (\chi_j{}^0 \in D_0,\ \ \chi_j{}^+ \in N(\lambda) \oplus N(\bar{\lambda}))$$

と分解される．$\chi_j{}^+\ (j=1, \cdots, \tau_\alpha{}^+)$ は1次独立で

$$-i^{-1}F(\chi_j{}^+, \chi_k{}^+)(\alpha) = \delta_{jk} \qquad (j, k=1, \cdots, \tau_\alpha{}^+)$$

を満たしている．このことは関数 $\chi_j{}^+\ (j=1, \cdots, \tau_\alpha{}^+)$ で張られる $\tau_\alpha{}^+$ 次元空間上で $-i^{-1}F(\cdot, \cdot)(\alpha)$ は正定値であることを示している．

まったく同様にして，$N(\lambda) \oplus N(\bar{\lambda})$ の $\tau_\alpha{}^-$ 次元部分空間がとれて，その上で $-i^{-1}F(\cdot, \cdot)(\alpha)$ は負定値となることが示される．

よって，$N(\lambda) \oplus N(\bar{\lambda})$ 上の形式 $-i^{-1}F(\cdot, \cdot)(\alpha)$ の符号定数は $(\tau_\alpha{}^+, \tau_\alpha{}^-)$ であることが証明された．

Hermite 形式 $i^{-1}F(\cdot, \cdot)(\beta)$ の符号定数についても同様に証明される．∎

定理 4.14　$i^{-1}(F(\cdot, \cdot)(\beta) - F(\cdot, \cdot)(\alpha))$ を $N(\lambda)$ 上の Hermite 形式とみなしたとき，$\mathrm{Im}\,\lambda>0$ か $\mathrm{Im}\,\lambda<0$ かに応じて，正定値か負定値であり，

$$i^{-1}(F(\varphi, \psi)(\beta) - F(\varphi, \psi)(\alpha)) = 0 \qquad (\varphi \in N(\lambda),\ \ \psi \in N(\bar{\lambda}))$$

が成り立つ．

したがって，$i^{-1}(F(\cdot, \cdot)(\beta) - F(\cdot, \cdot)(\alpha))$ を $N(\lambda) \oplus N(\bar{\lambda})$ 上の Hermite 形式と考えたときの符号定数は (ω^+, ω^-) である．

証明　Green の公式から，

$$F(\varphi, \varphi)(\beta) - F(\varphi, \varphi)(\alpha) = (T_1\varphi, \varphi) - (\varphi, T_1\varphi) = 2i\,\mathrm{Im}\,\lambda \cdot \|\varphi\| \qquad (\varphi \in N(\lambda)),$$

$$F(\varphi, \psi)(\beta) - F(\varphi, \psi)(\alpha) = (T_1\varphi, \psi) - (\varphi, T_1\psi) = 0 \qquad (\varphi \in N(\lambda), \psi \in N(\bar{\lambda}))$$

を得る．これから定理は容易に証明される．∎

c) 極限円と極限点

まず，L の係数 p_j がすべて実数値関数の場合を考える．そのとき，L の階数

n は偶数: $n=2\nu$ である. $\varphi\in S(\lambda)$ のとき, すなわち φ が

$$L\varphi=\lambda\varphi$$

を満たすとき, 両辺の共役複素数を考えれば,

$$L\bar{\varphi}=\bar{\lambda}\bar{\varphi}$$

が得られる. したがって $\bar{\varphi}\in S(\bar{\lambda})$. 対応 $\varphi\longmapsto\bar{\varphi}$ によって $S(\lambda)$ と $S(\bar{\lambda})$, $N(\lambda)$ と $N(\bar{\lambda})$, $N_\alpha(\lambda)$ と $N_\alpha(\bar{\lambda})$, $N_\beta(\lambda)$ と $N_\beta(\bar{\lambda})$ は1対1に対応している. したがって

$$\omega^+=\omega^-,\qquad {\omega_\alpha}^+={\omega_\alpha}^-,\qquad {\omega_\beta}^+={\omega_\beta}^-,$$
$${\tau_\alpha}^+={\tau_\alpha}^-,\qquad {\tau_\beta}^+={\tau_\beta}^-$$

が成り立つ. $\omega=\omega^+$, $\omega_\alpha={\omega_\alpha}^+$, $\tau_\alpha={\tau_\alpha}^+$, $\tau_\beta={\tau_\beta}^+$ とおく. $S(\lambda)$ 上の Hermite 形式 $H_\lambda(\cdot,\cdot)(t)$ の符号定数は (ν,ν) で, $N_\alpha(\lambda)$ 上の Hermite 形式 $H_\lambda(\cdot,\cdot)(\alpha)$ の符号定数は $(\tau_\alpha,\tau_\alpha)$ である. $S(\lambda)$ の基底 $\varphi_1,\cdots,\varphi_n$ をとると, $H_\lambda(\cdot,\cdot)(t)$ のこの基底に関する行列の固有値 $\mu_j(t)$ $(j=1,\cdots,n)$ は

$$\mu_1(t)\leqq\cdots\leqq\mu_\nu(t)<0<\mu_{\nu+1}(t)\leqq\cdots\leqq\mu_n(t)$$

と大小順に並べられる. $\lim\limits_{t\to\alpha}\mu_j(t)=\mu_j$ $(j=1,\cdots,n)$ とおくと,

$$\begin{aligned}-\infty<\mu_j<0 &\qquad (j=1,\cdots,\tau_\alpha),\\ \mu_j=0 &\qquad (j=\tau_\alpha+1,\cdots,\nu),\\ 0<\mu_j<\infty &\qquad (j=\nu+1,\cdots,\nu+\tau_\alpha),\\ \mu_j=\infty &\qquad (j=\nu+\tau_\alpha+1,\cdots,n)\end{aligned}$$

となる.

一般に, n 次元複素ベクトル空間 V 上の Hermite 形式 $H(\cdot,\cdot)$ を考える. V の部分空間 W に対し

$$H(x,y)=0\qquad(x,y\in W)$$

が成り立つとき, W を**全特異部分空間**という. 全特異部分空間 W に対し, W を真に含む全特異部分空間が存在しないとき, W を**極大全特異部分空間**という. 極大全特異部分空間の次元は一定であることが知られている. V の一つの基底に関する $H(\cdot,\cdot)$ の行列を A としたとき, A の正の固有値の個数を P, 負の固有値の個数を N, 0に等しい固有値の個数を Z とすれば, 極大全特異部分空間の次元は $\min(P,N)+Z$ に等しい.

この事実から, $S(\lambda)$ 上の Hermite 形式 $H_\lambda(\cdot,\cdot)(t)$ の極大全特異部分空間の次

元は ν であり，$N_\alpha(\lambda)$ 上の Hermite 形式 $H_\lambda(\cdot,\cdot)(\alpha)$ の極大全特異部分空間の次元，$N_\beta(\lambda)$ 上の Hermite 形式 $H_\lambda(\cdot,\cdot)(\beta)$ の極大全特異部分空間の次元はともに ν である．$H_\lambda(\cdot,\cdot)(\alpha)$ の極大全特異部分空間は $N_\alpha(\lambda)$ の特性部分空間であり，$H_\lambda(\cdot,\cdot)(\beta)$ の極大全特異部分空間は $N_\beta(\lambda)$ の特性部分空間である．

空間 $S(\lambda)$ の基底 $\varphi_1,\cdots,\varphi_n$ をとる．任意の $\varphi=c_1\varphi_1+\cdots+c_n\varphi_n\in S(\lambda)$，$\varphi\neq0$，に対し $(c_1,\cdots,c_n)\neq(0,\cdots,0)$ を対応させ，$(c_1,\cdots,c_n)$ を $n-1$ 次元複素射影空間 $\boldsymbol{P}^{n-1}(\boldsymbol{C})$ の同次座標と考えると，$S(\lambda)-\{0\}$ から $\boldsymbol{P}^{n-1}(\boldsymbol{C})$ への写像 $\pi:S(\lambda)-\{0\}\to\boldsymbol{P}^{n-1}(\boldsymbol{C})$ が得られる．

$$\mathcal{N}_\alpha(\lambda)=\pi(N_\alpha(\lambda))$$

とおくと，$\mathcal{N}_\alpha(\lambda)$ は $\boldsymbol{P}^{n-1}(\boldsymbol{C})$ の $\omega_\alpha-1$ 次元部分空間である．次に $Q_\alpha(\lambda)=\{\phi\in N_\alpha(\lambda)\mid H_\lambda(\phi,\phi)(\alpha)=0\}$ とおいて，$\mathcal{Q}_\alpha(\lambda)$ を

$$\mathcal{Q}_\alpha(\lambda)=\pi(Q_\alpha(\lambda))$$

で定義する．$N_\alpha(\lambda)$ の基底 $\phi_1,\cdots,\phi_{\omega_\alpha}$ を適当に選べば，任意の $\phi=\xi_1\phi_1+\cdots+\xi_{\omega_\alpha}\phi_{\omega_\alpha}\in N_\alpha(\lambda)$ に対し

$$H_\lambda(\phi,\phi)(\alpha)=|\xi_1|^2+\cdots+|\xi_{\tau_\alpha}|^2-|\xi_{\nu+1}|^2-\cdots-|\xi_{\omega_\alpha}|^2$$

とできる．したがって，$\mathcal{Q}_\alpha(\lambda)$ は $\mathcal{N}_\alpha(\lambda)$ に含まれる実 $2\omega_\alpha-3$ 次元の超曲面である．ただし $\omega_\alpha=1$ のときは，$\mathcal{Q}_\alpha(\lambda)$ は1点から成る．

次に，Sturm-Liouville 作用素

$$L=-\frac{d}{dt}p(t)\frac{d}{dt}+q(t)$$

を考える．ここで p,q は開区間 I で連続な実数値関数で，$p(t)\neq0\ (t\in I)$ である．p が $C^1(I)$ でなければ，L を $p_0d^2/dt^2+p_1d/dt+p_2$ の形に書けないが，$p\in C^0(I)$ であっても Green の公式

$$\int_{t_1}^{t_2}(Lx\cdot\bar{y}-x\cdot\overline{Ly})\,dt=F(x,y)(t_2)-F(x,y)(t_1)$$

が成り立つ．ここで境界形式 $F(x,y)(t)$ は

$$F(x,y)(t)=p(t)(x(t)\bar{y}'(t)-x'(t)\bar{y}(t))$$

で，境界形式行列 $A(t)$ は

$$A(t)=\begin{bmatrix}0 & -p(t)\\ p(t) & 0\end{bmatrix}$$

である．このことから，$p, q \in C^0(I)$ であっても本章の結果は L に対して成り立つことが検証できる．

境界点 α について考察する．次の二つの場合がある．

1) $\omega_\alpha = 2$, したがって $\tau_\alpha = 1$,

2) $\omega_\alpha = 1$, したがって $\tau_\alpha = 0$.

第1の場合には，$S(\lambda) = N_\alpha(\lambda)$ で，$N_\alpha(\lambda)$ の基底を適当に選べば，$Q_\alpha(\lambda)$ の方程式は $|\xi_1|^2 - |\xi_2|^2 = 0$ となる．$z = \xi_1/\xi_2$ を $\boldsymbol{P}^1(\boldsymbol{C})$ の非同次座標とすれば，$Q_\alpha(\lambda)$ の方程式は $|z| = 1$ となる．このとき，$Q_\alpha(\lambda)$ を**極限円**といい，α を**極限円型**という．第2の場合には，$Q_\alpha(\lambda)$ は1点よりなり，$Q_\alpha(\lambda)$ を**極限点**といい，α を**極限点型**という．

d) 特性部分空間の基底

次の定理を証明しよう．

定理 4.15 $S(\lambda)$ の特性部分空間分解 $(C_\alpha(\lambda), C_\beta(\lambda))$ に対し，次のことが成り立つ．

$$\dim (C_\alpha(\lambda) \cap {}'D_\alpha) = \nu_\alpha(\lambda) - \tau_\alpha(\bar{\lambda}), \qquad \dim (C_\alpha(\lambda) \cap N(\lambda)) = \tau_\beta(\lambda),$$
$$\dim (C_\beta(\lambda) \cap D_\beta') = \nu_\beta(\lambda) - \tau_\beta(\bar{\lambda}), \qquad \dim (C_\beta(\lambda) \cap N(\lambda)) = \tau_\alpha(\lambda).$$

証明 $C_\alpha(\lambda) \subset N_\alpha(\lambda)$ から

$$C_\alpha(\lambda) \cap {}'D_\alpha \subseteq N_\alpha(\lambda) \cap {}'D_\alpha.$$

$(C_\alpha(\bar{\lambda}), C_\beta(\bar{\lambda}))$ を $(C_\alpha(\lambda), C_\beta(\lambda))$ の双対特性部分空間分解とする．$\varphi \in N_\alpha(\lambda) \cap {}'D_\alpha$ とすると，任意の $\psi \in C_\alpha(\bar{\lambda})$ に対し

$$F(\varphi, \psi) = F(\varphi, \psi)(\alpha) = 0$$

が成り立つ．このことは $C_\alpha(\lambda) \supseteq N_\alpha(\lambda) \cap {}'D_\alpha$ であることを示している．これから

$$C_\alpha(\lambda) \cap {}'D_\alpha \supseteq N_\alpha(\lambda) \cap {}'D_\alpha.$$

したがって

$$C_\alpha(\lambda) \cap {}'D_\alpha = N_\alpha(\lambda) \cap {}'D_\alpha$$

を得る．定理 4.10 から証明すべき第1式を得る．

次に，

$$N(\lambda) = N_\alpha(\lambda) \cap N_\beta(\lambda) \supseteq C_\alpha(\lambda) \cap N_\beta(\lambda)$$

から

$$C_\alpha(\lambda)\cap N(\lambda) \supseteqq C_\alpha(\lambda)\cap N_\beta(\lambda).$$

一方明らかに

$$C_\alpha(\lambda)\cap N(\lambda) \subseteqq C_\alpha(\lambda)\cap N_\beta(\lambda)$$

であるから

$$C_\alpha(\lambda)\cap N(\lambda) = C_\alpha(\lambda)\cap N_\beta(\lambda).$$

$S(\lambda)=C_\alpha(\lambda)\oplus C_\beta(\lambda)=C_\alpha(\lambda)+N_\beta(\lambda)$ から

$$\begin{aligned}\dim(C_\alpha(\lambda)\cap N(\lambda)) &= \dim(C_\alpha(\lambda)\cap N_\beta(\lambda))\\ &= \dim C_\alpha(\lambda)+\dim N_\beta(\lambda)-\dim(C_\alpha(\lambda)+N_\beta(\lambda))\\ &= \nu_\alpha(\lambda)+\omega_\beta(\lambda)-n = \tau_\beta(\lambda)\end{aligned}$$

となり，第2式が証明された．

他の式の証明も同様である．▌

定理 4.16　$(C_\alpha(\lambda), C_\beta(\lambda))$ と $(C_\alpha(\bar\lambda), C_\beta(\bar\lambda))$ は双対な特性部分空間分解とする．そのとき，$C_\alpha(\lambda)$ の基底 $\varphi_{\alpha j}$ $(j=1,\cdots,\nu_\alpha(\lambda))$，$C_\beta(\lambda)$ の基底 $\varphi_{\beta j}$ $(j=1,\cdots,\nu_\beta(\lambda))$，$C_\alpha(\bar\lambda)$ の基底 $\psi_{\alpha j}$ $(j=1,\cdots,\nu_\alpha(\bar\lambda))$，$C_\beta(\bar\lambda)$ の基底 $\psi_{\beta j}$ $(j=1,\cdots,\nu_\beta(\bar\lambda))$ を次のようにとれる．

1)
$$\begin{aligned}&\varphi_{\alpha j}\in {}'D_\alpha && (j=\tau_\alpha(\bar\lambda)+1,\cdots,\nu_\alpha(\lambda)),\\ &\varphi_{\beta j}\in D_\beta' && (j=\tau_\beta(\bar\lambda)+1,\cdots,\nu_\beta(\lambda)),\\ &\psi_{\alpha j}\in N(\bar\lambda) && (j=1,\cdots,\tau_\beta(\bar\lambda)),\\ &\psi_{\beta j}\in N(\bar\lambda) && (j=1,\cdots,\tau_\alpha(\bar\lambda)).\end{aligned}$$

2)
$$\begin{aligned}&F(\varphi_{\alpha j},\psi_{\beta k}) = -\delta_{jk} && (j,k=1,\cdots,\nu_\alpha(\lambda)=\nu_\beta(\bar\lambda)),\\ &F(\varphi_{\beta j},\psi_{\alpha k}) = \delta_{jk} && (j,k=1,\cdots,\nu_\beta(\lambda)=\nu_\alpha(\bar\lambda)).\end{aligned}$$

証明　定理 4.15 によって，$C_\alpha(\lambda)$ の基底 $\tilde\varphi_{\alpha j}$ $(j=1,\cdots,\nu_\alpha(\lambda))$ と $C_\beta(\bar\lambda)$ の基底 $\tilde\varphi_{\beta j}$ $(j=1,\cdots,\nu_\beta(\bar\lambda))$ を

$$\tilde\varphi_{\alpha j}\in {}'D_\alpha \quad (j=\tau_\alpha(\bar\lambda)+1,\cdots,\nu_\alpha(\lambda)), \qquad \tilde\psi_{\beta j}\in N(\bar\lambda) \quad (j=1,\cdots,\tau_\alpha(\bar\lambda))$$

を満たすようにとれる．このとき，$\nu_\alpha(\lambda)$ $(=\nu_\beta(\bar\lambda))$ 次の行列 $[F(\tilde\varphi_{\alpha j},\tilde\psi_{\beta k})]$ は次の形をとる．

$$\left[\begin{array}{c|c} A_{11} & A_{12}\\ \hline 0 & A_{22}\end{array}\right]$$

ここで A_{11} は $\tau_\alpha(\bar\lambda)$ 次の正方行列，A_{22} は $\nu_\alpha(\lambda)-\tau_\alpha(\bar\lambda)$ 次の正方行列である．

行列 $[F(\tilde{\varphi}_{\alpha j}, \tilde{\varphi}_{\beta k})]$ は非退化であるから，小行列 A_{11}, A_{22} も非退化である．

$$[c_{jk}] = -[F(\tilde{\varphi}_{\alpha j}, \tilde{\varphi}_{\beta k})]^{-1}$$

は存在し，行列 $[c_{jk}]$ も

$$\left[\begin{array}{c|c} C_{11} & C_{12} \\ \hline 0 & C_{22} \end{array}\right]$$

の形となる．ここで

$$\varphi_{\alpha j} = \sum_{l=1}^{\nu_\alpha(\lambda)} c_{jl}\tilde{\varphi}_{\alpha l} \qquad (j=1, \cdots, \nu_\alpha(\lambda))$$

とおけば，$\varphi_{\alpha j}$ $(j=1, \cdots, \nu_\alpha(\lambda))$ は $C_\alpha(\lambda)$ の基底である．行列 $[c_{jk}]$ の形から，$\varphi_{\alpha j} \in {}'D_\alpha$ $(j=\tau_\alpha(\bar{\lambda})+1, \cdots, \nu_\alpha(\lambda))$ であることも分る．次に $\psi_{\beta k} = \tilde{\psi}_{\beta k}$ $(k=1, \cdots, \nu_\beta(\bar{\lambda}))$ とおく．

$$[c_{jk}][F(\tilde{\varphi}_{\alpha j}, \tilde{\psi}_{\beta k})] = -[\delta_{jk}]$$

に注意すれば，

$$F(\varphi_{\alpha j}, \psi_{\beta k}) = \sum c_{jl} F(\tilde{\varphi}_{\alpha l}, \tilde{\psi}_{\beta k}) = -\delta_{jk}$$

を得る．

同様にして，$C_\beta(\lambda)$ の基底 $\varphi_{\beta j}$ と $C_\alpha(\bar{\lambda})$ の基底 $\psi_{\alpha j}$ を定理の条件を満たすようにとれる．▌

§4.3 積分作用素

各 $\lambda \in \boldsymbol{C}-\boldsymbol{R}$ に対し，空間 $S(\lambda)$ の特性部分空間分解 $c(\lambda) = (C_\alpha(\lambda), C_\beta(\lambda))$ をとり，次に $c(\lambda)$ から $L^2(I)$ における有界な積分作用素 $K(c(\lambda))$ を

$$(T_1 - \lambda I) K(c(\lambda)) = I$$

が満たされるように定義したい．

a) 積分核 $K(t, s, c(\lambda))$ の定義

$c(\bar{\lambda}) = (C_\alpha(\bar{\lambda}), C_\beta(\bar{\lambda}))$ を $c(\lambda)$ の双対な $S(\bar{\lambda})$ の特性部分空間分解とする．$C_\alpha(\lambda)$ の基底 $\varphi_{\alpha j}(\cdot, \lambda)$ $(j=1, \cdots, \nu_\alpha(\lambda))$，$C_\beta(\lambda)$ の基底 $\varphi_{\beta j}(\cdot, \lambda)$ $(j=1, \cdots, \nu_\beta(\lambda))$，$C_\alpha(\bar{\lambda})$ の基底 $\varphi_{\alpha j}(\cdot, \bar{\lambda})$ $(j=1, \cdots, \nu_\alpha(\bar{\lambda}))$，$C_\beta(\bar{\lambda})$ の基底 $\varphi_{\beta j}(\cdot, \bar{\lambda})$ $(j=1, \cdots, \nu_\beta(\bar{\lambda}))$ をとり，関数 $K(t, s, c(\lambda))$ を次の式で定義する．

$$K(t, s, c(\lambda)) = \begin{cases} \displaystyle\sum_{j,k=1}^{p} \xi_{jk}(\lambda)\varphi_{\beta k}(t, \lambda)\bar{\varphi}_{\alpha j}(s, \bar{\lambda}) & (\alpha < s \leqq t < \beta) \\ \displaystyle -\sum_{j,k=1}^{q} \eta_{jk}(\lambda)\varphi_{\alpha k}(t, \lambda)\bar{\varphi}_{j\beta}(s, \bar{\lambda}) & (\alpha < t < s < \beta). \end{cases}$$

ここで行列 $[\xi_{jk}(\lambda)]$, $[\eta_{jk}(\lambda)]$ と正整数 p, q は次のように与えられる：

$$[\xi_{jk}(\lambda)] = [F(\varphi_{\beta j}(\cdot, \lambda), \varphi_{\alpha k}(\cdot, \bar{\lambda}))]^{-1},$$

$$[\eta_{jk}(\lambda)] = [F(\varphi_{\alpha j}(\cdot, \lambda), \varphi_{\beta k}(\cdot, \bar{\lambda}))]^{-1},$$

$$p = \nu_\beta(\lambda) = \nu_\alpha(\bar{\lambda}), \qquad q = \nu_\alpha(\lambda) = \nu_\beta(\bar{\lambda}).$$

まず，関数 $K(t, s, c(\lambda))$ は，各 λ に対し，$C_\alpha(\lambda)$, $C_\beta(\lambda)$, $C_\alpha(\bar{\lambda})$, $C_\beta(\bar{\lambda})$ の基底の取り方によらないで定まり，$c(\lambda)$ だけから定まることを示そう．

$$\Phi_\beta(t, \lambda) = \begin{bmatrix} \varphi_{\beta 1}(t, \lambda) & \cdots & \varphi_{\beta p}(t, \lambda) \\ \vdots & & \vdots \\ \varphi_{\beta 1}{}^{(n-1)}(t, \lambda) & \cdots & \varphi_{\beta p}{}^{(n-1)}(t, \lambda) \end{bmatrix} = [\hat{\varphi}_{\beta 1}(t, \lambda), \cdots, \hat{\varphi}_{\beta p}(t, \lambda)],$$

$$\Phi_\alpha(t, \bar{\lambda}) = \begin{bmatrix} \varphi_{\alpha 1}(t, \bar{\lambda}) & \cdots & \varphi_{\alpha p}(t, \bar{\lambda}) \\ \vdots & & \vdots \\ \varphi_{\alpha 1}{}^{(n-1)}(t, \bar{\lambda}) & \cdots & \varphi_{\alpha p}{}^{(n-1)}(t, \bar{\lambda}) \end{bmatrix} = [\hat{\varphi}_{\alpha 1}(t, \bar{\lambda}), \cdots, \hat{\varphi}_{\alpha p}(t, \bar{\lambda})]$$

とおくと，

$$[\xi_{jk}(\lambda)] = ({}^t\Phi_\beta(t, \lambda)\, {}^tA(t)\, \bar{\Phi}_\alpha(t, \bar{\lambda}))^{-1}$$

で，

$$\sum_{j,k=1}^{p} \xi_{jk}(\lambda)\varphi_{\beta k}(t, \lambda)\bar{\varphi}_{\alpha j}(s, \bar{\lambda}) = (\bar{\varphi}_{\alpha 1}(s, \bar{\lambda}), \cdots, \bar{\varphi}_{\alpha p}(s, \bar{\lambda}))[\xi_{jk}(\lambda)]\begin{bmatrix} \varphi_{\beta 1}(t, \lambda) \\ \vdots \\ \varphi_{\beta p}(t, \lambda) \end{bmatrix}$$

と表わされる．$C_\beta(\lambda)$ の他の基底 $\psi_{\beta j}(\cdot, \lambda)$ $(j=1, \cdots, p)$ および $C_\alpha(\bar{\lambda})$ の他の基底 $\psi_{\alpha j}(\cdot, \bar{\lambda})$ $(j=1, \cdots, p)$ を取ったとき，

$$[\sigma_{jk}(\lambda)] = [F(\psi_{\beta j}(\cdot, \lambda), \psi_{\alpha k}(\cdot, \bar{\lambda}))]^{-1}$$

とおいて，

$$(4.36) \quad \sum_{j,k=1}^{p} \xi_{jk}(\lambda)\varphi_{\beta k}(t, \lambda)\bar{\varphi}_{\alpha j}(s, \bar{\lambda}) = \sum_{j,k=1}^{p} \sigma_{jk}(\lambda)\psi_{\beta k}(t, \lambda)\bar{\psi}_{\alpha j}(s, \bar{\lambda})$$

を示そう．$\Psi_\beta(t, \lambda) = [\hat{\psi}_{\beta 1}(t, \lambda), \cdots, \hat{\psi}_{\beta p}(t, \lambda)]$, $\Psi_\alpha(t, \bar{\lambda}) = [\hat{\psi}_{\alpha 1}(t, \bar{\lambda}), \cdots, \hat{\psi}_{\alpha p}(t, \bar{\lambda})]$ とおくと，

$$[\sigma_{jk}(\lambda)] = ({}^t\Psi_\beta(t, \lambda)\, {}^tA(t)\, \bar{\Psi}_\alpha(t, \bar{\lambda}))^{-1}$$

である．$\varphi_{\beta j}(\cdot,\lambda)$ と $\psi_{\beta j}(\cdot,\bar{\lambda})$ はともに $C_\beta(\lambda)$ の基底であるから，p 次の非退化行列 D_β が存在して，$\Psi_\beta(t,\lambda)=\Phi_\beta(t,\lambda)D_\beta$ が成り立つ．同様に p 次の非退化行列 E_α が存在して $\Psi_\alpha(t,\bar{\lambda})=\Phi_\alpha(t,\bar{\lambda})E_\alpha$ が成り立つ．これから，$[\sigma_{jk}(\lambda)]=({}^tD_\beta{}^t\Phi_\beta(t,\lambda){}^tA(t)\bar{\Phi}_\alpha(t,\bar{\lambda})\bar{E}_\alpha)^{-1}$ で

$$\sum_{j,k=1}^{p}\sigma_{jk}(\lambda)\psi_{\beta k}(t,\lambda)\bar{\psi}_{\alpha j}(s,\bar{\lambda})=(\bar{\psi}_{\alpha 1}(s,\bar{\lambda}),\cdots,\bar{\psi}_{\alpha p}(s,\bar{\lambda}))[\sigma_{jk}(\lambda)]\begin{bmatrix}\psi_{\beta 1}(t,\lambda)\\ \vdots\\ \psi_{\beta p}(t,\lambda)\end{bmatrix}$$

$$=(\bar{\varphi}_{\alpha 1}(s,\bar{\lambda}),\cdots,\bar{\varphi}_{\alpha p}(s,\bar{\lambda}))\bar{E}_\alpha({}^tD_\beta{}^t\Phi_\beta(t,\lambda){}^tA(t)\bar{\Phi}_\alpha(t,\bar{\lambda})\bar{E}_\alpha)^{-1}{}^tD_\beta\begin{bmatrix}\varphi_{\beta 1}(t,\lambda)\\ \vdots\\ \varphi_{\beta p}(t,\lambda)\end{bmatrix}$$

$$=(\bar{\varphi}_{\alpha 1}(s,\bar{\lambda}),\cdots,\bar{\varphi}_{\alpha p}(s,\bar{\lambda}))[\xi_{jk}(\lambda)]\begin{bmatrix}\varphi_{\beta 1}(t,\lambda)\\ \vdots\\ \varphi_{\beta p}(t,\lambda)\end{bmatrix}$$

を得る．これから (4.36) が得られる．

同様にして，$-\sum\eta_{jk}(\lambda)\varphi_{\alpha k}(t,\lambda)\bar{\varphi}_{\beta j}(s,\bar{\lambda})$ も基底の取り方によらないことが示される．

定理 4.16 によって，基底 $\varphi_{\alpha j}(\cdot,\lambda)$，$\varphi_{\beta j}(\cdot,\lambda)$，$\varphi_{\alpha j}(\cdot,\bar{\lambda})$，$\varphi_{\beta j}(\cdot,\bar{\lambda})$ を

$$F(\varphi_{\alpha j}(\cdot,\lambda),\varphi_{\beta k}(\cdot,\bar{\lambda}))=-\delta_{jk},\tag{4.37}$$

$$F(\varphi_{\beta j}(\cdot,\lambda),\varphi_{\alpha k}(\cdot,\bar{\lambda}))=\delta_{jk}\tag{4.38}$$

を満たすようにとれる．そのとき，$K(t,s,c(\lambda))$ は

$$K(t,s,c(\lambda))=\begin{cases}\displaystyle\sum_{j=1}^{p}\varphi_{\beta j}(t,\lambda)\bar{\varphi}_{\alpha j}(s,\bar{\lambda}) & (\alpha<s\leqq t<\beta)\\ \displaystyle\sum_{j=1}^{q}\varphi_{\alpha j}(t,\lambda)\bar{\varphi}_{\beta j}(s,\bar{\lambda}) & (\alpha<t<s<\beta)\end{cases}\tag{4.39}$$

と表わされる．

この事実から，次の定理が得られる．

定理 4.17 $c(\lambda)=(C_\alpha(\lambda),C_\beta(\lambda))$ と $c(\bar{\lambda})=(C_\alpha(\bar{\lambda}),C_\beta(\bar{\lambda}))$ が互いに双対な特性部分空間分解ならば

$$K(t,s,c(\bar{\lambda}))=\bar{K}(s,t,c(\lambda))\tag{4.40}$$

が成り立つ．

証明 (4.37) と (4.38) を満たすように $C_\alpha(\lambda)$，$C_\beta(\lambda)$，$C_\alpha(\bar{\lambda})$，$C_\beta(\bar{\lambda})$ の基底

$\varphi_{\alpha j}(\cdot,\lambda)$, $\varphi_{\beta j}(\cdot,\lambda)$, $\varphi_{\alpha j}(\cdot,\bar{\lambda})$, $\varphi_{\beta j}(\cdot,\bar{\lambda})$ をとる．そのとき，$F(\cdot,\cdot)(t)$ の歪 Hermite 性から

$$F(\varphi_{\alpha j}(\cdot,\bar{\lambda}),\varphi_{\beta k}(\cdot,\lambda))=-\delta_{jk},$$
$$F(\varphi_{\beta j}(\cdot,\bar{\lambda}),\varphi_{\alpha k}(\cdot,\lambda))=\delta_{jk}$$

が成り立つ．したがって，$K(t,s,c(\bar{\lambda}))$ は

$$(4.41)\qquad K(t,s,c(\bar{\lambda}))=\begin{cases}\displaystyle\sum_{j=1}^{p}\varphi_{\beta j}(t,\bar{\lambda})\bar{\varphi}_{\alpha j}(s,\lambda) & (\alpha<s\leqq t<\beta)\\ \displaystyle\sum_{j=1}^{q}\varphi_{\alpha j}(t,\bar{\lambda})\bar{\varphi}_{\beta j}(s,\lambda) & (\alpha<t<s<\beta)\end{cases}$$

と表わされる．(4.41) と (4.39) を比べて (4.40) を得る．∎

b) 積分核 $K(t,s,c(\lambda))$ の性質

$\varphi_1(\cdot,\lambda),\cdots,\varphi_n(\cdot,\lambda)$ を $S(\lambda)$ の基底として，§2.2, d) で導入された関数

$$k_0(t,s,\lambda)=\sum_{k=1}^{n}\varphi_k(t,\lambda)\frac{W_k(\varphi_1,\cdots,\varphi_n)(s,\lambda)}{W(\varphi_1,\cdots,\varphi_n)(s,\lambda)}\frac{1}{p_0(s)}$$

を考える．(4.37), (4.38) を満たす $C_\alpha(\lambda)$, $C_\beta(\lambda)$, $C_\alpha(\bar{\lambda})$, $C_\beta(\bar{\lambda})$ の基底 $\varphi_{\alpha j}(\cdot,\lambda)$, $\varphi_{\beta j}(\cdot,\lambda)$, $\varphi_{\alpha j}(\cdot,\bar{\lambda})$, $\varphi_{\beta j}(\cdot,\bar{\lambda})$ をとれば，§2.3, d) の結果から，$k_0(t,s,\lambda)$ は

$$k_0(t,s,\lambda)=\sum_{j=1}^{p}\varphi_{\beta j}(t,\lambda)\bar{\varphi}_{\alpha j}(s,\bar{\lambda})-\sum_{k=1}^{q}\varphi_{\alpha k}(t,\lambda)\bar{\varphi}_{\beta k}(s,\bar{\lambda})$$

と表わされる．次に，§3.2, a) で定義したように

$$K_0(t,s,\lambda)=\begin{cases}k_0(t,s,\lambda) & (\alpha<s\leqq t<\beta)\\ 0 & (\alpha<t<s<\beta)\end{cases}$$

とおけば，

$$K(t,s,c(\lambda))=K_0(t,s,\lambda)+\sum_{k=1}^{q}\varphi_{\alpha k}(t,\lambda)\bar{\varphi}_{\beta k}(s,\bar{\lambda})$$

を得る．§3.2, a) で述べられた関数 $K_0(t,s,\lambda)$ の性質と関数 $K(t,s,c(\lambda))$ の表現 (4.39) とから，次の定理が直ちに得られる．

定理 4.18　λ を固定して，$u(t,s)=K(t,s,c(\lambda))$ とおくと，各 $\lambda\in\boldsymbol{C}-\boldsymbol{R}$ に対して次のことが成り立つ．

1)　$\partial^j u/\partial t^j$ $(j=0,1,\cdots,n-2)$ は $I\times I$ において連続，$\partial^{n-1}u/\partial t^{n-1}$ は $t\neq s$ において存在し，$\{(t,s)\mid\alpha<s\leqq t\leqq\beta\}$, $\{(t,s)\mid\alpha<t\leqq s<\beta\}$ の各々において連続となるようにできる．

2) $\dfrac{\partial^{n-1}u}{\partial t^{n-1}}(s+0,s)-\dfrac{\partial^{n-1}u}{\partial t^{n-1}}(s-0,s)=\dfrac{1}{p_0(s)}\qquad(s\in I).$

3) s を固定したとき，u は t の関数として区間 $]\alpha,s]$，$[s,\beta[$ の各々において $Lu=\lambda u$ を満たす．

4) $\partial^j u/\partial t^j$ $(j=0,1,\cdots,n-1)$ は t を固定し s の関数とみなしたとき，I において2乗可積分である．

系 任意の $f\in L^2(I)$ に対し

$$x(t)=\int_\alpha^\beta K(t,s,c(\lambda))f(s)\,ds$$

は I において定義され，$Lx=\lambda x+f$ の解である．特に

$$\begin{aligned}x^{(m)}(t)=&\sum_{j=1}^{p}\varphi_{\beta j}{}^{(m)}(t,\lambda)\int_\alpha^t\bar{\varphi}_{\alpha j}(s,\bar{\lambda})f(s)\,ds\\&+\sum_{j=1}^{q}\varphi_{\alpha j}{}^{(m)}(t,\lambda)\int_t^\beta\bar{\varphi}_{\beta j}(s,\bar{\lambda})f(s)\,ds\qquad(m=0,1,\cdots,n-1),\\x^{(n)}(t)=&\sum_{j=1}^{p}\varphi_{\beta j}{}^{(n)}(t,\lambda)\int_\alpha^t\bar{\varphi}_{\alpha j}(s,\bar{\lambda})f(s)\,ds\\&+\sum_{j=1}^{q}\varphi_{\alpha j}{}^{(n)}(t,\lambda)\int_t^\beta\bar{\varphi}_{\beta j}(s,\bar{\lambda})f(s)\,ds+\frac{f(t)}{p_0(t)}\end{aligned}$$

が成り立つ．

c) 積分作用素 $K(c(\lambda))$ の有界性

$K(t,s,c(\lambda))$ を積分核とする積分作用素を $K(c(\lambda))$ とする：

$$(K(c(\lambda))f)(t)=\int_\alpha^\beta K(t,s,c(\lambda))f(s)\,ds.$$

次の定理を証明する．

定理 4.19 次のことが成り立つ．

1) $K(c(\lambda))$ は $L^2(I)$ における有界作用素で

$$\|K(c(\lambda))\|\leq\frac{1}{|\mathrm{Im}\,\lambda|}.\tag{4.42}$$

2) $(T_1-\lambda I)K(c(\lambda))=I.$

証明 任意の $f\in L^2(I)$ に対し，$x=K(c(\lambda))f$ は $A^n(I)$ に属し，$Lx=\lambda x+f$ を満たす．

次に I に含まれるコンパクトな区間 $[\gamma,\delta]$ に対し

$$x_{\gamma\delta}(t) = \int_\gamma^\delta K(t, s, c(\lambda)) f(s)\, ds \tag{4.43}$$

を考える．関数 $f_{\gamma\delta}$ を

$$f_{\gamma\delta}(t) = \begin{cases} 0 & (\alpha < t < \gamma) \\ f(t) & (\gamma \leqq t \leqq \delta) \\ 0 & (\delta < t < \beta) \end{cases} \tag{4.44}$$

とおくと，$x_{\gamma\delta} = K(c(\lambda)) f_{\gamma\delta}$ であるから

$$L x_{\gamma\delta} = \lambda x_{\gamma\delta} + f_{\gamma\delta} \tag{4.45}$$

が成り立つ．$K(t, s, c(\lambda))$ が (4.39) で表わされているとすれば，$x_{\gamma\delta}(t)$ は

$$x_{\gamma\delta}(t) = \begin{cases} \displaystyle\sum_{j=1}^{q} \varphi_{\alpha j}(t, \lambda) \int_\gamma^\delta \bar{\varphi}_{\beta j}(s, \bar{\lambda}) f(s)\, ds & (\alpha < t < \gamma) \\ \displaystyle\sum_{j=1}^{p} \varphi_{\beta j}(t, \lambda) \int_\gamma^t \bar{\varphi}_{\alpha j}(s, \bar{\lambda}) f(s)\, ds & \\ \displaystyle\qquad + \sum_{j=1}^{q} \varphi_{\alpha j}(t, \lambda) \int_t^\delta \bar{\varphi}_{\beta j}(s, \bar{\lambda}) f(s)\, ds & (\gamma \leqq t \leqq \delta) \\ \displaystyle\sum_{j=1}^{p} \varphi_{\beta j}(t, \lambda) \int_\gamma^\delta \bar{\varphi}_{\alpha j}(s, \bar{\lambda}) f(s)\, ds & (\delta < t < \beta) \end{cases}$$

で与えられる．これから $x_{\gamma\delta} \in L^2(I)$ であることが分る．(4.45) から $L x_{\gamma\delta} \in L^2(I)$，したがって $x_{\gamma\delta} \in D_1$ となる．

Green の公式から

$$\int_\alpha^\beta (L x_{\gamma\delta} \cdot \overline{x_{\gamma\delta}} - x_{\gamma\delta} \cdot \overline{L x_{\gamma\delta}})\, dt = F(x_{\gamma\delta}, x_{\gamma\delta})(\beta) - F(x_{\gamma\delta}, x_{\gamma\delta})(\alpha).$$

一方，(4.44) と (4.45) から

$$\begin{aligned} \int_\alpha^\beta (L x_{\gamma\delta} \cdot \overline{x_{\gamma\delta}} - x_{\gamma\delta} \cdot \overline{L x_{\gamma\delta}})\, dt &= \int_\alpha^\gamma (\lambda - \bar{\lambda}) |x_{\gamma\delta}|^2 dt \\ &\quad + \int_\gamma^\delta \{(\lambda x_{\gamma\delta} + f)\, \overline{x_{\gamma\delta}} - x_{\gamma\delta} (\bar{\lambda}\, \overline{x_{\gamma\delta}} + \bar{f})\}\, dt + \int_\delta^\beta (\lambda - \bar{\lambda}) |x_{\gamma\delta}|^2 dt \\ &= 2i\, \mathrm{Im}\, \lambda \int_\alpha^\beta |x_{\gamma\delta}|^2 dt - 2i \int_\gamma^\delta \mathrm{Im}\, (x_{\gamma\delta} \bar{f})\, dt. \end{aligned}$$

これから

$$\|x_{\gamma\delta}\|^2 = (\mathrm{Im}\, \lambda)^{-1} \int_\gamma^\delta \mathrm{Im}\, (x_{\gamma\delta} \bar{f})\, dt + H_\lambda(x_{\gamma\delta}, x_{\gamma\delta})(\beta) + H_\lambda(x_{\gamma\delta}, x_{\gamma\delta})(\alpha) \tag{4.46}$$

を得る．$x_{\gamma\delta}$ は区間 $]\alpha,\gamma[$ では $\varphi_{\alpha j}(t,\lambda)$ の1次結合であるから，$H_\lambda(x_{\gamma\delta},x_{\gamma\delta})(\alpha)\leqq 0$ であり，区間 $]\delta,\beta[$ では $\varphi_{\beta j}(t,\lambda)$ の1次結合であるから，$H_\lambda(x_{\gamma\delta},x_{\gamma\delta})(\beta)\leqq 0$ である．したがって，(4.46) から

$$\|x_{\gamma\delta}\|^2 \leqq \frac{1}{\mathrm{Im}\,\lambda}\int_\gamma^\delta \mathrm{Im}\,(x_{\gamma\delta}\bar{f})\,dt.$$

一方，

$$\frac{1}{\mathrm{Im}\,\lambda}\int_\gamma^\delta \mathrm{Im}\,(x_{\gamma\delta}\bar{f})\,dt \leqq \frac{1}{|\mathrm{Im}\,\lambda|}\int_\gamma^\delta |x_{\gamma\delta}\bar{f}|\,dt \leqq \frac{1}{|\mathrm{Im}\,\lambda|}\int_\alpha^\beta |x_{\gamma\delta}||f|\,dt$$
$$\leqq \frac{1}{|\mathrm{Im}\,\lambda|}\|x_{\gamma\delta}\|\|f\|$$

であるから，

$$\|x_{\gamma\delta}\| \leqq |\mathrm{Im}\,\lambda|^{-1}\|f\|$$

を得る．

$x_{\gamma\delta}$ の定義式 (4.43) から，$x_{\gamma\delta}(t)\to x(t)$ $(\gamma\to\alpha,\ \delta\to\beta)$ であるから，

$$\|x\| \leqq |\mathrm{Im}\,\lambda|^{-1}\|f\|$$

が得られる．このことは $K(c(\lambda))$ が有界作用素で (4.42) が成り立つことを示している．

$Lx=\lambda x+f$ から $Lx\in L^2(I)$，したがって $x\in D_1$ かつ $(T_1-\lambda I)K(c(\lambda))=I$ が成り立つことが分る．∎

系 $c(\lambda)$ と $c(\bar{\lambda})$ とが互いに双対な特性部分空間分解ならば

$$K(c(\lambda))^* = K(c(\bar{\lambda}))$$

が成り立つ．

d) $T_0-\lambda I$ の逆作用素

まず次の定理を証明しよう．

定理 4.20 $x\in L^2(I)$ とする．

1) $x\in D_1$ であるための必要十分条件は，x が

(4.47) $$x = K(c(\lambda))u+\varphi \qquad (u\in L^2(I),\ \varphi\in N(\lambda))$$

と表わされることである．

2) $x\in D_0$ であるための必要十分条件は，x が

(4.48) $$x = K(c(\lambda))u \qquad (u\in L^2(I)\ominus N(\bar{\lambda}))$$

と表わされることである．

証明　まず1)を証明する．$u\in L^2(I)$，$\varphi\in N(\lambda)$ のとき，$K(c(\lambda))u+\varphi$ が D_1 に属することは明らかである．次に，$x\in D_1$ とする．

$$T_1x-\lambda x=u, \qquad \varphi=x-K(c(\lambda))u$$

とおけば，

$$(T_1-\lambda I)\varphi=(T_1-\lambda I)x-(T_1-\lambda I)K(c(\lambda))u=u-u=0.$$

ゆえに，$\varphi\in N(\lambda)$ で x は(4.47)と表わされる．

次に2)を証明する．$u\in L^2(I)\ominus N(\bar{\lambda})$ として，$x=K(c(\lambda))u$ とおく．任意の $y\in D_1$ は

$$y=K(c(\bar{\lambda}))v+\psi \qquad (v\in L^2(I),\ \psi\in N(\bar{\lambda}))$$

と表わされる．Green の公式と

$$K(c(\lambda))^*=K(c(\bar{\lambda})), \qquad (u,\psi)=0$$

とによって，

$$\begin{aligned}
F(x,y)(\beta)-F(x,y)(\alpha)&=(T_1x,y)-(x,T_1y)\\
&=((T_1-\lambda I)x+\lambda x, K(c(\bar{\lambda}))v+\psi)-(K(c(\lambda))u, (T_1-\bar{\lambda}I)y+\bar{\lambda}y)\\
&=(u+\lambda K(c(\lambda))u, K(c(\bar{\lambda}))v+\psi)-(K(c(\lambda))u, v+\bar{\lambda}K(c(\bar{\lambda}))v+\bar{\lambda}\psi)\\
&=(u,K(c(\bar{\lambda}))v)+\lambda(K(c(\lambda))u,K(c(\bar{\lambda}))v)+(u,\psi)+\lambda(K(c(\lambda))u,\psi)\\
&\quad-(K(c(\lambda))u,v)-\lambda(K(c(\lambda))u,K(c(\bar{\lambda}))v)-\lambda(K(c(\lambda))u,\psi)\\
&=0
\end{aligned}$$

を得る．これから $x\in D_0$ がいえた．

次に $x_0\in D_0$ とする．$T_0-\lambda I$ は D_0 を $L^2(I)\ominus N(\bar{\lambda})$ の上へ1対1に移す．したがって

$$u=(T_0-\lambda I)x\in L^2(I)\ominus N(\bar{\lambda})$$

である．$K(c(\lambda))u\in D_0$ に注意して

$$(T_0-\lambda I)(x-K(c(\lambda))u)=(T_0-\lambda I)x-(T_0-\lambda I)K(c(\lambda))u=0$$

を得る．$T_0-\lambda I$ は1対1であるから，$x-K(c(\lambda))u=0$ である．したがって，x は(4.48)と表わされる．▌

この定理の2)から，次の定理が得られる．

定理 4.21　$K(\lambda)$ は作用素 $K(c(\lambda))$ を $L^2(I)\ominus N(\bar{\lambda})$ に制限したものとすれば，

$$K(\lambda)=(T_0-\lambda I)^{-1}$$

が成り立つ．したがって，$K(\lambda)$ は $S(\lambda)$ の特性部分空間分解の取り方によらないで，L 自身から定まる．

§4.4　空間 $N(\lambda), N_\alpha(\lambda), N_\beta(\lambda)$ の解析性

a）正則な基底

G は複素平面の領域とする．各 $\lambda\in G$ に対し，$S(\lambda)$ の元 $\varphi(\cdot,\lambda)$ が対応していて，$t\in I$ を任意に固定したとき，$\varphi(t,\lambda), \varphi'(t,\lambda), \cdots, \varphi^{(n-1)}(t,\lambda)$ が λ について G において整型であるとき，$\varphi(\cdot,\lambda)$ は G **において正則**という．ある $t_0\in I$ に対して $\varphi(t_0,\lambda), \varphi'(t_0,\lambda), \cdots, \varphi^{(n-1)}(t_0,\lambda)$ が λ について G で整型ならば，任意の $t\in I$ に対し $\varphi(t,\lambda), \varphi'(t,\lambda), \cdots, \varphi^{(n-1)}(t,\lambda)$ は λ について G において整型であることに注意しておく．

各 $\lambda\in G$ に対し，$S(\lambda)$ の r 次元部分空間 $V(\lambda)$ が対応しているとき，各 $\lambda\in G$ に対し r 個の $S(\lambda)$ の元 $\varphi_1(\cdot,\lambda), \cdots, \varphi_r(\cdot,\lambda)$ が定まり，

1) $\varphi_1(\cdot,\lambda), \cdots, \varphi_r(\cdot,\lambda)$ は G において正則で，

2) 各 $\lambda\in G$ に対し，$\varphi_1(\cdot,\lambda), \cdots, \varphi_r(\cdot,\lambda)$ は $V(\lambda)$ の基底であるならば，

$\varphi_1(\cdot,\lambda), \cdots, \varphi_r(\cdot,\lambda)$ を $V(\lambda)$ の G **において正則な基底**であるという．

すでに述べたように，$S(\lambda)$ は $\boldsymbol{C}$ において正則な基底を持つ．

$S(\lambda)$ の部分空間 $N(\lambda), N_\alpha(\lambda), N_\beta(\lambda)$ は上半平面 $H^+=\{\lambda\in\boldsymbol{C}\mid \mathrm{Im}\,\lambda>0\}$ と下半平面 $H^-=\{\lambda\in\boldsymbol{C}\mid \mathrm{Im}\,\lambda<0\}$ の各々において次元が一定である．本節ではまず，これらの部分空間が H^+ および H^- において正則な基底を持つことを示す．

b）予備定理

まず次の予備定理を証明しよう．

予備定理 1　$\lambda_0\in\boldsymbol{C}-\boldsymbol{R}$，$U(\lambda_0)=\{\lambda\in\boldsymbol{C}\mid |\lambda-\lambda_0|<|\mathrm{Im}\,\lambda_0|\}$ とする．$N(\lambda_0)$ の基底 $\varphi_{j0}(\cdot)$ $(j=1,\cdots,\omega(\lambda_0))$ が与えられたとき，各 $\lambda\in U(\lambda_0)$ に対し，$N(\lambda)$ の基底 $\varphi_j(\cdot,\lambda)$ $(j=1,\cdots,\omega(\lambda)=\omega(\lambda_0))$ を次のように選ぶことができる．

1) $\varphi_j(\cdot,\lambda_0)=\varphi_{j0}(\cdot)$　　$(j=1,\cdots,\omega(\lambda))$.

2) 各 $\varphi_j(\cdot,\lambda)$ は $\lambda\in U(\lambda_0)$ に対し $L^2(I)$ の位相で収束する $\lambda-\lambda_0$ のベキ級数

$$\varphi_j(\cdot,\lambda)=\sum_{k=0}^{\infty}\varphi_{jk}(\lambda-\lambda_0)^k \tag{4.49}$$

に展開される．

証明 $S(\lambda_0)$ の特性部分空間分解 $c(\lambda_0)$ をとり，作用素 $K(c(\lambda_0))$ を考える．簡単のため $K_0=K(c(\lambda_0))$ とおく．$\lambda\in U(\lambda_0)$ に対し，$\|(\lambda-\lambda_0)K_0\|<1$ であるから，有界作用素

$$J(\lambda) = I-(\lambda-\lambda_0)K_0$$

は $\lambda\in U(\lambda_0)$ に対し逆作用素 $J(\lambda)^{-1}$ をもち，$J(\lambda)^{-1}$ は作用素ノルムに関して収束するベキ級数

(4.50) $$J(\lambda)^{-1} = \sum_{m=0}^{\infty} K_0{}^k(\lambda-\lambda_0)^k$$

に展開される．$(T_1-\lambda_0 I)K_0=I$ に注意すると

$$\begin{aligned}(T_1-\lambda_0 I)J(\lambda) &= (T_1-\lambda_0 I)(I-(\lambda-\lambda_0)K_0)\\ &= T_1-\lambda_0 I-(\lambda-\lambda_0)(T_1-\lambda_0 I)K_0\\ &= T_1-\lambda I\end{aligned}$$

を得る．これから

$$(T_1-\lambda I)J(\lambda)^{-1} = T_1-\lambda_0 I$$

が $U(\lambda_0)$ において成り立つ．$\varphi_0\in N(\lambda_0)$ ならば，

$$(T_1-\lambda I)(J(\lambda)^{-1}\varphi_0) = (T_1-\lambda_0 I)\varphi_0 = 0$$

であるから，$J(\lambda)^{-1}$ は $N(\lambda_0)$ を $N(\lambda)$ へ移す．$J(\lambda)^{-1}$ は1対1，$\dim N(\lambda_0)=\dim N(\lambda)$ であるから，$J(\lambda)^{-1}$ によって $N(\lambda_0)$ は $N(\lambda)$ の上へ1対1に移ることが分る．したがって，

(4.51) $$\varphi_j(\cdot,\lambda) = J(\lambda)^{-1}\varphi_{j0}(\cdot) \qquad (j=1,\cdots,\omega(\lambda))$$

とおくと，$\varphi_j(\cdot,\lambda)$ $(j=1,\cdots,\omega(\lambda))$ は $N(\lambda)$ の基底であり，さらに (4.50) から

$$\varphi_j(\cdot,\lambda) = \sum_{k=0}^{\infty} K_0{}^k\varphi_{j0}(\cdot)(\lambda-\lambda_0)^k$$

と展開される．このことは $\varphi_j(\cdot,\lambda)$ が求めるものであることを示している．▌

予備定理 2 $\varphi_j(\cdot,\lambda)$ は予備定理1で求められたものとする．そのとき，各 $\varphi_j(\cdot,\lambda)$ は $U(\lambda_0)$ において正則である．

証明 (4.51) から $J(\lambda)\varphi_j(\cdot,\lambda)=\varphi_{j0}(\cdot)$，したがって

(4.52) $$\varphi_j(\cdot,\lambda) = \varphi_{j0}(\cdot)+(\lambda-\lambda_0)K_0\varphi_j(\cdot,\lambda)$$

である．K_0 の積分核 $K(t,s,c(\lambda_0))$ を $K_0(t,s)$ で表わせば，(4.52) は次のように書き直される：

$$\varphi_j(t,\lambda) = \varphi_{j0}(t) + (\lambda-\lambda_0)\int_\alpha^\beta K_0(t,s)\varphi_j(s,\lambda)\,ds.$$

定理 4.18 の系によって，$m=0,1,\cdots,n-1$ に対し

$$\varphi_j^{(m)}(t,\lambda) = \varphi_{j0}^{(m)}(t) + (\lambda-\lambda_0)\int_\alpha^\beta \frac{\partial^m K_0}{\partial t^m}(t,s)\varphi_j(s,\lambda)\,ds$$

が成り立つ．$\partial^m K_0/\partial t^m$ は，t を固定したとき，s の関数として $L^2(I)$ に属するから

$$\int_\alpha^\beta \frac{\partial^m K_0}{\partial t^m}(t,s)\varphi_j(s,\lambda)\,ds = \left(\varphi_j(\cdot,\lambda), \frac{\partial^m \bar{K}_0}{\partial t^m}(t,\cdot)\right)$$

と書ける．$\varphi_j(\cdot,\lambda)$ が (4.49) と展開されることから，

$$\left(\varphi_j(\cdot,\lambda), \frac{\partial^m \bar{K}_0}{\partial t^m}(t,\cdot)\right) = \sum_{k=0}^\infty \left(\varphi_{jk}(\cdot), \frac{\partial^m \bar{K}_0}{\partial t^m}(t,\cdot)\right)(\lambda-\lambda_0)^k$$

で，右辺の級数は各 $t\in I$ に対し $U(\lambda_0)$ において収束する．ゆえに，$\varphi_j^{(m)}(t,\lambda)$ は $t\in I$ を固定したとき，$U(\lambda_0)$ において整型，したがって，$\varphi_j(\cdot,\lambda)$ は $U(\lambda_0)$ において正則である．▌

予備定理 3　$\psi(\cdot,\lambda)$ は $U(\lambda_0)$ において正則で，各 $\lambda\in U(\lambda_0)$ に対し $\psi(\cdot,\lambda)\in N(\lambda)$ とする．そのとき，$\psi(\cdot,\lambda)$ は $L^2(I)$ の位相で収束する $\lambda-\lambda_0$ のベキ級数

$$\psi(\cdot,\lambda) = \sum_{k=0}^\infty \psi_k(\lambda-\lambda_0)^k \qquad (\lambda\in U(\lambda_0)) \tag{4.53}$$

に展開される．

証明　$U(\lambda_0)\subset H^+$ として証明する．簡単のため $\omega=\omega(\lambda_0)$ とおく．

予備定理 1 において，その存在を証明された $N(\lambda)$ の基底 $\varphi_1(\cdot,\lambda),\cdots,\varphi_\omega(\cdot,\lambda)$ は $L^2(I)$ の位相で収束する $\lambda-\lambda_0$ のベキ級数 (4.49) に展開される．一方，予備定理 2 によって $\varphi_j(\cdot,\lambda)$ は $U(\lambda_0)$ において正則である．$\psi(\cdot,\lambda)\in N(\lambda)$ であるから，$\psi(\cdot,\lambda)$ は $\varphi_1(\cdot,\lambda),\cdots,\varphi_\omega(\cdot,\lambda)$ の 1 次結合

$$\psi(\cdot,\lambda) = c_1(\lambda)\varphi_1(\cdot,\lambda)+\cdots+c_\omega(\lambda)\varphi_\omega(\cdot,\lambda) \tag{4.54}$$

である．$\psi(\cdot,\lambda),\varphi_1(\cdot,\lambda),\cdots,\varphi_\omega(\cdot,\lambda)$ は $U(\lambda_0)$ で正則であることから，$c_1(\lambda),\cdots,c_\omega(\lambda)$ は $U(\lambda_0)$ で整型であることが容易に分る．したがって (4.54) へ (4.49) を代入することにより，$\psi(\cdot,\lambda)$ は (4.53) と展開されることがいえる．▌

c) $N(\lambda)$ の正則な基底

上半平面 H^+ を考える．H^+ の各点 λ に $U(\lambda)$ を対応させると，$\mathcal{U}=\{U(\lambda)\mid\lambda\in$

$H^+\}$ は H^+ の開被覆である．予備定理1,2によって，各 $U\in\mathcal{U}$ に対し，U において正則な $N(\lambda)$ の基底 $\varphi_{jU}(\cdot,\lambda)$ $(j=1,\cdots,\omega^+)$ が存在する．$\varphi_{jU}(\cdot,\lambda)$ $(j=1,\cdots,\omega^+)$ を縦ベクトル $\vec{\varphi}_U(\cdot,\lambda)$ で表わす：

$$\vec{\varphi}_U(\cdot,\lambda)=\begin{bmatrix}\varphi_{1U}(\cdot,\lambda)\\ \vdots \\ \varphi_{\omega^+U}(\cdot,\lambda)\end{bmatrix}.$$

$V\in\mathcal{U}$ に対して，V において正則な $N(\lambda)$ の基底 $\varphi_{jV}(\cdot,\lambda)$ $(j=1,\cdots,\omega^+)$ から得られる縦ベクトルを $\vec{\varphi}_V(\cdot,\lambda)$ で表わす．$U\cap V\neq\phi$ ならば，各 $\lambda\in U\cap V$ に対し $\varphi_{jU}(\cdot,\lambda)$ も $\varphi_{jV}(\cdot,\lambda)$ も $N(\lambda)$ の基底であるから，ω^+ 次の非退化行列 $C_{UV}(\lambda)$ $(\lambda\in U\cap V)$ が定まって，

(4.55) $$\vec{\varphi}_U(\cdot,\lambda)=C_{UV}(\lambda)\vec{\varphi}_V(\cdot,\lambda)$$

が成り立つ．$\varphi_{jU}(\cdot,\lambda)$ は U において，$\varphi_{jV}(\cdot,\lambda)$ は V において正則であるから，行列 $C_{UV}(\lambda)$ の要素はすべて λ について $U\cap V$ において整型である．$W\in\mathcal{U}$ に対し $U\cap V\cap W\neq\phi$ ならば，W において正則な $N(\lambda)$ の基底から定まるベクトルを $\vec{\varphi}_W(\cdot,\lambda)$ とすると，$U\cap W$ において整型な非退化行列 $C_{UW}(\lambda)$ と $V\cap W$ において整型な非退化行列 $C_{VW}(\lambda)$ が同様に定まり

(4.56) $$\vec{\varphi}_U(\cdot,\lambda)=C_{UW}(\lambda)\vec{\varphi}_W(\cdot,\lambda)\qquad(\lambda\in U\cap W),$$

(4.57) $$\vec{\varphi}_V(\cdot,\lambda)=C_{VW}(\lambda)\vec{\varphi}_W(\cdot,\lambda)\qquad(\lambda\in V\cap W)$$

が成り立つ．したがって，各 $\lambda\in U\cap V\cap W$ に対し，(4.55), (4.56), (4.57) から

$$C_{UW}(\lambda)=C_{UV}(\lambda)C_{VW}(\lambda)$$

が成り立つ．

一般に，次の定理が成り立つ．

定理 D　D は複素平面 C の領域，$\mathcal{U}=\{U\}$ $(U\subset D)$ は D の開被覆とする．$U\cap V\neq\phi$ をみたす任意の $U,V\in\mathcal{U}$ に対し，$U\cap V$ において整型な ω 次の非退化行列 $C_{UV}(\lambda)$ が定まっていて，$U\cap V\cap W\neq\phi$ $(U,V,W\in\mathcal{U})$ ならば，

(4.58) $$C_{UW}(\lambda)=C_{UV}(\lambda)C_{VW}(\lambda)\qquad(\lambda\in U\cap V\cap W)$$

が成り立っているとする．そのとき，各 $U\in\mathcal{U}$ に対し，U において整型な ω 次の非退化行列 $F_U(\lambda)$ が存在して，$U\cap V\neq\phi$ を満たす $U,V\in\mathcal{U}$ に対し，$U\cap V$ において

(4.59) $$C_{UV}(\lambda)=F_U{}^{-1}(\lambda)F_V(\lambda)$$

が成り立つ. ——

この定理はもっと一般的な定理のごく特別な場合に過ぎないが, その証明には多くの準備を必要とするので, 本講では証明なしに, この定理を認めることにする.

さて, 前に戻る. 定理 D から, 各 U に対し, U において整型な ω^+ 次の非退化行列 $F_U(\lambda)$ が存在し, $U\cap V$ において

$$C_{UV}(\lambda) = F_U^{-1}(\lambda)F_V(\lambda)$$

が成り立つ. これと (4.55) とから,

$$F_U(\lambda)\vec{\varphi}_U(\cdot,\lambda) = F_V(\lambda)\vec{\varphi}_V(\cdot,\lambda) \qquad (\lambda\in U\cap V)$$

を得る. この式から,

$$\vec{\varphi}(\cdot,\lambda) = F_U(\lambda)\vec{\varphi}_U(\cdot,\lambda)$$

とおけば, $\vec{\varphi}(\cdot,\lambda)$ は H^+ において矛盾なく定義されることが分る. $\vec{\varphi}(\cdot,\lambda)$ の要素を $\varphi_1(\cdot,\lambda),\cdots,\varphi_{\omega^+}(\cdot,\lambda)$ とおけば, $\varphi_1(\cdot,\lambda),\cdots,\varphi_{\omega^+}(\cdot,\lambda)$ が H^+ において正則な $N(\lambda)$ の基底であることは明らかであろう.

まったく同様にして, H^- において正則な $N(\lambda)$ の基底の存在もいえる.

よって次の定理を得る.

定理 4.22 $N(\lambda)$ は H^+, H^- の各々において正則な基底を持つ.

d) $N_\alpha(\lambda), N_\beta(\lambda)$ の正則な基底

L を区間 $'I=]\alpha,\gamma]$ $(\gamma\in I)$ に制限したものを前のように $'L$ とし, $'Lx=\lambda x$ の $'I$ において 2 乗可積分な解の全体を $'N(\lambda)$ とすれば, $'N(\lambda)$ は $N_\alpha(\lambda)$ と同一視できた. さらに, $'N(\lambda)$ の正則な基底は $N_\alpha(\lambda)$ の正則な基底である. 定理 4.22 を $'N(\lambda)$ に適用することにより, $N_\alpha(\lambda)$ の H^+, H^- の各々における正則な基底の存在がいえる. 同様に L を $I'=[\gamma,\beta[$ に制限した L' を考えることにより, $N_\beta(\lambda)$ の H^+, H^- の各々における正則な基底の存在を証明できる. すなわち, 次の定理を得る.

定理 4.23 $N_\alpha(\lambda)$ および $N_\beta(\lambda)$ は H^+, H^- の各々において正則な基底を持つ. ——

次の定理を証明しよう.

定理 4.24 1) 各 $\lambda\in H^+$ に対し $\varphi(\cdot,\lambda)\in S(\lambda)$ で, $\varphi(\cdot,\lambda)$ は H^+ において正則, 各 $\lambda\in H^-$ に対し $\psi(\cdot,\lambda)\in S(\lambda)$ で, $\psi(\cdot,\lambda)$ は H^- において正則ならば,

$F(\varphi(\cdot,\lambda),\ \psi(\cdot,\bar{\lambda}))$ は H^+ において整型である．

2)　各 $\lambda\in H^+$ (または H^-) に対し $\varphi(\cdot,\lambda)\in N_\alpha(\lambda)$ で，$\varphi(\cdot,\lambda)$ は H^+ (または H^-) において正則，$\phi\in H_\alpha(I,L)$ とすれば，$F(\varphi(\cdot,\lambda),\phi)(\alpha)$ は H^+ (または H^-) において整型である．

3)　各 $\lambda\in H^+$ (または H^-) に対し $\varphi(\cdot,\lambda)\in N_\beta(\lambda)$ で $\varphi(\cdot,\lambda)$ は H^+ (または H^-) において正則，$\phi\in H_\beta(I,L)$ とすれば，$F(\varphi(\cdot,\lambda),\phi)(\beta)$ は H^+ (または H^-) において整型である．

証明　1)　$A(t)=[a_{jk}(t)]$ を境界形式行列とすれば，

$$F(\varphi(\cdot,\lambda),\psi(\cdot,\bar{\lambda}))=\sum_{j,k=1}^{n}a_{jk}(t)\varphi^{(k-1)}(t,\lambda)\bar{\psi}^{(j-1)}(t,\bar{\lambda})$$

である．$\varphi^{(k-1)}(t,\lambda)$，$\bar{\psi}^{(j-1)}(t,\bar{\lambda})$ は λ について H^+ において整型であるから，$F(\varphi(\cdot,\lambda),\psi(\cdot,\bar{\lambda}))$ は H^+ において整型である．

2)　$L\varphi(\cdot,\lambda)=\lambda\varphi(\cdot,\lambda)$ に注意して，Green の公式を区間 $]\alpha,\gamma]$ に適用して

$$F(\varphi(\cdot,\lambda),\phi)(\alpha)=F(\varphi(\cdot,\lambda),\phi)(\gamma)-\lambda\int_\alpha^\gamma\varphi(t,\lambda)\bar{\phi}(t)\,dt+\int_\alpha^\gamma\varphi(t,\lambda)\overline{L\phi}(t)\,dt$$

を得る．1) によって，$F(\varphi(\cdot,\lambda),\phi)(\gamma)$ は λ について H^+ において整型である．定理 4.22, 4.23 と予備定理 1, 2 によって

$$\int_\alpha^\gamma\varphi(t,\lambda)\bar{\phi}(t)\,dt,\qquad\int_\alpha^\gamma\varphi(t,\lambda)\overline{L\phi}(t)\,dt$$

はともに H^+ において整型である．したがって，$F(\varphi(\cdot,\lambda),\phi)(\alpha)$ は H^+ において整型である．

3) の証明も同様にできる．▌

e)　正則な基底をもつ特性部分空間の存在

まず予備定理の証明から始める．

予備定理 4　$\lambda_0\in H^+$，$c_0(\lambda_0)=(C_\alpha{}^0(\lambda_0),C_\beta{}^0(\lambda_0))$ は $S(\lambda_0)$ の一つの特性部分空間分解，$c_0(\bar{\lambda}_0)=(C_\alpha{}^0(\bar{\lambda}_0),C_\beta{}^0(\bar{\lambda}_0))$ は $c_0(\lambda_0)$ の双対な特性部分空間分解とする．そのとき，$\lambda\in H^+$ に対し

$$C_\alpha(\lambda)=\{\varphi\in N_\alpha(\lambda)\mid F(\varphi,\psi)(\alpha)=0\ (\forall\psi\in C_\alpha{}^0(\bar{\lambda}_0))\},$$
$$C_\beta(\lambda)=\{\phi\in N_\beta(\lambda)\mid F(\phi,\psi)(\beta)=0\ (\forall\psi\in C_\beta{}^0(\bar{\lambda}_0))\}$$

とおけば，$c(\lambda)=(C_\alpha(\lambda),C_\beta(\lambda))$ は $S(\lambda)$ の特性部分空間分解で，$c(\lambda_0)=c_0(\lambda_0)$ が

成り立つ．

証明　$C_\alpha(\lambda)$ が $S(\lambda)$ の特性部分空間であることを示そう．

そのため，まず $\dim C_\alpha(\lambda)=\nu_\alpha(\lambda)$ を証明する．$F(\cdot,\cdot)(\alpha)$ を $N_\alpha(\lambda)$, $N_\alpha(\bar{\lambda}_0)$, $N_\alpha(\lambda_0)\oplus N_\alpha(\bar{\lambda}_0)$ 上の1重半線型形式と考えたときの位数はすべて $\tau_\alpha{}^+ + \tau_\alpha{}^-$ である．(4.23) と (4.24) によって，

$$N_\alpha(\lambda)\subset {}'D_0\oplus N_\alpha(\lambda_0)\oplus N_\alpha(\bar{\lambda}_0),\qquad {}'D_0\subset {}'D_\alpha \tag{4.60}$$

が成り立つから，$F(\cdot,\cdot)(\alpha)$ を $N_\alpha(\lambda)\oplus N_\alpha(\bar{\lambda}_0)$ 上の1重半線型形式と考えたときの位数も $\tau_\alpha{}^+ + \tau_\alpha{}^-$ である．定理 4.11, 3) の証明と同様にして，$F(\cdot,\cdot)(\alpha)$ を $N_\alpha(\lambda)\times N_\alpha(\bar{\lambda}_0)$ 上の1重半線型形式と考えたときの位数も $\tau_\alpha{}^+ + \tau_\alpha{}^-$ に等しいことが分る．定理 4.15 によって，$\dim(C_\alpha{}^0(\bar{\lambda}_0)\cap {}'D_\alpha)=\nu_\alpha(\bar{\lambda}_0)-\tau_\alpha(\lambda_0)$ を得る．したがって，$\dim C_\alpha{}^0(\bar{\lambda}_0)/(C_\alpha{}^0(\bar{\lambda}_0)\cap {}'D_\alpha)=\tau_\alpha(\lambda_0)$ である．$C_\alpha(\lambda)$ の定義によって，$\dim C_\alpha(\lambda)=\omega_\alpha(\lambda)-\tau_\alpha(\lambda_0)=\nu_\alpha(\lambda)$ であることがいえる．

次に，$H_\lambda(\varphi,\varphi)(\alpha)\leqq 0\ (\varphi\in C_\alpha(\lambda))$ を証明すればよい．それには，$-i^{-1}F(\varphi,\varphi)(\alpha)\leqq 0\ (\varphi\in C_\alpha(\lambda))$ を証明すれば十分である．$-i^{-1}F(\cdot,\cdot)(\alpha)$ を空間 $N_\alpha(\lambda)$, $N_\alpha(\bar{\lambda}_0)$, $N_\alpha(\lambda_0)\oplus N_\alpha(\bar{\lambda}_0)$ 上の Hermite 形式と考えたときの符号定数は $(\tau_\alpha{}^+, \tau_\alpha{}^-)$ である．(4.60) によって，$-i^{-1}F(\cdot,\cdot)(\alpha)$ を $N_\alpha(\lambda)\oplus N_\alpha(\bar{\lambda}_0)$ 上の Hermite 形式と考えたときの符号定数も $(\tau_\alpha{}^+, \tau_\alpha{}^-)$ となる．一方，

$$-i^{-1}F(\psi,\psi)(\alpha)=2\,\mathrm{Im}\,\bar{\lambda}_0\cdot H_{\bar{\lambda}_0}(\psi,\psi)(\alpha)\geqq 0\qquad (\psi\in C_\alpha{}^0(\bar{\lambda}_0))$$

が成り立つ．よって，$-i^{-1}F(\varphi,\varphi)(\alpha)\leqq 0\ (\varphi\in C_\alpha(\lambda))$ がいえる．

$C_\beta(\lambda)$ についても同様なことがいえて，$C(\lambda)$ が $S(\lambda)$ の特性部分空間分解であることが証明される．$c(\lambda_0)=c_0(\lambda_0)$ は明らかである．▌

予備定理 5　予備定理 4 で与えられた特性部分空間 $C_\alpha(\lambda), C_\beta(\lambda)$ は H^+ において正則な基底を持つ．

証明　$C_\alpha(\lambda)$ が H^+ において正則な基底を持つことを証明しよう．

$C_\alpha(\bar{\lambda}_0)$ の基底 $\psi_k{}^0(\cdot)\ (k=1,\cdots,\nu_\alpha(\bar{\lambda}_0))$ を $\psi_k{}^0\in {}'D_\alpha\ (k=\tau_\alpha{}^+ +1,\cdots,\nu_\alpha(\bar{\lambda}_0))$ を満たすようにとる．次に，$N_\alpha(\lambda)$ の H^+ において正則な基底 $\varphi_j(\cdot,\lambda)\ (j=1,\cdots,\omega_\alpha{}^+)$ をとる．$\varphi_j(\cdot,\lambda)$ の1次結合 $c_1\varphi_1(\cdot,\lambda)+\cdots+c_{\omega_\alpha{}^+}\varphi_{\omega_\alpha{}^+}(\cdot,\lambda)$ が $C_\alpha(\lambda)$ に属するための必要十分条件は

$$\sum_{j=1}^{\omega_\alpha{}^+} c_j F(\varphi_j(\cdot,\lambda),\psi_k{}^0(\cdot))(\alpha)=0\qquad (k=1,\cdots,\tau_\alpha{}^+) \tag{4.61}$$

が成り立つことである．$F(\varphi_j(\cdot,\lambda),\psi_k{}^0(\cdot))(\alpha)$ は H^+ において λ について整型であることに注意する．

$\dim C_\alpha(\lambda)=\nu_\alpha(\lambda)=\omega_\alpha{}^+-\tau_\alpha{}^+$ であるから，行列

$$[F(\varphi_j(\cdot,\lambda),\psi_k{}^0(\cdot))(\alpha)] \tag{4.62}$$

の位数は各 $\lambda\in H^+$ に対して一定値 $\tau_\alpha{}^+$ をとる．$\lambda_1\in H^+$ を任意にとったとき，行列 (4.62) の $\tau_\alpha{}^+$ 次の小行列式が λ_1 において 0 でないとする：

$$\det[F(\varphi_{jl}(\cdot,\lambda_1),\psi_k{}^0(\cdot))(\alpha)]\neq 0.$$

そのとき，λ_1 の近傍において

$$\det[F(\varphi_{jl}(\cdot,\lambda),\psi_k{}^0(\cdot))(\alpha)]\neq 0$$

が成り立つ．すると，容易に分るように，方程式 (4.61) は $U(\lambda_1)$ において λ について整型な $\mu=\omega_\alpha{}^+-\tau_\alpha{}^+$ 個の 1 次独立な解

$$\vec{c_l}(\lambda)=(c_{1l}(\lambda),\cdots,c_{\omega_\alpha+l}(\lambda))\qquad(l=1,\cdots,\mu)$$

を持つ．

このように，各 $\lambda\in H^+$ に対し，その近傍 U と，U において整型な μ_α 個の 1 次独立な (4.61) の解 $\vec{c}_{lU}(\lambda)$ $(l=1,\cdots,\mu)$ が定まる．そのとき，$\mathcal{U}=\{U\}$ は H^+ の開被覆であり，$U,V\in\mathcal{U}$，$U\cap V\neq\phi$ ならば，$U\cap V$ において整型な μ 次の非退化行列 $C_{UV}(\lambda)$ が存在して

$$\begin{bmatrix}\vec{c}_{1U}(\lambda)\\ \vdots\\ \vec{c}_{\nu U}(\lambda)\end{bmatrix}=C_{UV}(\lambda)\begin{bmatrix}\vec{c}_{1V}(\lambda)\\ \vdots\\ \vec{c}_{\nu V}(\lambda)\end{bmatrix}$$

が成り立つことが分る．$U,V,W\in\mathcal{U}$，$U\cap V\cap W\neq\phi$ ならば，(4.58) が成り立つことは明らかである．したがって，定理 D から，各 $U\in\mathcal{U}$ に対し，U において整型な μ 次の非退化行列 $F_U(\lambda)$ が存在して，$U\cap V\neq\phi$ のとき (4.59) が満たされる．

$$\begin{bmatrix}\vec{c}_1(\lambda)\\ \vdots\\ \vec{c}_\mu(\lambda)\end{bmatrix}=F_U(\lambda)\begin{bmatrix}\vec{c}_{1U}(\lambda)\\ \vdots\\ \vec{c}_{\mu U}(\lambda)\end{bmatrix}$$

とおけば，$(\vec{c}_1\lambda),\cdots,\vec{c}_\mu(\lambda)$ は H^+ において整型で 1 次独立な (4.61) の解となることがいえる．

このことから，

$$\vec{c_l}(\lambda) = (c_{1l}(\lambda), \cdots, c_{\omega_\alpha^+ l}(\lambda)) \qquad (l=1, \cdots, \mu)$$

とおいたとき,

$$\varphi_l(\cdot, \lambda) = \sum_{j=1}^{\omega_\alpha^+} c_{jl}(\lambda)\varphi_j(\cdot, \lambda) \qquad (l=1, \cdots, \mu)$$

が求める $C_\alpha(\lambda)$ の H^+ において正則な基底となることが分る.

$C_\beta(\lambda)$ の基底の存在についても同様に証明できる. ▮

予備定理 6 各 $\lambda \in H^+$ に対して $S(\lambda)$ の特性部分空間分解

$$c(\lambda) = (C_\alpha(\lambda), C_\beta(\lambda))$$

が対応していて, $C_\alpha(\lambda), C_\beta(\lambda)$ はそれぞれ H^+ において正則な基底 $\varphi_k(\cdot, \lambda)$ $(k=1, \cdots, \nu_\alpha(\lambda))$, $\phi_k(\cdot, \lambda)$ $(k=1, \cdots, \nu_\beta(\lambda))$ を持つとする. そのとき,

$$c(\lambda) = (C_\alpha(\bar{\lambda}), C_\beta(\bar{\lambda})) \qquad (\bar{\lambda} \in H^-)$$

を $c(\lambda)$ の双対な $S(\lambda)$ の特性部分空間分解とすれば, $C_\alpha(\bar{\lambda}), C_\beta(\bar{\lambda})$ は H^- において正則な基底を持つ.

証明 $S(\bar{\lambda})$ の H^- において正則な基底 $\psi_j(\cdot, \bar{\lambda})$ $(j=1, \cdots, n)$ をとる. $\psi_j(\cdot, \bar{\lambda})$ の1次結合 $\sum c_j\psi_j(\cdot, \bar{\lambda})$ が $C_\alpha(\bar{\lambda})$ に属するための必要十分条件は

$$(4.63) \qquad \sum_{j=1}^{n} c_j F(\psi_j(\cdot, \bar{\lambda}), \varphi_k(\cdot, \lambda))(\alpha) = 0 \qquad (k=1, \cdots, \nu_\alpha(\lambda))$$

が成り立つことである. (4.63) を $c_1, \cdots, c_n$ に関する1次方程式と考えたとき, 係数から作られた行列

$$(4.64) \qquad [F(\psi_j(\cdot, \bar{\lambda}), \varphi_k(\cdot, \lambda))(\alpha)]$$

は $\bar{\lambda}$ に関して H^- において整型であり, (4.63) は各 $\bar{\lambda} \in H^-$ に対しちょうど $\nu_\alpha(\bar{\lambda})$ 個の1次独立な解を持つ. したがって, 行列 (4.64) の位数は $\bar{\lambda} \in H^-$ に対して一定値 $\nu_\alpha(\lambda)$ を持つ. 予備定理5の証明とまったく同様にして, $C_\alpha(\bar{\lambda})$ は $\bar{\lambda}$ について H^- において正則な基底を持つことが証明される.

$C_\beta(\bar{\lambda})$ の基底の存在についても同様に証明できる. ▮

$\lambda_0 \in H^-$ としても, 予備定理4と同様のことが成り立つことは明らかである. 以上をまとめて次の定理を得る.

定理 4.25 $H^+ \cup H^-$ の1点 λ_0 と $S(\lambda_0)$ の特性部分空間分解 $c_0(\lambda_0) = (C_\alpha^0(\lambda_0), C_\beta^0(\lambda_0))$ が与えられたとき, 各 $\lambda \in H^+ \cup H^-$ に対して定義された $S(\lambda)$ の特性部分空間分解 $c(\lambda) = (C_\alpha(\lambda), C_\beta(\lambda))$ で, 次の性質を持つものが存在する.

1)　$C_\alpha(\lambda), C_\beta(\lambda)$ は H^+, H^- の各々において正則な基底を持つ.

2)　各 $\lambda\in H^+\cup H^-$ に対して $c(\lambda)$ と $c(\bar{\lambda})$ は双対である.

3)　$c(\lambda_0)=c_0(\lambda_0)$.

定理 4.26　各 $\lambda\in H^+\cup H^-$ に対して $c(\lambda)=(C_\alpha(\lambda), C_\beta(\lambda))$ は $S(\lambda)$ の特性部分空間分解で，定理 4.25 の 1), 2) が満たされているとする．そのとき，$C_\alpha(\lambda)$ の H^+ において正則な基底 $\varphi_{\alpha j}(\cdot,\lambda)$ $(j=1,\cdots,p)$ と $C_\alpha(\lambda)$ の H^- において正則な基底 $\varphi_{\alpha j}(\cdot,\lambda)$ $(j=1,\cdots,q)$ および $C_\beta(\lambda)$ の H^+ において正則な基底 $\varphi_{\beta j}(\cdot,\lambda)$ $(j=1,\cdots,q)$ と $C_\beta(\lambda)$ の H^- において正則な基底 $\varphi_{\beta j}(\cdot,\lambda)$ $(j=1,\cdots,p)$ で

$$F(\varphi_{\alpha j}(\cdot,\lambda), \varphi_{\beta k}(\cdot,\bar{\lambda}))=-\delta_{jk} \tag{4.65}$$

を満たすものが存在する．ここで $p=\nu_\alpha(\lambda)=\nu_\beta(\bar{\lambda})$ $(\lambda\in H^+)$，$q=\nu_\alpha(\lambda)=\nu_\beta(\bar{\lambda})$ $(\lambda\in H^-)$ である．

証明　$C_\alpha(\lambda)$ の H^+ において正則な基底 $\phi_{\alpha j}(\cdot,\lambda)$ $(j=1,\cdots,p)$ と $C_\beta(\lambda)$ の H^- において正則な基底 $\psi_{\beta j}(\cdot,\lambda)$ $(j=1,\cdots,p)$ をとる．行列 $[F(\phi_{\alpha j}(\cdot,\lambda), \psi_{\beta k}(\cdot,\bar{\lambda}))]$ は各 $\lambda\in H^+$ に対して非退化で，λ について H^+ において整型である．したがって

$$[c_{jk}(\lambda)]=-[F(\phi_{\alpha j}(\cdot,\lambda), \psi_{\beta k}(\cdot,\bar{\lambda}))]^{-1}$$

は各 $\lambda\in H^+$ に対して存在し，H^+ において整型である．

$$\varphi_{\alpha j}(\cdot,\lambda)=\sum_{l=1}^{p} c_{jl}(\lambda)\phi_{\alpha l}(\cdot,\lambda) \qquad (\lambda\in H^+),$$

$$\varphi_{\beta j}(\cdot,\lambda)=\psi_{\beta j}(\cdot,\lambda) \qquad (\lambda\in H^-)$$

とおけば，$\varphi_{\alpha j}(\cdot,\lambda)$ $(j=1,\cdots,p)$ は $C_\alpha(\lambda)$ の H^+ において正則な基底，$\varphi_{\beta j}(\cdot,\lambda)$ $(j=1,\cdots,p)$ は $C_\beta(\lambda)$ の H^- において正則な基底で，

$$[c_{jk}(\lambda)][F(\phi_{\alpha j}(\cdot,\lambda), \psi_{\beta k}(\cdot,\bar{\lambda}))]=-[\delta_{jk}]$$

が成り立つ．これから

$$F(\varphi_{\alpha j}(\cdot,\lambda), \varphi_{\beta k}(\cdot,\bar{\lambda}))=\sum_{l=1}^{p} c_{jl}(\lambda)F(\phi_{\alpha l}(\cdot,\lambda), \psi_{\beta k}(\cdot,\bar{\lambda}))=-\delta_{jk}$$

を得る．

同様にして，$C_\alpha(\lambda)$ の H^- において正則な基底と $C_\beta(\lambda)$ の H^+ において正則な基底で (4.65) を満たすものの存在がいえる．▌

$\varphi_{\alpha j}(\cdot,\lambda)$，$\varphi_{\beta j}(\cdot,\lambda)$ は定理 4.26 で述べられた性質をもつとする．(4.65) から

$$F(\varphi_{\beta j}(\cdot, \lambda), \varphi_{\alpha k}(\cdot, \bar{\lambda})) = \delta_{jk}$$

が成り立つ．このことに注意すれば，§4.3, a) で導入された関数 $K(t, s, c(\lambda))$ は $\lambda \in H^+$ のときは

$$K(t, s, c(\lambda)) = \begin{cases} \sum_{j=1}^{q} \varphi_{\beta j}(t, \lambda) \bar{\varphi}_{\alpha j}(s, \bar{\lambda}) & (\alpha < s \leqq t \leqq \beta) \\ \sum_{j=1}^{p} \varphi_{\alpha j}(t, \lambda) \bar{\varphi}_{\beta j}(s, \bar{\lambda}) & (\alpha < t < s < \beta) \end{cases}$$

と表わされ，$\lambda \in H^-$ のときは

$$K(t, s, c(\lambda)) = \begin{cases} \sum_{j=1}^{p} \varphi_{\beta j}(t, \lambda) \bar{\varphi}_{\alpha j}(s, \bar{\lambda}) & (\alpha < s \leqq t < \beta) \\ \sum_{j=1}^{q} \varphi_{\alpha j}(t, \lambda) \bar{\varphi}_{\beta j}(s, \bar{\lambda}) & (\alpha < t < s < \beta) \end{cases}$$

と表わされる．$\varphi_{\alpha j}(\cdot, \lambda)$，$\varphi_{\beta j}(\cdot, \lambda)$ は H^+, H^- の各々で正則であるから，次の定理が得られた．

定理 4.27　各 $\lambda \in H^+ \cup H^-$ に対し，$S(\lambda)$ の特性部分空間分解 $c(\lambda) = (C_\alpha(\lambda), C_\beta(\lambda))$ を定理 4.25 の 1), 2) が満たされるようにとる．そのとき，

$$\partial^m K(t, s, c(\lambda))/\partial t^m \qquad (m = 0, 1, \cdots, n-1)$$

は $(t, s) \in I \times I$ を固定すると，λ について H^+, H^- の各々で整型である．

問　題

1　区間 $[0, \infty[$ で定義された Sturm-Liouville 作用素

$$L = -\frac{d}{dt} p(t) \frac{d}{dt} + q(t)$$

を考える．ここで p, q は連続で，$p(t) > 0$ $(0 \leqq t < \infty)$，

$$F(\varphi, \psi)(t) = p(t)(\varphi(t) \bar{\psi}'(t) - \varphi'(t) \bar{\psi}(t))$$

とする．初期条件 $x(0) = \sin\theta_0$，$p(0)x'(0) = -\cos\theta_0$ と $x(0) = \cos\theta_0$，$p(0)x'(0) = \sin\theta_0$ を満たす $Lx = \lambda x$（λ は複素パラメータ）の解をそれぞれ $\varphi_1(t, \lambda)$，$\varphi_2(t, \lambda)$ とする $(0 \leqq \theta_0 < \pi)$．$m \in \boldsymbol{C}$ として

$$\varphi(t, \lambda) = \varphi_1(t, \lambda) + m\varphi_2(t, \lambda)$$

とおく．次のことを証明せよ．

1)　$0 < \beta < \infty$，$0 \leqq \theta < \pi$ としたとき，φ が条件

$$\cos\theta \cdot x(\beta) + \sin\theta \cdot p(\beta) x'(\beta) = 0$$

を満たす必要十分条件は

$$m=-\frac{\cot\theta\cdot\varphi_1(\beta,\lambda)+p(\beta)\varphi_1'(\beta,\lambda)}{\cot\theta\cdot\varphi_2(\beta,\lambda)+p(\beta)\varphi_2'(\beta,\lambda)}$$

である．

2) β,λ を固定し θ を動かすとき，m は複素平面内の円 C_β を描き，C_β の方程式は $F(\varphi,\varphi)(\beta)=0$，$C_\beta$ の内部は $F(\varphi,\varphi)(\beta)/F(\varphi_2,\varphi_2)(\beta)<0$ で表わされる．さらに，C_β の中心は $-F(\varphi_1,\varphi_2)(\beta)/F(\varphi_2,\varphi_2)(\beta)$，半径は $1/|F(\varphi_2,\varphi_2)(\beta)|$ である．

3) $\mathrm{Im}\,\lambda\neq 0$ のとき，m が C_β の上または内部にあるための条件は

$$\int_0^\beta|\varphi(t)|^2dt\leqq\frac{\mathrm{Im}\,m}{\mathrm{Im}\,\lambda}$$

で，m が C_β 上にあるのは等号の成り立つときに限る．

4) $\mathrm{Im}\,\lambda\neq 0$ とする．$0<\beta'<\beta<\infty$ のとき，円 C_β は $C_{\beta'}$ の内部にあり，$\beta\to\infty$ としたとき，C_β は円 C_∞ に収束するか，1点 m_∞ に収束する．（前者の場合 ∞ が極限円型，後者の場合 ∞ が極限点型となる．）

5) ∞ が極限点型の場合，m_∞ を λ の関数と考えたとき，m_∞ は $\mathrm{Im}\,\lambda>0$，$\mathrm{Im}\,\lambda<0$ の各々で λ について整型である．

2　$L=-id/dt$ を区間 $[0,\infty[$ および区間 $]-\infty,\infty[$ で考えたときの境界点の指数を求めよ．

3　$L=-d^2/dt^2$ を区間 $[0,\infty[$ および区間 $]-\infty,\infty[$ で考えたときの境界点の指数を求めよ．

4　n 階の自己随伴常微分作用素 L に対し，$\omega^+=\omega^-=n$ のとき，積分作用素 $K(c(\lambda))$ は $\mathrm{Im}\,\lambda\neq 0$ のとき Hilbert-Schmidt 積分作用素であることを証明せよ．

第5章　特異固有値問題

区間 I で定義された特異自己随伴微分作用素

$$L = p_0(t)\frac{d^n}{dt^n}+p_1(t)\frac{d^{n-1}}{dt^{n-1}}+\cdots+p_n(t)$$

から導かれる $L^2(I)$ における最大閉作用素を T_1，最小閉作用素を T_0 とする．T_0 の不足指数 ω^+, ω^- が等しいとする．そのとき，$T_0 \subset T \subset T_1$ を満たす自己随伴作用素が存在する．本章の目的はこのような T を調べることである．

従来どおり，区間 I の左端を α，右端を β とし，$D_1 = \mathcal{D}(T_1)$，$D_0 = \mathcal{D}(T_0)$ とおく．この他，前章で導入された記号 $N(\lambda), N_\alpha(\lambda), N_\beta(\lambda)$ などをいちいち断わらないで使う．

§5.1　境界条件と $T_0 \subset T \subset T_1$ を満たす作用素 T

a）境界汎関数

形式的微分作用素 L が区間 I の両端 α, β において正則なとき，任意の $x \in D_1$ に対し

(5.1)　$$b(x) = \xi_1 x(\alpha)+\cdots+\xi_n x^{(n-1)}(\alpha)+\eta_1 x(\beta)+\cdots+\eta_n x^{(n-1)}(\beta)$$

を対応させる写像 $b: D_1 \to \boldsymbol{C}$ を線型境界汎関数といった．

$$\hat{x}(t) = \begin{bmatrix} x(t) \\ \vdots \\ x^{(n-1)}(t) \end{bmatrix}, \quad \xi = \begin{bmatrix} \xi_1 \\ \vdots \\ \xi_n \end{bmatrix}, \quad \eta = \begin{bmatrix} \eta_1 \\ \vdots \\ \eta_n \end{bmatrix}$$

とおけば，$\boldsymbol{C}^n$ の内積 $(\cdot, \cdot)$ を使って，(5.1) を

$$b(x) = (\hat{x}(\alpha), \bar{\xi}) + (\hat{x}(\beta), \bar{\eta})$$

と書くことができる．境界形式行列 $A(t)$ は $t=\alpha, \beta$ においても非退化であるから，$A^*(\alpha), A^*(\beta)$ も非退化である．したがって，

$$-A^*(\alpha)\xi' = \bar{\xi}, \qquad A^*(\beta)\eta' = \bar{\eta}$$

を満たす $\xi', \eta' \in \boldsymbol{C}^n$ が存在する．この ξ', η' に対して

$$\hat{\phi}(\alpha)=\xi', \qquad \hat{\phi}(\beta)=\eta'$$

となる $\phi\in D_1$ が取れる．そのとき，

$$(\hat{x}(\alpha),\bar{\xi})+(\hat{x}(\beta),\bar{\eta})=(\hat{x}(\alpha),-A^*(\alpha)\hat{\phi}(\alpha))+(\hat{x}(\beta),A^*(\beta)\hat{\phi}(\beta))$$
$$=(A(\beta)\hat{x}(\beta),\hat{\phi}(\beta))-(A(\alpha)\hat{x}(\alpha),\hat{\phi}(\alpha))$$

であるから，$b(x)$ は

$$b(x)=F(x,\phi)(\beta)-F(x,\phi)(\alpha)$$

と書き直される．

L が正則でない場合にも，上の考察にならい，境界汎関数を次のように定義しよう．D_1 の元 ϕ を取って，任意の $x\in D_1$ に対し

$$b(x)=F(x,\phi)(\beta)-F(x,\phi)(\alpha) \tag{5.2}$$

とおけば，b は D_1 から $\boldsymbol{C}$ への線型写像となる．このように定義された $b:D_1\to\boldsymbol{C}$ を**線型境界汎関数**という．線型境界汎関数の全体を $\mathcal{B}$ で表わす．$\mathcal{B}$ における加法，スカラー倍を通常のように

$$(b_1+b_2)(x)=b_1(x)+b_2(x),$$
$$(\lambda b)(x)=\lambda b(x)$$

によって定義すれば，$\mathcal{B}$ は $\boldsymbol{C}$ 上のベクトル空間となる．

問 1　$b\in\mathcal{B}$ は $\phi\in D_1$ から，$b_1,b_2\in\mathcal{B}$ はそれぞれ $\phi_1,\phi_2\in D_1$ から定義されるとすれば，λb は $\bar{\lambda}\phi$ から，b_1+b_2 は $\phi_1+\phi_2$ から定義されることを示せ．——

$\phi\in D_1$ に (5.2) によって定義される $b\in\mathcal{B}$ を対応させる写像を η とすれば，η は D_1 から $\mathcal{B}$ の上への半線型写像である：

$$\eta(\lambda_1\phi_1+\lambda_2\phi_2)=\bar{\lambda}_1\eta(\phi_1)+\bar{\lambda}_2\eta(\phi_2).$$

D_0 は

$$D_0=\{\phi\in D_1\mid F(x,\phi)(\beta)-F(x,\phi)(\alpha)=0\ (\forall x\in D_1)\}$$

を満たすから，これを書き直せば

$$D_0=\{\phi\in D_1\mid \eta(\phi)=0\}$$

となる．このことから，D_1/D_0 から $\mathcal{B}$ の上への1対1の半線型写像が存在する．したがって

定理 5.1

$$\dim\mathcal{B}=\omega^++\omega^-.$$

b) 境界条件

境界汎関数 $b_1, \cdots, b_m$ に対し，D_1 の元 x に対する条件

$$b_1(x)=0,\quad \cdots,\quad b_m(x)=0 \tag{5.3}$$

を**同次線型境界条件**という．境界条件 (5.3) と境界条件

$$b_1'(x)=0,\quad \cdots,\quad b_l'(x)=0 \tag{5.4}$$

に対し，各 $b_j\,(j=1,\cdots,m)$ は $b_1',\cdots,b_l'$ の 1 次結合で，かつ，各 $b_k'\,(k=1,\cdots,l)$ は $b_1,\cdots,b_m$ の 1 次結合であるとき，(5.3) と (5.4) は互いに同値であるという．$b_1,\cdots,b_m$ で張られる $\mathcal{B}$ の部分空間を B，$b_1',\cdots,b_l'$ で張られる $\mathcal{B}$ の部分空間を B' とすれば，境界条件 (5.3) と (5.4) が互いに同値であるための必要十分条件は

$$B=B'$$

が成り立つことである．

境界条件 (5.3) に対し

$$D=\{x\in D_1\,|\,b_1(x)=0,\cdots,b_m(x)=0\} \tag{5.5}$$

とおけば，D は

$$D_0\subset D\subset D_1 \tag{5.6}$$

を満たす D_1 の部分空間である．

問 2 D は (5.6) を満たす D_1 の部分空間であることを証明せよ．——

(5.6) を満たす D_1 の部分空間 D が与えられたとする．

$$E=\{\phi\in D_1\,|\,F(x,\phi)(\beta)-F(x,\phi)(\alpha)=0\ (\forall x\in D)\}$$

とおくと，E も $D_0\subset E\subset D_1$ を満たす D_1 の部分空間である．$\dim E/D_0\leqq\omega^++\omega^-$ であるから，D_0 を法として 1 次独立な E の元 $\phi_1,\cdots,\phi_m$ がとれて

$$D=\{x\in D_1\,|\,F(x,\phi_j)(\beta)-F(x,\phi_j)(\alpha)=0\ (j=1,\cdots,m)\}$$

となる．$b_j=\eta(\phi_j)\ (j=1,\cdots,m)$ とおけば，この式から (5.5) が得られる．このことは (5.6) を満たす D_1 の部分空間 D に対し，適当に境界条件 (5.3) がとれて，D は (5.5) で与えられることを示している．

境界条件 (5.4) に対して

$$D'=\{x\in D_1\,|\,b_1'(x)=0,\cdots,b_l'(x)=0\}$$

とおけば，境界条件 (5.3) と (5.4) が互いに同値であるための必要十分条件は

$$D=D'$$

が成り立つことである．

以上の考察から，境界条件の同値類と $\mathcal{B}$ の部分空間 B および (5.6) を満たす D_1 の部分空間 D は互いに1対1に対応することが分った．

境界条件 (5.3) と条件

$$b(x) = 0 \qquad (\forall b \in B) \tag{5.7}$$

は同値であるから，(5.7) を

$$Bx = 0 \tag{5.8}$$

と書き，これも境界条件と呼ぶことにする．

c) 随伴境界条件

境界汎関数 $b_1, b_2 \in \mathcal{B}$ は D_1 の元 ϕ_1, ϕ_2 から定義されているとしよう：$b_1 = \eta(\phi_1)$，$b_2 = \eta(\phi_2)$．b_1, b_2 に対し

$$S(b_1, b_2) = F(\phi_1, \phi_2)(\beta) - F(\phi_1, \phi_2)(\alpha)$$

とおこう．そのとき，$S(b_1, b_2)$ は ϕ_1, ϕ_2 の取り方によらないで定まり，$S(\cdot, \cdot)$ は $\mathcal{B}$ 上の歪 Hermite 形式となる．

問 3 $S(b_1, b_2)$ は ϕ_1, ϕ_2 の取り方によらないで定まり，$S(\cdot, \cdot)$ は $\mathcal{B}$ 上の歪 Hermite 形式であることを示せ．

問 4 $S(\cdot, \cdot)$ は $\mathcal{B}$ 上の非退化形式であることを示せ．——

境界条件 (5.8) に対し，$\mathcal{B}$ の部分空間 B^* を

$$B^* = \{b^* \in \mathcal{B} \mid S(b^*, b) = 0\ (\forall b \in B)\}$$

によって定義したとき，境界条件

$$B^* x = 0 \tag{5.9}$$

を (5.8) の**随伴境界条件**という．

$\mathcal{B}$ は有限次元ベクトル空間，$S(\cdot, \cdot)$ は非退化な歪 Hermite 形式であることから，$\mathcal{B}$ の部分空間 B に対し

$$(B^*)^* = B$$

が成り立つ．このことは，(5.9) が (5.8) の随伴境界条件ならば，(5.8) は (5.9) の随伴境界条件であることを意味している．

問 5 $\dim B = m$ ならば $\dim B^* = \omega^+ + \omega^- - m$ であることを示せ．

定理 5.2 B を $\mathcal{B}$ の m 次元部分空間，B_c を B の補空間とする．b_j $(j=1, \cdots, m)$ を B の基底，b_j $(j=m+1, \cdots, \omega^+ + \omega^-)$ を B_c の基底としたとき，B_c^* の基底 b_j $(j=1, \cdots, m)$，B^* の基底 b_j^* $(j=m+1, \cdots, \omega^+ + \omega^-)$ を適当に取って，任意の

$x, y \in D_1$ に対し

$$F(x,y)(\beta) - F(x,y)(\alpha) = \sum_{j=1}^{\omega^+ + \omega^-} b_j(x) \overline{b_j^*(y)}$$

が成り立つようにできる.

証明 $\Omega = \omega^+ + \omega^-$ とおく. b_j $(j=1, \cdots, \Omega)$ は $\mathcal{B}$ の基底であり, $S(\cdot, \cdot)$ は $\mathcal{B}$ 上の非退化1重半線型形式であるから,

$$[S(b_j, b_k^*)] = I \qquad (I \text{ は } \Omega \text{ 次の単位行列}) \tag{5.10}$$

を満たす $\mathcal{B}$ の基底 b_k^* $(k=1, \cdots, \Omega)$ が存在する. b_k^* のきめ方から, 明らかに

$$b_j^* \in B_c^* \quad (j=1, \cdots, m), \qquad b_j^* \in B^* \quad (j=m+1, \cdots, \Omega)$$

となる.

b_j $(j=1, \cdots, \Omega)$, b_k^* $(k=1, \cdots, \Omega)$ は $\mathcal{B}$ の基底であるから,

$$b_k^* = \sum_{\mu=1}^{\Omega} p_{k\mu} b_\mu \qquad (k=1, \cdots, \Omega)$$

とおけば, 行列 $P = [p_{jk}]$ は非退化である. 等式

$$S(b_j, b_k^*) = S\left(b_j, \sum_{\mu=1}^{\Omega} p_{k\mu} b_\mu\right) = \sum_{\mu=1}^{\Omega} \bar{p}_{k\mu} S(b_j, b_\mu)$$

は

$$[S(b_j, b_k^*)] = [S(b_j, b_k)] P^*$$

が成り立つことを示している. (5.10) によって

$$[S(b_j, b_k)] P^* = I.$$

同様な計算によって,

$$[S(b_j^*, b_k^*)] = P[S(b_j, b_k)] P^* = P.$$

したがって

$$[S(b_j, b_k)][S(b_j^*, b_k^*)]^* = I \tag{5.11}$$

が成り立つ.

b_j は $\phi_j \in D_1$ から定義され, b_k^* は $\phi_k^* \in D_1$ から定義されるとする: $b_j = \eta(\phi_j)$, $b_k^* = \eta(\phi_k^*)$. そのとき (5.10) と (5.11) は

$$F(\phi_j, \phi_k^*)(\beta) - F(\phi_j, \phi_k^*)(\alpha) = \delta_{jk}, \tag{5.12}$$

$$\sum_{j=1}^{\Omega} \{F(\phi_\mu, \phi_j)(\beta) - F(\phi_\mu, \phi_j)(\alpha)\} \{F(\phi_\nu^*, \phi_j^*)(\beta) - F(\phi_\nu^*, \phi_j^*)(\alpha)\} = \delta_{\mu\nu} \tag{5.13}$$

と書き直されることに注意しよう.

任意の $x, y \in D_1$ は

$$x = \sum_{j=1}^{\Omega} c_j\phi_j + x_0, \qquad y = \sum_{k=1}^{\Omega} d_k\phi_k{}^* + y_0$$

と書かれる. ここで $x_0, y_0 \in D_0$ である.

$$F(x, y)(\beta) - F(x, y)(\alpha) = \sum_{j,k=1}^{\Omega} c_j\bar{d}_k(F(\phi_j, \phi_k{}^*)(\beta) - F(\phi_j, \phi_k{}^*)(\alpha))$$

において, (5.12) を使えば

$$F(x, y)(\beta) - F(x, y)(\alpha) = \sum_{j=1}^{\Omega} c_j\bar{d}_j$$

が得られる. b_j の定義から

$$b_j(x) = F\left(\sum_{\mu=1}^{\Omega} c_\mu\phi_\mu + x_0, \phi_j\right)(\beta) - F\left(\sum_{\mu=1}^{\Omega} c_\mu\phi_\mu + x_0, \phi_j\right)(\alpha)$$

$$= \sum_{\mu=1}^{\Omega} c_\mu(F(\phi_\mu, \phi_j)(\beta) - F(\phi_\mu, \phi_j)(\alpha))$$

を得る. 同様に

$$b_j{}^*(y) = \sum_{\nu=1}^{\Omega} d_\nu(F(\phi_\nu{}^*, \phi_j{}^*)(\beta) - F(\phi_\nu{}^*, \phi_j{}^*)(\alpha))$$

を得る. これから, $\sum_{j=1}^{\Omega} b_j(x)\overline{b_j{}^*(y)}$ を計算すると

$$\sum_{\mu,\nu} c_\mu\bar{d}_\nu \sum_{j=1}^{n} \{F(\phi_\mu, \phi_j)(\beta) - F(\phi_\mu, \phi_j)(\alpha)\}\{F(\phi_\nu{}^*, \phi_j{}^*)(\beta) - F(\phi_\nu{}^*, \phi_j{}^*)(\alpha)\}.$$

(5.13) から,

$$\sum_{j=1}^{\Omega} b_j(x)\overline{b_j{}^*(y)} = \sum_{\mu=1}^{\Omega} c_\mu\bar{d}_\mu$$

を得る. したがって, 任意の $x, y \in D_1$ に対し

$$F(x, y)(\beta) - F(x, y)(\alpha) = \sum_{j=1}^{\Omega} b_j(x)\overline{b_j{}^*(y)}$$

が成り立つ. ▌

境界条件 (5.8) とその随伴境界条件 (5.9) に対し

(5.14) $$D_B = \{x \in D_1 \mid b(x) = 0\ (\forall b \in B)\},$$

$$D_{B^*} = \{x \in D_1 \mid b^*(x) = 0\ (\forall b^* \in B^*)\}$$

とおき，(5.6) を満たす D_1 の部分空間 D に対し

$$D^* = \{x \in D_1 \mid F(x, y)(\beta) - F(x, y)(\alpha) = 0 \ (\forall y \in D)\}$$

によって D^* を定義すれば，D^* は $D_0 \subset D^* \subset D_1$ を満たす D_1 の部分空間である.

定理 5.3 次の関係が成り立つ:

$$D_B{}^* = D_{B^*}. \qquad \text{——}$$

証明は簡単であるから読者にまかせる．$T_0{}^* = T_1$ と Green の公式

$$(T_1 x, y) - (x, T_1 y) = F(x, y)(\beta) - F(x, y)(\alpha)$$

とから，D^* は T_0 に関する D の随伴部分空間である.

問 6 $D^{**} = D$ を示せ (§1.4, c) の問参照)

問 7 $B_1 \subset B_2 \Leftrightarrow D_{B_2} \supset D_{B_1}$ を証明せよ.

d) $T_0 \subset T \subset T_1$ を満たす作用素

境界条件 (5.8) に対し，D_B を (5.14) によって定義し，T_B を T_1 の D_B への制限とすれば，T_B は

$$T_0 \subset T_B \subset T_1$$

を満たす．逆に

$$T_0 \subset T \subset T_1 \tag{5.15}$$

を満たす作用素 T に対し，$D_0 \subset \mathscr{D}(T) \subset D_1$ であるから，境界条件 (5.8) を適当にとれば，$\mathscr{D}(T) = D_B$ となる．したがって

$$T = T_B$$

を得る．以上のことから，境界条件と (5.15) を満たす作用素は 1 対 1 に対応していることが分る.

定理 5.3 から直ちに次の定理が得られる.

定理 5.4 T_B の随伴作用素は T_{B^*} である:

$$T_B{}^* = T_{B^*}. \qquad \text{——}$$

$\mathcal{B}$ の部分空間 B_1, B_2 に対し，$B_1 \subset B_2$ と $T_{B_1} \supset T_{B_2}$ とは互いに同値である (問 7 参照)．このことと定理 5.4 から次の定理を得る.

定理 5.5 T_B が対称作用素であるための必要十分条件は $B \supset B^*$ であり，T_B が自己随伴作用素であるための必要十分条件は $B = B^*$ である．——

$B \supset B^*$ のとき，境界条件 (5.8) は対称であるといい，B が $B = B^*$ を満たすとき，(5.8) は自己随伴であるということにすれば，定理 5.5 は

$$T_B \text{が対称作用素} \iff (5.8) \text{が対称境界条件},$$

$$T_B \text{が自己随伴作用素} \iff (5.8) \text{が自己随伴境界条件}$$

といいかえることができる.

問8　T_B は閉作用素であることを示せ. ——

T_0 が自己随伴拡張 T_B を持つための必要十分条件は

$$\omega^+ = \omega^-$$

であった. $\omega^+=\omega^-$ と仮定し,

$$\omega = \omega^+ = \omega^-$$

とおく. $\dim B^*=2\omega-\dim B$ であるから

$$B = B^* \tag{5.16}$$

であるためには,

$$\dim B = \omega$$

であることが必要である. B の基底として $b_1, \cdots, b_\omega$ をとれば, B^* の定義から, (5.16) が成り立つのは

$$S(b_j, b_k) = 0 \qquad (j, k=1, \cdots, \omega) \tag{5.17}$$

が成り立つときであり, そのときに限る. $b_1, \cdots, b_\omega$ は D_1 の元 $\phi_1, \cdots, \phi_\omega$ から定義されているとする: $b_j=\eta(\phi_j)$. そのとき (5.17) は

$$F(\phi_j, \phi_k)(\beta)-F(\phi_j, \phi_k)(\alpha) = 0 \qquad (j, k=1, \cdots, \omega) \tag{5.18}$$

となり, 境界条件 $Bx=0$ は

$$F(x, \phi_j)(\beta)-F(x, \phi_j)(\alpha) = 0 \qquad (j=1, \cdots, \omega) \tag{5.19}$$

と同値である.

定理5.3から次の定理が得られる.

定理5.6　$Bx=0$ が自己随伴境界条件ならば,

$$F(x, y)(\beta)-F(x, y)(\alpha) = 0 \qquad (x, y \in D_B)$$

が成り立つ.

定理5.7　$\omega=\omega^+=\omega^-$ と仮定する. $\lambda \in \boldsymbol{C}-\boldsymbol{R}$ を任意に取って固定し, $\varphi_1, \cdots, \varphi_\omega$ を $N(\lambda)$ の正規直交系とする.

1)　境界条件 $Bx=0$ が自己随伴ならば, $N(\bar{\lambda})$ の正規直交系 $\psi_1, \cdots, \psi_\omega$ が存在して, $Bx=0$ は

$$F(x, \varphi_j+\psi_j)(\beta)-F(x, \varphi_j+\psi_j)(\alpha) = 0 \qquad (j=1, \cdots, \omega) \tag{5.20}$$

と同値になる.

2) $N(\bar{\lambda})$ の任意の正規直交系 $\psi_1, \cdots, \psi_\omega$ に対し，条件 (5.20) は自己随伴境界条件である.

証明 1) を証明する．$Bx=0$ は (5.19) に同値とする．

$$D_1 = D_0 \oplus N(\lambda) \oplus N(\bar{\lambda})$$

であるから，$\phi_j\,(j=1, \cdots, \omega)$ は

$$\phi_j = \tilde{\varphi}_j + \tilde{\psi}_j + \phi_j^0$$

と書ける．ここで $\tilde{\varphi}_j \in N(\lambda)$，$\tilde{\psi}_j \in N(\bar{\lambda})$，$\phi_j^0 \in D_0$ である．$\tilde{\varphi}_1, \cdots, \tilde{\varphi}_\omega$ は1次独立であることを示そう．$c_1, \cdots, c_\omega \in \boldsymbol{C}$ とし

$$\sum_{j=1}^{\omega} c_j \tilde{\varphi}_j = 0$$

が成り立つとする．そのとき，

$$\sum_{j=1}^{\omega} c_j \phi_j = \sum_{j=1}^{\omega} c_j \tilde{\psi}_j + \sum_{j=1}^{\omega} c_j \phi_j^0.$$

(5.18) から

$$F\left(\sum_{j=1}^{\omega} c_j \phi_j, \sum_{j=1}^{\omega} c_j \phi_j\right)(\beta) - F\left(\sum_{j=1}^{\omega} c_j \phi_j, \sum_{j=1}^{\omega} c_j \phi_j\right)(\alpha) = 0.$$

したがって，

$$F\left(\sum_{j=1}^{\omega} c_j \tilde{\psi}_j, \sum_{j=1}^{\omega} c_j \tilde{\psi}\right)(\beta) - F\left(\sum_{j=1}^{\omega} c_j \tilde{\psi}_j, \sum_{j=1}^{\omega} c_j \tilde{\psi}_j\right)(\alpha) = 0$$

である．$T_1 \tilde{\psi}_j = \lambda \tilde{\psi}_j$ に注意して Green の公式を使い

$$-2i \operatorname{Im} \lambda \cdot \left(\sum_{j=1}^{\omega} c_j \tilde{\psi}_j, \sum_{j=1}^{\omega} c_j \tilde{\psi}_j\right) = 0$$

を得る．これから

$$\sum_{j=1}^{\omega} c_j \tilde{\psi}_j = 0,$$

したがって，

$$\sum_{j=1}^{\omega} c_j \phi_j \in D_0.$$

$\phi_1, \cdots, \phi_\omega$ は D_0 を法として1次独立であるから

$$c_1 = \cdots = c_\omega = 0$$

を得る．よって $\tilde{\varphi}_1, \cdots, \tilde{\varphi}_\omega$ は1次独立である．

同様にして，$\tilde{\psi}_1, \cdots, \tilde{\psi}_\omega$ も1次独立であることがいえる．

$$\varphi_j = \sum_{k=1}^{\omega} p_{jk}\tilde{\varphi}_k \qquad (j=1, \cdots, \omega)$$

とおけば，行列 $[p_{jk}]$ は非退化である．

$$\psi_j = \sum_{k=1}^{\omega} p_{jk}\tilde{\psi}_k \qquad (j=1, \cdots, \omega)$$

によって $\psi_1, \cdots, \psi_\omega$ を定める．

$$\varphi_j+\psi_j = \sum p_{jk}(\tilde{\varphi}_k+\tilde{\psi}_k) = \sum_{k=1}^{\omega} p_{jk}\phi_k - \sum_{k=1}^{\omega} p_{jk}\phi_k{}^0$$

で，$[p_{jk}]$ は非退化であるから，条件 (5.20) と (5.19) は同値である．したがって，$Bx=0$ は (5.20) と同値である．

(5.20) は自己随伴境界条件に同値であるから

$$F(\varphi_j+\psi_j, \varphi_k+\psi_k)(\beta) - F(\varphi_j+\psi_j, \varphi_k+\psi_k)(\alpha) = 0.$$

Green の公式から

$$(T_1(\varphi_j+\psi_j), \varphi_k+\psi_k) - (\varphi_j+\psi_j, T_1(\varphi_k+\psi_k)) = 0.$$

これを計算して

$$(\psi_j, \psi_k) = (\varphi_j, \varphi_k) = \delta_{jk}$$

を得る．よって $\psi_1, \cdots, \psi_\omega$ は正規直交系である．

2) を証明する．$\{\varphi_j\}$ は $N(\lambda)$ の正規直交系，$\{\psi_j\}$ は $N(\bar{\lambda})$ の正規直交系とする．Green の公式から

$$\begin{aligned} &F(\varphi_j+\psi_j, \varphi_k+\psi_k)(\beta) - F(\varphi_j+\psi_j, \varphi_k+\psi_k)(\alpha) \\ &= 2i \operatorname{Im} \lambda \cdot \{(\varphi_j, \varphi_k) - (\psi_j, \psi_k)\} = 0 \end{aligned}$$

を得る．したがって，境界条件 (5.20) は自己随伴である．▌

e) 分離的境界条件

D_1 の部分空間 D_β の元から得られる境界汎関数の全体を $\mathcal{B}_\alpha$ で表わし，D_α の元から得られる境界汎関数の全体を $\mathcal{B}_\beta$ で表わす：$\mathcal{B}_\alpha=\eta(D_\beta)$, $\mathcal{B}_\beta=\eta(D_\alpha)$ (§4.2, a) 参照)．定理 4.8 とその系および定理 4.9 から次の定理を得る．

定理 5.8 次のことが成り立つ．

$$\mathcal{B} = \mathcal{B}_\alpha \oplus \mathcal{B}_\beta. \qquad \dim \mathcal{B}_\alpha = \tau_\alpha{}^+ + \tau_\alpha{}^-, \qquad \dim \mathcal{B}_\beta = \tau_\beta{}^+ + \tau_\beta{}^-. \quad \text{——}$$

$b \in \mathcal{B}_\alpha$ とすれば，$b=\eta(\phi)$ となる $\phi \in D_\beta$ が存在する．そのとき，任意の $x \in D_1$ に対して $F(x,\phi)(\beta)=0$ であるから，

$$b(x) = -F(x,\phi)(\alpha)$$

となる．このことは，$b(x)$ は x の境界点 α の近くだけの挙動から定まることを示している．同様に，$b \in \mathcal{B}_\beta$ ならば，$b(x)$ は x の境界点 β の近くだけの挙動から定まる．

問 9　$\mathcal{B}_\alpha{}^* = \mathcal{B}_\beta$，$\mathcal{B}_\beta{}^* = \mathcal{B}_\alpha$ を証明せよ．——

境界条件 $Bx=0$ に対し，$B_\alpha = B \cap \mathcal{B}_\alpha$，$B_\beta = B \cap \mathcal{B}_\beta$ とおくと，

$$B = B_\alpha \oplus B_\beta \oplus B_{\alpha\beta}$$

と直和に分解される．$B_{\alpha\beta} = \{0\}$，すなわち

$$B = B_\alpha \oplus B_\beta$$

となるとき，$Bx=0$ は**分離的境界条件**といわれる．

定理 5.9　1)　$Bx=0$ が自己随伴境界条件ならば，

$$\dim B_{\alpha\beta} \geqq \omega - \min(\tau_\alpha{}^+, \tau_\alpha{}^-) - \min(\tau_\beta{}^+, \tau_\beta{}^-)$$

が成り立つ．

2)　分離的自己随伴境界条件が存在するための必要十分条件は $\tau_\alpha{}^+ = \tau_\alpha{}^-$，$\tau_\beta{}^+ = \tau_\beta{}^-$ が成り立つことである．

証明　1) を証明する．$Bx=0$ が自己随伴であるから，$B=B^*$ が成り立つ．このことは B が $\mathcal{B}$ 上の Hermite 形式 $i^{-1}S(\cdot,\cdot)$ に関する極大全特異部分空間 (125 ページ参照) であることを示している．B_α, B_β は B の部分空間であるから全特異部分空間である：$B_\alpha{}^* \supset B_\alpha$，$B_\beta{}^* \supset B_\beta$.

$\lambda \in \boldsymbol{C} - \boldsymbol{R}$ を一つ取ると，定理 5.6 によって，$N(\lambda) \oplus N(\bar{\lambda})$ の ω 個の元 $\phi_1, \cdots, \phi_\omega$ が存在して，$Bx=0$ は (5.19) と同値となる．したがって，$\dim B_\alpha = \mu$ とすれば，$N(\lambda) \oplus N(\bar{\lambda})$ の μ 個の元 $\varphi_1, \cdots, \varphi_\mu$ が存在して，$B_\alpha x=0$ は

$$F(x, \varphi_j)(\alpha) = 0 \qquad (j=1, \cdots, \mu)$$

と同値となる．$B_\alpha{}^* \supset B_\alpha$ から $F(\varphi_j, \varphi_k)(\beta) - F(\varphi_j, \varphi_k)(\alpha) = 0$ $(j, k=1, \cdots, \mu)$ を得る．一方 $\varphi_j \in D_\beta$ $(j=1, \cdots, \mu)$ であるから，

$$F(\varphi_j, \varphi_k)(\alpha) = 0 \qquad (j, k=1, \cdots, \mu)$$

が成り立つ．このことは $\varphi_1, \cdots, \varphi_\mu$ で張られる $N(\lambda) \oplus N(\bar{\lambda})$ の部分空間は $N(\lambda) \oplus N(\bar{\lambda})$ 上の Hermite 形式 $-i^{-1}F(\cdot,\cdot)(\alpha)$ に関して全特異部分空間であることを

示している．定理 4.13 によって，$N(\lambda)\oplus N(\bar{\lambda})$ の Hermite 形式 $-i^{-1}F(\cdot,\cdot)(\alpha)$ の符号定数は $(\tau_\alpha{}^+, \tau_\alpha{}^-)$ であるから

$$\dim B_\alpha \leqq \min(\tau_\alpha{}^+, \tau_\alpha{}^-)$$

を得る．同様にして

$$\dim B_\beta \leqq \min(\tau_\beta{}^+, \tau_\beta{}^-).$$

これから，容易に

$$\dim B_{\alpha\beta} \geqq \omega - \min(\tau_\alpha{}^+, \tau_\alpha{}^-) - \min(\tau_\beta{}^+, \tau_\beta{}^-)$$

を得る．

2) を証明する．分離的自己随伴境界条件 $Bx=0$ が存在すれば，

$$\omega - \min(\tau_\alpha{}^+, \tau_\alpha{}^-) - \min(\tau_\beta{}^+, \tau_\beta{}^-) = 0$$

でなければならない．$\omega=\omega^+=\tau_\alpha{}^+ + \tau_\beta{}^+$，$\omega=\omega^-=\tau_\alpha{}^- + \tau_\beta{}^-$ であるから，$\tau_\alpha{}^+=\tau_\alpha{}^-$，$\tau_\beta{}^+=\tau_\beta{}^-$ が証明された．

逆に，$\tau_\alpha{}^+=\tau_\alpha{}^-$，$\tau_\beta{}^+=\tau_\beta{}^-$ と仮定する．定理 4.13 によって，$N(\lambda)\oplus N(\bar{\lambda})$ の $\tau_\alpha{}^+$ 個の元 φ_j $(j=1,\cdots,\tau_\alpha{}^+)$ と $\tau_\beta{}^+$ 個の元 ψ_k $(k=1,\cdots,\tau_\beta{}^+)$ で $\{\varphi_j, \psi_k\}$ は1次独立で

$$F(\varphi_j, \varphi_k)(\alpha) = 0 \qquad (j, k=1,\cdots,\tau_\alpha{}^+),$$
$$F(\psi_j, \psi_k)(\beta) = 0 \qquad (j, k=1,\cdots,\tau_\beta{}^+)$$

を満たすものが存在する．$\alpha<t_1<t_2<\beta$ を満たす t_1, t_2 を取る．各 $j=1,\cdots,\tau_\alpha{}^+$ に対し，$]\alpha, t_1]$ では φ_j と一致し，$[t_2, \beta[$ では恒等的に 0 となる D_1 の元 $\phi_{\alpha j}$ が存在する．各 $k=1,\cdots,\tau_\beta{}^+$ に対し，$]\alpha, t_1]$ では恒等的に 0 で，$[t_2, \beta[$ では ψ_k と一致する D_1 の元 $\phi_{\beta k}$ が存在する．そのとき，$b_{\alpha j}=\eta(\phi_{\alpha j})$ $(j=1,\cdots,\tau_\alpha{}^+)$ と $b_{\beta k}=\eta(\phi_{\beta k})$ $(k=1,\cdots,\tau_\beta{}^+)$ とで張られる $\mathcal{B}$ の部分空間を B とすれば，$Bx=0$ が分離的自己随伴境界条件であることが容易に証明される．▌

§5.2　Green 関数

以下 $\omega^+=\omega^-$ と仮定し，$\omega=\omega^+=\omega^-$ とおく．

T は $T_0\subset T\subset T_1$ を満たす自己随伴作用素とする．そのとき，自己随伴境界条件

$$Bx = 0$$

が存在し，$T=T_B$ となる．さらに $Bx=0$ は

$$(5.21)\qquad F(x,\phi_r)(\beta)-F(x,\phi_r)(\alpha)=0 \qquad (r=1,\cdots,\omega)$$

と同値とする. $D=\mathcal{D}(T)$ とおく.

a) Green 関数

次の定理を証明する. ここで H^+ は $\{\lambda\in\boldsymbol{C}\mid\mathrm{Im}\,\lambda>0\}$ を, H^- は $\{\lambda\in\boldsymbol{C}\mid\mathrm{Im}\,\lambda<0\}$ を表わすとする.

定理 5.10 作用素 T に対し, $I\times I\times(H^+\cup H^-)$ で定義された関数 $G(t,s,\lambda)$ で次の性質を持つものがただ一つ存在する.

i) $\partial^jG/\partial t^j\,(j=0,1,\cdots,n-2)$ は存在し, $I\times I\times(H^+\cup H^-)$ において連続, かつ, $(t,s)\in I\times I$ を固定したとき, λ について H^+, H^- の各々において整型である. $\partial^{n-1}G/\partial t^{n-1}$ は $t\neq s$ のとき存在し, 集合 $\{(t,s)\mid\alpha<s\leqq t<\beta\}\times(H^+\cup H^-)$ と集合 $\{(t,s)\mid\alpha<t\leqq s<\beta\}\times(H^+\cup H^-)$ の各々で連続となるようにでき, かつ, (t,s) を固定したとき, λ について H^+, H^- の各々で整型である.

ii) $$\frac{\partial^{n-1}G}{\partial t^{n-1}}(s+0,s,\lambda)-\frac{\partial^{n-1}G}{\partial t^{n-1}}(s-0,s,\lambda)=\frac{1}{p_0(s)}$$
$$(\alpha<s<\beta,\ \ \lambda\in H^+\cup H^-).$$

iii) $G(t,s,\lambda)$ は, (s,λ) を固定したとき, t の関数として区間 $]\alpha,s]$, $[s,\beta[$ の各々で $Lx=\lambda x$ を満たす.

iv) $G(t,s,\lambda)$ は, (s,λ) を固定したとき, t の関数として境界条件 $Bx=0$ を満たす.

証明 まず G の一意性を証明する. 二つあったとして, それを $G_1(t,s,\lambda)$, $G_2(t,s,\lambda)$ とする. $(s,\lambda)\in I\times(H^+\cup H^-)$ を固定して, $\tilde{G}(t)=G_1(t,s,\lambda)-G_2(t,s,\lambda)$ とおいたとき, $\tilde{G}(t)=0\ (t\in I)$ を証明すればよい. 条件 i), ii) から $\tilde{G}$ は $n-1$ 回連続微分可能である. さらに条件 iii) から $\tilde{G}$ は区間 I において $Lx=\lambda x$ を満たす. 条件 iv) から $\tilde{G}$ は境界条件 $Bx=0$ を満たす. $\lambda\in H^+\cup H^-$ のとき, $Lx=\lambda x$, $Bx=0$ の解, すなわち, $Tx=\lambda x$ の解は恒等的 0 に限るから, $\tilde{G}(t)=0\ (t\in I)$ を得る.

次に関数 G の存在を証明しよう. 各 $\lambda\in H^+\cup H^-$ に対し, $c(\lambda)=(C_\alpha(\lambda),C_\beta(\lambda))$ を特性部分空間分解として, §4.3, a) で導入された積分核 $K(t,s,c(\lambda))$ を考え, $K(t,s,c(\lambda))$ を利用することにする. まず次のことを証明しよう.

各 $\lambda\in H^+\cup H^-$ と任意の $b\in B$ に対し

(5. 22) $$\overline{b(K(\cdot,s,c(\lambda)))}\in N(\bar{\lambda})$$

が成り立つ.

これを証明するため, $c(\lambda)$ に双対な特性部分空間分解を $c(\bar{\lambda})=(C_\alpha(\bar{\lambda}),C_\beta(\bar{\lambda}))$ とし, $C_\alpha(\lambda)$ の基底 $\varphi_{\alpha j}(\cdot,\lambda)$ $(j=1,\cdots,\nu_\alpha(\lambda))$, $C_\beta(\lambda)$ の基底 $\varphi_{\beta j}(\cdot,\lambda)$ $(j=1,\cdots,\nu_\beta(\lambda))$, $C_\alpha(\bar{\lambda})$ の基底 $\varphi_{\alpha j}(\cdot,\bar{\lambda})$ $(j=1,\cdots,\nu_\alpha(\bar{\lambda}))$, $C_\beta(\bar{\lambda})$ の基底 $\varphi_{\beta j}(\cdot,\bar{\lambda})$ $(j=1,\cdots,\nu_\beta(\bar{\lambda}))$ を定理 4. 16 の条件 1), 2):

(5. 23) $$\varphi_{\alpha j}(\cdot,\lambda)\in{}'D_\alpha\qquad(j=\tau_\alpha(\bar{\lambda})+1,\cdots,\nu_\alpha(\lambda)),$$

(5. 24) $$\varphi_{\beta j}(\cdot,\lambda)\in D_\beta'\qquad(j=\tau_\beta(\bar{\lambda})+1,\cdots,\nu_\beta(\lambda)),$$

(5. 25) $$\varphi_{\alpha j}(\cdot,\bar{\lambda})\in N(\bar{\lambda})\qquad(j=1,\cdots,\tau_\beta(\bar{\lambda})),$$

(5. 26) $$\varphi_{\beta j}(\cdot,\bar{\lambda})\in N(\bar{\lambda})\qquad(j=1,\cdots,\tau_\alpha(\bar{\lambda})),$$

(5. 27) $$F(\varphi_{\alpha j}(\cdot,\lambda),\varphi_{\beta k}(\cdot,\bar{\lambda}))=-\delta_{jk}\qquad(j,k=1,\cdots,\nu_\alpha(\lambda)=\nu_\beta(\bar{\lambda})),$$

(5. 28) $$F(\varphi_{\beta j}(\cdot,\lambda),\varphi_{\alpha k}(\cdot,\bar{\lambda}))=\delta_{jk}\qquad(j,k=1,\cdots,\nu_\beta(\lambda)=\nu_\alpha(\bar{\lambda}))$$

が満たされるようにとる. そのとき, (5. 27), (5. 28) から

$$K(t,s,c(\lambda))=\begin{cases}\displaystyle\sum_{j=1}^{\nu_\beta(\lambda)}\varphi_{\beta j}(t,\lambda)\bar{\varphi}_{\alpha j}(s,\bar{\lambda}) & (\alpha<s\leqq t<\beta)\\ \displaystyle\sum_{j=1}^{\nu_\alpha(\nu)}\varphi_{\alpha j}(t,\lambda)\bar{\varphi}_{\beta j}(s,\bar{\lambda}) & (\alpha<t\leqq s<\beta)\end{cases}$$

と書かれる. $b\in B$ に対し $b(x)=F(x,\phi)(\beta)-F(x,\phi)(\alpha)$ となる $\phi\in D_1$ がとれる. そのとき,

$$\begin{aligned}b(K(\cdot,s,c(\lambda)))&=F(K(\cdot,s,c(\lambda)),\phi)(\beta)-F(K(\cdot,s,c(\lambda)),\phi)(\alpha)\\&=\sum_{j=1}^{\nu_\beta(\lambda)}F(\varphi_{\beta j}(\cdot,\lambda),\phi)(\beta)\bar{\varphi}_{\alpha j}(s,\bar{\lambda})-\sum_{j=1}^{\nu_\alpha(\lambda)}F(\varphi_{\alpha j}(\cdot,\lambda),\phi)(\alpha)\bar{\varphi}_{\beta j}(s,\bar{\lambda})\end{aligned}$$

となる. (5. 23) ~ (5. 26) から直ちに (5. 22) が得られる.

次に, 各 $\lambda\in H^+\cup H^-$ に対し, $N(\lambda)$ の基底 $\varphi_j(\cdot,\lambda)$ $(j=1,\cdots,\omega)$ と $N(\bar{\lambda})$ の基底 $\varphi_j(\cdot,\bar{\lambda})$ $(j=1,\cdots,\omega)$ をとり

(5. 29) $$G(t,s,\lambda)=K(t,s,c(\lambda))+\sum_{j,k=1}^{\omega}C_{jk}\varphi_k(t,\lambda)\bar{\varphi}_j(s,\bar{\lambda})$$

とおく. ここで C_{jk} は定数とする. 次のことを証明する.

各 $b\in B$ に対し

$$b(G(\cdot,s,\lambda))=0$$

が成り立つように定数 C_{jk} を一意的にきめられる.

$\{\varphi_j(\cdot,\lambda)\}$ は $N(\lambda)\subset L^2(I)$ の正規直交系，$\{\varphi_j(\cdot,\bar{\lambda})\}$ は $N(\bar{\lambda})\subset L^2(I)$ の正規直交系で，境界条件 $Bx=0$ は

$$F(x,\varphi_r(\cdot,\lambda)+\varphi_r(\cdot,\bar{\lambda}))(\beta)-F(x,\varphi_r(\cdot,\lambda)+\varphi_r(\cdot,\bar{\lambda}))(\alpha)=0 \qquad (r=1,\cdots,\omega)$$

と同値であると仮定して一般性を失わない．Green の公式から

$$F(\varphi_k(\cdot,\lambda),\varphi_r(\cdot,\lambda)+\varphi_r(\cdot,\bar{\lambda}))(\beta)-F(\varphi_k(\cdot,\lambda),\varphi_r(\cdot,\lambda)+\varphi_r(\cdot,\bar{\lambda}))(\alpha)$$
$$=2i\,\mathrm{Im}\,\lambda\cdot\delta_{kr} \qquad (k,r=1,\cdots,\omega)$$

を得る．これから，各 r に対し

$$F(G(\cdot,s,\lambda),\varphi_r(\cdot,\lambda)+\varphi_r(\cdot,\bar{\lambda}))(\beta)-F(G(\cdot,s,\lambda),\varphi_r(\cdot,\lambda)+\varphi_r(\cdot,\bar{\lambda}))(\alpha)$$
$$=F(K(\cdot,s,c(\lambda)),\varphi_r(\cdot,\lambda)+\varphi_r(\cdot,\bar{\lambda}))(\beta)$$
$$-F(K(\cdot,s,c(\lambda)),\varphi_r(\cdot,\lambda)+\varphi_r(\cdot,\bar{\lambda}))(\alpha)+2i\,\mathrm{Im}\,\lambda\cdot\sum_{j=1}^{\omega}C_{jr}\bar{\varphi}_j(s,\bar{\lambda})$$

を得る．先に証明したことから

$$F(K(\cdot,s,c(\lambda)),\varphi_r(\cdot,\lambda)+\varphi_r(\cdot,\bar{\lambda}))(\beta)$$
$$-F(K(\cdot,s,c(\lambda)),\varphi_r(\cdot,\lambda)+\varphi_r(s,\bar{\lambda}))(\alpha)$$

は $N(\bar{\lambda})$ の元の複素共役である．$\{\varphi_j(\cdot,\bar{\lambda})\}$ は $N(\bar{\lambda})$ の基底であるから，各 r に対し

$$F(G(\cdot,s,\lambda),\varphi_r(\cdot,\lambda)+\varphi_r(\cdot,\bar{\lambda}))(\beta)-F(G(\cdot,s,\lambda),\varphi_r(\cdot,\lambda)+\varphi_r(\cdot,\bar{\lambda}))(\alpha)=0$$

となるように $C_{jr}\ (j=1,\cdots,\omega)$ を一通りに決められる．

$K(t,s,c(\lambda))$ の性質（定理 4.18）と $G(t,s,\lambda)$ の定義から，λ についての整型性を除いて，$G(t,s,\lambda)$ は定理の性質を満たす．また，G の一意性の証明から，一意性は λ についての整型性なしで成り立つことに注意する．

各 $\lambda\in H^+\cup H^-$ に対し，$C_\alpha(\lambda)\subset N_\alpha(\lambda)$，$C_\beta(\lambda)\subset N_\beta(\lambda)$，$N(\lambda)=N_\alpha(\lambda)\cap N_\beta(\lambda)$ であることに注意すれば，$N_\alpha(\lambda)$，$N_\beta(\lambda)$，$N_\alpha(\bar{\lambda})$，$N_\beta(\bar{\lambda})$ の任意の基底 $\varphi_{\alpha j}(\cdot,\lambda)$ $(j=1,\cdots,\omega_\alpha(\lambda))$，$\varphi_{\beta j}(\cdot,\lambda)$ $(j=1,\cdots,\omega_\beta(\lambda))$，$\varphi_{\alpha j}(\cdot,\bar{\lambda})$ $(j=1,\cdots,\omega_\alpha(\bar{\lambda}))$，$\varphi_{\beta j}(\cdot,\bar{\lambda})$ $(j=1,\cdots,\omega_\beta(\bar{\lambda}))$ を選んだとき，

$$G(t,s,\lambda)=\begin{cases}\displaystyle\sum_{j,k}A_{jk}(\lambda)\varphi_{\beta k}(t,\lambda)\bar{\varphi}_{\alpha j}(s,\bar{\lambda}) & (\alpha<s\leqq t<\beta)\\ \displaystyle\sum_{j,k}B_{jk}(\lambda)\varphi_{\alpha k}(t,\lambda)\bar{\varphi}_{\beta j}(s,\bar{\lambda}) & (\alpha<t<s<\beta)\end{cases} \tag{5.30}$$

と書けることが分る．さらに G の一意性から $A_{jk}(\lambda),B_{jk}(\lambda)$ はただ一通りに定

まることが分る．次のことを証明する．

$\{\varphi_{\alpha j}(\cdot,\lambda)\}$, $\{\varphi_{\beta j}(\cdot,\lambda)\}$ が H^+ において正則な基底, $\{\varphi_{\alpha j}(\cdot,\bar\lambda)\}$, $\{\varphi_{\beta j}(\cdot,\bar\lambda)\}$ が H^- において正則な基底ならば, $A_{jk}(\lambda)$, $B_{jk}(\lambda)$ は H^+ において整型である．したがって, $(t,s)\in I\times I$ を固定したとき, $G(t,s,\lambda)$ は λ について H^+ において整型である．

$S(\lambda)$ の $|\lambda|<\infty$ において正則な基底 $\varphi_j(\cdot,\lambda)$ $(j=1,\cdots,n)$ をとれば, $\lambda\in H^+$ において

$$\varphi_{\alpha j}(\cdot,\lambda)=\sum_{l=1}^{n}U_{\alpha jl}(\lambda)\varphi_l(\cdot,\lambda),\qquad \varphi_{\beta j}(\cdot,\lambda)=\sum_{l=1}^{n}U_{\beta jl}(\lambda)\varphi_l(\cdot,\lambda) \tag{5.31}$$

と書け, $\bar\lambda\in H^-$ において

$$\varphi_{\alpha j}(\cdot,\bar\lambda)=\sum_{l=1}^{n}V_{\alpha jl}(\bar\lambda)\varphi_l(\cdot,\bar\lambda),\qquad \varphi_{\beta j}(\cdot,\bar\lambda)=\sum_{l=1}^{n}V_{\beta jl}(\bar\lambda)\varphi_l(\cdot,\bar\lambda) \tag{5.32}$$

と書け, $U_{\alpha jl}(\lambda), U_{\beta jl}(\lambda)$ は H^+ において整型, $V_{\alpha jl}(\lambda), V_{\beta jl}(\lambda)$ は H^- において整型である．(5.31), (5.32) を (5.30) に代入して

$$G(t,s,\lambda)=\begin{cases}\displaystyle\sum_{j,k,l,m}A_{jk}(\lambda)U_{\beta km}(\lambda)\bar V_{\alpha jl}(\bar\lambda)\varphi_m(t,\lambda)\bar\varphi_l(s,\bar\lambda) & (\alpha<s\leqq t<\beta)\\ \displaystyle\sum_{j,k,l,m}B_{jk}(\lambda)U_{\alpha km}(\lambda)\bar V_{\beta jl}(\bar\lambda)\varphi_m(t,\lambda)\bar\varphi_l(s,\bar\lambda) & (\alpha<t<s<\beta)\end{cases}$$

を得る．ここで

$$\begin{aligned}k_0(t,s,\lambda)=\sum_{j,k,l,m}&(A_{jk}(\lambda)U_{\beta km}(\lambda)\bar V_{\alpha jl}(\bar\lambda)\\&-B_{jk}(\lambda)U_{\alpha km}(\lambda)\bar V_{\beta jl}(\bar\lambda))\varphi_m(t,\lambda)\bar\varphi_l(s,\bar\lambda)\end{aligned}$$

とおけば, λ を固定したとき, $k_0(t,s,\lambda)$ は §2.3, e) で導入した関数に外ならないから,

$$\sum_{j,k}A_{jk}(\lambda)U_{\beta km}(\lambda)\bar V_{\alpha jl}(\bar\lambda)-\sum B_{jk}(\lambda)U_{\alpha km}(\lambda)\bar V_{\beta jl}(\bar\lambda)=\xi_{lm}(\lambda) \tag{5.33}$$

とおけば,

$$[\xi_{lm}(\lambda)]=[F(\varphi_l(\cdot,\lambda),\varphi_m(\cdot,\bar\lambda))]^{-1} \tag{5.34}$$

が成り立つ．

境界条件 $Bx=0$ は (5.21) に同値とすると,

$$\begin{aligned}F(G(\cdot,s,\lambda),\phi_r)(\beta)&-F(G(\cdot,s,\lambda),\phi_r)(\alpha)\\&=\sum_{j,k}A_{jk}(\lambda)F(\varphi_{\beta k}(\cdot,\lambda),\phi_r)(\beta)\bar\varphi_{\alpha j}(s,\bar\lambda)\\&\quad-\sum_{j,k}B_{jk}(\lambda)F(\varphi_{\alpha k}(\cdot,\lambda),\phi_r)(\alpha)\bar\varphi_{\beta j}(s,\bar\lambda)\end{aligned}$$

であるから，(5.32), (5.34) とから

$$\sum_{l}\sum_{j,k} A_{jk}(\lambda)\bar{V}_{\alpha jl}(\bar{\lambda})F(\varphi_{\beta k}(\cdot,\lambda),\phi_r)(\beta)\bar{\varphi}_l(s,\bar{\lambda})$$
$$-\sum_{l}\sum_{j,k} B_{jk}(\lambda)\bar{V}_{\beta jl}(\bar{\lambda})F(\varphi_{\alpha k}(\cdot,\lambda),\phi_r)(\alpha)\bar{\varphi}_l(s,\bar{\lambda})=0$$

を得る．ここで $\{\varphi_l(\cdot,\bar{\lambda})\}$ は $S(\bar{\lambda})$ の基底であるから，

$$\sum_{j,k} A_{jk}(\lambda)\bar{V}_{\alpha jl}(\bar{\lambda})F(\varphi_{\beta k}(\cdot,\lambda),\phi_r)(\beta)$$
$$-\sum_{j,k} B_{jk}(\lambda)\bar{V}_{\beta jl}(\bar{\lambda})F(\varphi_{\alpha k}(\cdot,\lambda),\phi_r)(\alpha)=0 \tag{5.35}$$

が $l=1,\cdots,n$; $r=1,\cdots,\omega$ に対して成り立つ．(5.33), (5.35) を $A_{jk}(\lambda), B_{jk}(\lambda)$ に対する1次方程式系とみなしたとき，$A_{jk}(\lambda), B_{jk}(\lambda)$ は各 $\lambda\in H^+$ に対して一意的に定まり，方程式系の係数はすべて H^+ において整型である．したがって，$A_{jk}(\lambda), B_{jk}(\lambda)$ は H^+ において整型となる．

まったく同様にして，$A_{jk}(\lambda), B_{jk}(\lambda)$ は H^- において整型であることが証明される．

これで定理の証明は終った．▮

系1 $S(\lambda)$ の $|\lambda|<\infty$ において正則な基底 $\varphi_j(\cdot,\lambda)$ $(j=1,\cdots,n)$ に対して，関数 $G(t,s,\lambda)$ は

$$G(t,s,\lambda)=\begin{cases}\displaystyle\sum_{j,k=1}^{n} M_{jk}(\lambda)\varphi_k(t,\lambda)\bar{\varphi}_j(s,\bar{\lambda}) & (\alpha<s\leqq t<\beta)\\ \displaystyle\sum_{j,k=1}^{n} N_{jk}(\lambda)\varphi_k(t,\lambda)\bar{\varphi}_j(s,\bar{\lambda}) & (\alpha<t<s<\beta)\end{cases} \tag{5.36}$$

と書ける．係数 $M_{jk}(\lambda), N_{jk}(\lambda)$ は H^+, H^- の各々において整型である．

系2 (t,λ) を固定したとき，G と導関数 $\partial^jG/\partial t^j$ $(j=1,\cdots,n-1)$ は s の関数として $L^2(I)$ に属する：

$$\partial^jG/\partial t^j(t,\cdot,\lambda)\in L^2(I) \qquad (j=0,1,\cdots,n-1). \qquad ——$$

関数 $G(t,s,\lambda)$ を T の **Green 関数**という．

b) Green 関数の性質

次の定理は定理3.14の証明とまったく同様にしてできる．

定理5.11 $\mathrm{Im}\,\lambda\neq 0$ のとき，

$$G(t,s,\lambda)=\bar{G}(s,t,\bar{\lambda}) \qquad (t\in I,\ s\in I)$$

が成り立つ.

系　$\varphi_1(\cdot,\lambda),\cdots,\varphi_n(\cdot,\lambda)$ を $S(\lambda)$ の $|\lambda|<\infty$ における正則な基底として，Green 関数 $G(t,s,\lambda)$ を (5.36) と書いたとき，

$$M_{jk}(\lambda)=\bar{N}_{kj}(\bar{\lambda})\qquad (j,k=1,\cdots,n)$$

が成り立つ. ——

$\varphi_1(\cdot,\lambda),\cdots,\varphi_n(\cdot,\lambda)$ は上と同様として，任意の $t\in I$ に対し

$$(5.37)\qquad \Gamma_{tk}(s,\lambda)=\begin{cases}\displaystyle\sum_{j=1}^{n}M_{jk}(\lambda)\bar{\varphi}_j(s,\bar{\lambda}) & (\alpha<s\leqq t)\\ \displaystyle\sum_{j=1}^{n}N_{jk}(\lambda)\bar{\varphi}_j(s,\bar{\lambda}) & (t<s<\beta)\end{cases}$$

とおくと，明らかに

$$G(t,s,\lambda)=\sum_{k=1}^{n}\varphi_k(t,\lambda)\Gamma_{tk}(s,\lambda)$$

が成り立つ. さらに

$$\frac{\partial^m G}{\partial t^m}(t,s,\lambda)=\sum_{k=1}^{n}\varphi_k{}^{(m)}(t,\lambda)\Gamma_{tk}(s,\bar{\lambda})\qquad (m=1,2,\cdots,n-1)$$

が成り立つことは明らかである. 定理4.18と G の定め方から

$$\Gamma_{tk}(\cdot,\lambda)\in L^2(I)\qquad (k=1,\cdots,n)$$

となる. 定理5.11から，$\bar{\Gamma}_{tk}(\cdot,\lambda)$ は境界条件 (5.21) を満たすことが分る. 実際，

$$G(s,t,\bar{\lambda})=\bar{G}(t,s,\lambda)=\sum\bar{\varphi}_k(t,\lambda)\bar{\Gamma}_{tk}(s,\lambda)$$

と $B(G(\cdot,t,\bar{\lambda}))=0$ から

$$\sum\bar{\varphi}_k(t,\lambda)\{F(\bar{\Gamma}_{tk}(\cdot,\lambda),\phi_r)(\beta)-F(\bar{\Gamma}_{tk}(\cdot,\lambda),\phi_r)(\alpha)\}=0.$$

$\varphi_1(\cdot,\lambda),\cdots,\varphi_n(\cdot,\lambda)$ は1次独立であるから

$$F(\bar{\Gamma}_{tk}(\cdot,\lambda),\phi_r)(\beta)-F(\bar{\Gamma}_{tk}(\cdot,\lambda),\phi_r)(\alpha)=0$$

を得る.

定理 5.12　$t_0\in I$ に対し $\varphi_j{}^{(m)}(t_0,\lambda)$ $(m=0,1,\cdots,n-1;\ j=1,\cdots,n)$ が定数であれば，次の等式が成り立つ.

$$2i\,\mathrm{Im}\,\lambda\cdot(\bar{\Gamma}_{t_0k}(\cdot,\lambda),\bar{\Gamma}_{t_0l}(\cdot,\lambda))=M_{kl}(\lambda)-M_{kl}(\bar{\lambda})=N_{kl}(\lambda)-N_{kl}(\bar{\lambda}).$$

証明　$\bar{\Gamma}_{t_0k}(\cdot,\lambda)$ は $t\neq t_0$ において $Lx=\bar{\lambda}x$ を満たすことから，Green の公式を使って

$$2i\,\mathrm{Im}\,\lambda\cdot(\bar{\Gamma}_{t_0k}(\cdot,\lambda),\bar{\Gamma}_{t_0l}(\cdot,\lambda))$$
$$=-\left(\int_\alpha^{t_0}+\int_{t_0}^{\beta}\right)\{L(\bar{\Gamma}_{t_0k}(\cdot,\lambda))\cdot\Gamma_{t_0l}(\cdot,\lambda)-\bar{\Gamma}_{t_0k}(\cdot,\lambda)\cdot\overline{L(\bar{\Gamma}_{t_0l}(\cdot,\lambda))}\}\,dt$$
$$=-\{F(\bar{\Gamma}_{t_0k}(\cdot,\lambda),\bar{\Gamma}_{t_0l}(\cdot,\lambda))(t_0-0)-F(\bar{\Gamma}_{t_0k}(\cdot,\lambda),\bar{\Gamma}_{t_0l}(\cdot,\lambda))(\alpha)\}$$
$$-\{F(\bar{\Gamma}_{t_0k}(\cdot,\lambda),\bar{\Gamma}_{t_0l}(\cdot,\lambda))(\beta)-F(\bar{\Gamma}_{t_0k}(\cdot,\lambda),\bar{\Gamma}_{t_0l}(\cdot,\lambda))(t_0+0)\}.$$

一方，$\bar{\Gamma}_{t_0k}(\cdot,\lambda)$ は境界条件を満たすから定理 5.6 によって

$$F(\bar{\Gamma}_{t_0k}(\cdot,\lambda),\bar{\Gamma}_{t_0l}(\cdot,\lambda))(\beta)-F(\bar{\Gamma}_{t_0k}(\cdot,\lambda),\bar{\Gamma}_{t_0l}(\cdot,\lambda))(\alpha)=0.$$

したがって，

$$2i\,\mathrm{Im}\,\lambda\cdot(\bar{\Gamma}_{t_0k}(\cdot,\lambda),\bar{\Gamma}_{t_0l}(\cdot,\lambda))$$
$$=F(\bar{\Gamma}_{t_0k}(\cdot,\lambda),\bar{\Gamma}_{t_0l}(\cdot,\lambda))(t_0+0)-F(\bar{\Gamma}_{t_0k}(\cdot,\lambda),\bar{\Gamma}_{t_0l}(\cdot,\lambda))(t_0-0)$$

を得る．(5.37) を代入して

$$2i\,\mathrm{Im}\,\lambda\cdot(\bar{\Gamma}_{t_0k}(\cdot,\lambda),\bar{\Gamma}_{t_0l}(\cdot,\lambda))$$
$$=\sum_{j,m}^{n}(\bar{N}_{jk}(\lambda)N_{ml}(\lambda)-\bar{M}_{jk}(\lambda)M_{ml}(\lambda))F(\varphi_j(\cdot,\bar{\lambda}),\varphi_m(\cdot,\bar{\lambda}))(t_0)$$
$$=\sum_{j,m}N_{ml}(\lambda)(\bar{M}_{jk}(\lambda)-\bar{N}_{jk}(\lambda))\overline{F(\varphi_m(\cdot,\bar{\lambda}),\varphi_j(\cdot,\bar{\lambda}))}(t_0)$$
$$-\sum_{j,m}\bar{M}_{jk}(\lambda)(M_{ml}(\lambda)-N_{ml}(\lambda))F(\varphi_j(\cdot,\bar{\lambda}),\varphi_m(\cdot,\bar{\lambda}))(t_0)$$

を得る．仮定によって $\varphi_j{}^{(m)}(t_0,\lambda)$ $(m=0,1,\cdots,n-1)$ は λ によらない定数であるから，$F(\varphi_j(\cdot,\bar{\lambda}),\varphi_k(\cdot,\bar{\lambda}))(t_0)=F(\varphi_j(\cdot,\lambda),\varphi_k(\cdot,\bar{\lambda}))$．また

$$[M_{jk}(\lambda)-N_{jk}(\lambda)][F(\varphi_j(\cdot,\lambda),\varphi_k(\cdot,\bar{\lambda}))]=I\quad(\text{単位行列})$$

であったから，

$$\sum_j(\bar{M}_{jk}(\lambda)-\bar{N}_{jk}(\lambda))\overline{F(\varphi_m(\cdot,\bar{\lambda}),\varphi_j(\cdot,\bar{\lambda}))}(t_0)=\delta_{mk},$$
$$\sum_m(M_{ml}(\lambda)-N_{ml}(\lambda))F(\varphi_j(\cdot,\lambda),\varphi_m(\cdot,\bar{\lambda}))(t_0)=\delta_{jl}.$$

これから

$$2i\,\mathrm{Im}\,\lambda\cdot(\bar{\Gamma}_{t_0k}(\cdot,\lambda),\bar{\Gamma}_{t_0l}(\cdot,\lambda))=N_{kl}(\lambda)-\bar{M}_{lk}(\lambda)=N_{kl}(\lambda)-N_{kl}(\bar{\lambda})$$

を得る．$(\bar{\Gamma}_{t_0k}(\cdot,\lambda),\bar{\Gamma}_{t_0l}(\cdot,\lambda))=\overline{(\bar{\Gamma}_{t_0l}(\cdot,\lambda),\bar{\Gamma}_{t_0k}(\cdot,\lambda))}$ から

$$2i\,\mathrm{Im}\,\lambda\cdot(\bar{\Gamma}_{t_0k}(\cdot,\lambda),\bar{\Gamma}_{t_0l}(\cdot,\lambda))=M_{kl}(\lambda)-\bar{N}_{lk}(\bar{\lambda})=M_{kl}(\lambda)-M_{kl}(\bar{\lambda})$$

を得る．∎

c) Green 作用素

Green 関数 $G(t,s,\lambda)$ を積分核とする積分作用素を **Green 作用素**といい，$G(\lambda)$

で表わす：

$$(G(\lambda)f)(t)=\int_\alpha^\beta G(t,s,\lambda)f(s)\,ds.$$

Green 関数の決め方から，$f\in L^2(I)$ に対し

$$x(t)=\int_\alpha^\beta G(t,s,\lambda)f(s)\,ds$$

とおけば，x は D_1 に属し

$$x^{(m)}(t)=\int_\alpha^\beta \frac{\partial^m G}{\partial t^m}(t,s,\lambda)f(s)\,ds \qquad (m=1,2,\cdots,n-1) \tag{5.38}$$

が成り立つ．

定理 5.13　Im $\lambda\neq 0$ に対し，$G(\lambda)$ は T のレゾルベントである：

$$G(\lambda)=(T-\lambda I)^{-1} \qquad (\mathrm{Im}\,\lambda\neq 0). \tag{5.39}$$

証明　まず，任意の $f\in L^2(I)$ に対し，$x=G(\lambda)f$ が D に属することを証明する．そのためには，$x\in D_1$ であるから，x が境界条件 (5.21) を満たすことをいえばよい．(5.38) から

$$F(x,\phi_r)(t)=\int_\alpha^\beta F(G(\cdot,s,\lambda),\phi_r)(t)f(s)\,ds$$

が成り立つ．したがって，$\alpha<t_1<t_2<\beta$ に対し

$$\begin{aligned}&F(x,\phi_r)(t_2)-F(x,\phi_r)(t_1)\\&=\int_\alpha^\beta \{F(G(\cdot,s,\lambda),\phi_r)(t_2)-F(G(\cdot,s,\lambda),\phi_r)(t_1)\}f(s)\,ds\end{aligned}$$

となる．$t_1\to\alpha$，$t_2\to\beta$ のとき，

$$\begin{aligned}&F(x,\phi_r)(t_2)-F(x,\phi_r)(t_1)\longrightarrow F(x,\phi_r)(\beta)-F(x,\phi_r)(\alpha),\\&F(G(\cdot,s,\lambda),\phi_r)(t_2)-F(G(\cdot,s,\lambda),\phi_r)(t_1)\longrightarrow 0\end{aligned}$$

であるから，

$$\begin{aligned}&\lim_{\substack{t_1\to\alpha\\t_2\to\beta}}\int_\alpha^\beta \{F(G(\cdot,s,\lambda),\phi_r)(t_2)-F(G(\cdot,s,\lambda),\phi_r)(t_1)\}f(s)\,ds\\&=\int_\alpha^\beta \lim_{\substack{t_1\to\alpha\\t_2\to\beta}}\{F(G(\cdot,s,\lambda),\phi_r)(t_2)-F(G(\cdot,s,\lambda),\phi_r)(t_1)\}f(s)\,ds\end{aligned} \tag{5.40}$$

が成り立つことを示せばよい．Green の公式と $G(t,s,\lambda)$ の性質から，$s\leqq t_1$ または $t_2\leqq s$ に対し

$$F(G(\cdot,s,\lambda),\phi_r)(t_2)-F(G(\cdot,s,\lambda),\phi_r)(t_1)$$
$$=\int_{t_1}^{t_2}G(t,s,\lambda)(\lambda\bar{\phi}_r(t)-(\overline{L\phi_r})(t))\,dt=-\int_{t_1}^{t_2}\bar{G}(s,t,\bar{\lambda})(\overline{(L-\bar{\lambda})\phi_r})(t)\,dt$$

が成り立ち，$t_1<s<t_2$ に対しては

$$F(G(\cdot,s,\lambda),\phi_r)(t_2)-F(G(\cdot,s,\lambda),\phi_r)(t_1)$$
$$=F(G(\cdot,s,\lambda),\phi_r)(s+0)-F(G(\cdot,s,\lambda),\phi_r)(s-0)$$
$$+\int_{t_1}^{t_2}G(t,s,\lambda)(\lambda\bar{\phi}_r(t)-(\overline{L\phi_r})(t))\,dt$$
$$=\bar{\phi}_r(s)-\int_{t_1}^{t_2}\bar{G}(s,t,\bar{\lambda})(\overline{(L-\bar{\lambda})\phi_r})(t)\,dt$$

が成り立つ．このことから，$F(G(\cdot,s,\lambda),\phi_r)(t_2)-F(G(\cdot,s,\lambda),\phi_r)(t_1)$ は s の関数として $L^2(I)$ に属し，かつ，$t_1\to\alpha$，$t_2\to\beta$ のとき $L^2(I)$ の元

$$\bar{\phi}_r(s)-\int_{\alpha}^{\beta}\bar{G}(s,t,\bar{\lambda})(\overline{(L-\bar{\lambda})\phi_r})(t)\,dt$$

に収束する．したがって (5.40) が成り立つ．

いま証明したことと，定理 4.19, 2) と (5.29) から

$$(T-\lambda I)G(\lambda)=I$$

が成り立つ．$T-\lambda I$ は D を $L^2(I)$ の上へ 1 対 1 に写す写像であるから，(5.39) がいえた．▌

次節で必要となる次の定理を証明しよう．

定理 5.14 $|\lambda|<\infty$ において正則な $S(\lambda)$ の基底 $\varphi_1(\cdot,\lambda),\cdots,\varphi_n(\cdot,\lambda)$ をとり $G(t,s,\lambda)$ を (5.36) と表わす．そのとき，任意の $\mu_0\in\boldsymbol{R}$ に対し，正の数 ε_0 が定まり，$\varepsilon M_{jk}(\mu\pm i\varepsilon)$ は $\mu_0-\varepsilon_0<\mu<\mu_0+\varepsilon_0$，$0<\varepsilon<\varepsilon_0$ において有界となる．さらに可算個の μ の値を除き，

$$\varepsilon M_{jk}(\mu\pm i\varepsilon)\longrightarrow 0\quad(\varepsilon\to 0)\tag{5.41}$$

が成り立つ．$\varepsilon N_{jk}(\mu\pm i\varepsilon)$ に対しても同様なことが成り立つ．

証明 T のスペクトル分解を

$$T=\int_{-\infty}^{\infty}\mu P(d\mu)$$

とすると，任意の $\mu\in\boldsymbol{R}$，$\varepsilon>0$ と $f\in L^2(I)$ に対し

$$\varepsilon G(\mu\pm i\varepsilon)f=\int_{-\infty}^{\infty}\frac{\varepsilon P(d\nu)f}{\nu-(\mu\pm i\varepsilon)}$$

が成り立つ．

$$\int_{-\infty}^{\infty}\frac{\varepsilon P(d\nu)f}{\nu-(\mu\pm i\varepsilon)}=\pm i(P(\mu)-P(\mu-0))f+\left(\int_{]-\infty,\mu[}+\int_{]\mu,\infty[}\right)\frac{\varepsilon P(d\nu)f}{\nu-(\mu\pm i\varepsilon)}$$

で，$\varepsilon\to 0$ のとき，右辺の積分は 0 に収束することが容易に分る．したがって，$\varepsilon G(\mu\pm i\varepsilon)f\to\pm iP(\{\mu\})f$ を得る．ここで $P(\{\mu\})=P(\mu)-P(\mu-0)$．$P(\{\mu\})\neq 0$ となる μ の集合 Ω は高々可算集合である．したがって，$\mu\notin\Omega$ ならば，任意の $f\in L^2(I)$ に対し

$$\varepsilon G(\mu\pm i\varepsilon)f\longrightarrow 0\quad(\varepsilon\to 0)\tag{5.42}$$

を得る．

次に，$\mu_0\in\boldsymbol{R}$ とする．$\alpha<t_1<t_2<\beta$ を満たす t_1,t_2 をとり次に $C^\infty(I)$ に属する関数 $f_1,\cdots,f_n$ でその台が $]\alpha,t_0[$ に含まれるものと，$C^\infty(I)$ に属する関数 $g_1,\cdots,g_n$ で台が $]t_1,t_2[$ に含まれるものを

$$\int_\alpha^\beta\bar{\varphi}_j(s,\mu_0)f_i(s)\,ds=\delta_{ji},\qquad\int_\alpha^\beta\varphi_k(t,\mu_0)\bar{g}_h(t)\,dt=\delta_{kh}$$

を満たすように選ぶ．そのとき，行列

$$\left[\int_\alpha^\beta\bar{\varphi}_j(s,\bar{\lambda})f_i(s)\,ds\right],\qquad\left[\int_\alpha^\beta\varphi_k(t,\lambda)\bar{g}_h(t)\,dt\right]$$

は $|\lambda|<\infty$ において整型であり，正の数 ε_0 を適当にとると，$|\mathrm{Re}\,\lambda-\mu_0|<\varepsilon_0$，$|\mathrm{Im}\,\lambda|<\varepsilon_0$ で非退化である．f_i,g_h の定義から $(\varepsilon G(\lambda)f_i,g_h)$ を計算すると

$$(\varepsilon G(\lambda)f_i,g_h)=\sum_{j,k=1}^n\varepsilon M_{jk}(\lambda)\int_\alpha^\beta\varphi_k(t,\lambda)\bar{g}_h(t)\,dt\int_\alpha^\beta\bar{\varphi}_j(s,\bar{\lambda})f_i(s)\,ds$$

を得る．これを行列を使って書き直すと

$$\left[\int_\alpha^\beta\bar{\varphi}_j(s,\bar{\lambda})f_i(s)\,ds\right][\varepsilon M_{jk}(\lambda)]\left[\int_\alpha^\beta\varphi_k(t,\lambda)\bar{g}_h(t)\,dt\right]=[(\varepsilon G(\lambda)f_i,g_h)]$$

となる．これから，$\varepsilon M_{jk}(\lambda)$ は $(\varepsilon G(\lambda)f_i,g_h)$ の1次結合で表わされ，その係数は $|\mathrm{Re}\,\lambda-\mu_0|<\varepsilon_0$，$|\mathrm{Im}\,\lambda|<\varepsilon_0$ で整型である．$\mu_0-\varepsilon_0<\mu<\mu_0+\varepsilon_0$，$0<\varepsilon<\varepsilon_0$ ならば，$|(\varepsilon G(\mu\pm i\varepsilon)f_i,g_h)|\leqq\|f_i\|\cdot\|g_h\|$ であるから，必要なら ε_0 を少し小さくとることにより，$\varepsilon M_{jk}(\mu\pm i\varepsilon)$ は $\mu_0-\varepsilon_0<\mu<\mu_0+\varepsilon_0$，$0<\varepsilon<\varepsilon_0$ において有界となる．

(5.42) から，$\mu\notin\Omega$ ならば，(5.41) が成り立つことも分る．

$\varepsilon N_{jk}(\mu\pm i\varepsilon)$ についてもまったく同様に証明できる. ∎

§5.3 スペクトル定理

前節と同様, $T_0\subset T\subset T_1$ を満たす自己随伴作用素を考える. T のスペクトル分解を

$$T=\int_{-\infty}^{\infty}\mu P(d\mu)$$

とする. 区間 $\Delta=]a, b]$ に対し

$$P(\Delta)=P(b)-P(a)$$

とおく.

$|\lambda|<\infty$ において正則な $S(\lambda)$ の基底 $\varphi_1(\cdot, \lambda), \cdots, \varphi_n(\cdot, \lambda)$ を取って, T の Green 関数 $G(t, s, \lambda)$ を

$$G(t, s, \lambda)=\begin{cases}\displaystyle\sum_{j,k=1}^{n} M_{jk}(\lambda)\varphi_k(t, \lambda)\bar{\varphi}_j(s, \bar{\lambda}) & (\alpha<s\leqq t<\beta)\\ \displaystyle\sum_{j,k=1}^{n} N_{jk}(\lambda)\varphi_k(t, \lambda)\bar{\varphi}_j(s, \bar{\lambda}) & (\alpha<t<s<\beta)\end{cases}$$

と表わす. $M_{jk}(\lambda), N_{jk}(\lambda)$ は H^+, H^- の各々で整型で

$$M_{jk}(\lambda)=\bar{N}_{kj}(\bar{\lambda})$$

を満たす.

簡単のため, $m=0, 1, \cdots, n-1$ に対し

$$G_t^{(m)}(t, s, \lambda)=\frac{\partial^m G}{\partial t^m}(t, s, \lambda)$$

とおく.

a) 補助定理

任意の $f\in L^2(I)$ に対し

$$f(\cdot, \mu)=(P(\mu)-P(0))f \qquad (\mu\in \boldsymbol{R})$$

とおく. また $\Delta=]a, b]$ に対し

$$f(\cdot, \Delta)=P(\Delta)f$$

とおく. そのとき明らかに

$$f(\cdot, \Delta)=f(\cdot, b)-f(\cdot, a),$$

$$Tf(\cdot,\varDelta)=\int_{\varDelta}\mu P(d\mu)f(\cdot,\varDelta)$$

が成り立つ．定義から，$f(\cdot,\mu), f(\cdot,\varDelta)$ は D_1 の元である．したがって，$f(t,\mu)$, $f(t,\varDelta)$ は t について $n-1$ 回微分可能である．

補助定理 1　任意の $f\in L^2(I)$ と $\varDelta=]a,b]$ と $\lambda\in H^+\cup H^-$ に対し，$m=0,1,\cdots,n-1$ のとき

$$f^{(m)}(t,\varDelta)=\left(f(\cdot,\varDelta),\int_{\varDelta}(\mu-\bar{\lambda})P(d\mu)\bar{G}_t{}^{(m)}(t,\cdot,\lambda)\right)\tag{5.43}$$

が成り立つ．

証明　$g(\cdot,\varDelta)$ を

$$g(\cdot,\varDelta)=(T-\lambda I)f(\cdot,\varDelta)=\int_{\varDelta}(\mu-\lambda)P(d\mu)f(\cdot,\varDelta)\tag{5.44}$$

によって定義すれば，

$$f(\cdot,\varDelta)=G(\lambda)g(\cdot,\varDelta)$$

が成り立つ．したがって

$$f^{(m)}(t,\varDelta)=\int_{\alpha}^{\beta}G_t{}^{(m)}(t,s,\lambda)g(s,\varDelta)ds\qquad(m=0,1,\cdots,n-1)$$

を得る．これを書き直すと

$$f^{(m)}(t,\varDelta)=(g(\cdot,\varDelta),\bar{G}_t{}^{(m)}(t,\cdot,\lambda)).$$

これに (5.44) を代入して

$$f^{(m)}(t,\varDelta)=\left(\int_{\varDelta}(\mu-\lambda)P(d\mu)f(\cdot,\varDelta),\bar{G}_t{}^{(m)}(t,\cdot,\lambda)\right).$$

これから (5.43) を得る．▌

補助定理 2　$f^{(m)}(t,\mu)$ $(m=0,1,\cdots,n-1)$ は μ の関数として右連続かつ任意の有界区間 $\varDelta=]a,b]$ において有界変動である．$f^{(m)}(t,\mu)$ の $\varDelta$ における全変動 $\int_{\varDelta}|f^{(m)}(t,d\mu)|$ は区間 I の任意のコンパクトな部分区間 $[t_1,t_2]$ において有界である．

証明　任意の $\mu_0\in\boldsymbol{R}$ と $\delta>0$ に対し $\varDelta_0=]\mu_0,\mu_0+\delta]$ とおく．明らかに

$$f^{(m)}(t,\mu_0+\delta)-f^{(m)}(t,\mu_0)=f^{(m)}(t,\varDelta_0)$$

が成り立ち，(5.43) から

(5.45)　　$|f^{(m)}(t,\varDelta_0)|$

$$\leqq \|f(\cdot, \varDelta_0)\| \left(\int_{\varDelta_0} |\mu-\bar{\lambda}|^2 \|P(d\mu)\bar{G}_t{}^{(m)}(t, \cdot, \lambda)\|^2 \right)^{1/2}$$

を得る．$P(\mu)$ は右連続であるから

$$\int_{\varDelta_0} |\mu-\bar{\lambda}|^2 \|P(d\mu)\bar{G}_t{}^{(m)}(t, \cdot, \lambda)\|^2 \longrightarrow 0 \quad (\delta \to 0)$$

となる．したがって，(5.45) から $f^{(m)}(t, \mu)$ は μ_0 で右連続であることが分る．

次に，区間 $\varDelta$ の分割

$$a = \mu_0 < \mu_1 < \cdots < \mu_N = b$$

を考え，$\varDelta_j =]\mu_{j-1}, \mu_j]$ とおく．そのとき，積分の定義から，

$$\int_{\varDelta} |f^{(m)}(t, d\mu)| = \sup \sum_{j=1}^{N} |f^{(m)}(t, \varDelta_j)|$$

が成り立つ．ここで sup は $\varDelta$ のすべての分割に対する上限を意味する．(5.45) において $\varDelta_0$ を $\varDelta_j$ でおきかえてよいから，

$$\begin{aligned} &\sup \sum |f^{(m)}(t, \varDelta_j)| \\ &\leqq \sup \sum \|f(\cdot, \varDelta_j)\| \left(\int_{\varDelta_j} |\mu-\bar{\lambda}|^2 \|P(d\mu)\bar{G}_t{}^{(m)}(t, \cdot, \lambda)\|^2 \right)^{1/2}. \end{aligned}$$

$\varDelta_j \subset \varDelta$ であるから $\|f(\cdot, \varDelta_j)\| \leqq \|f(t, \varDelta)\|$ である．また $\varDelta_1, \cdots, \varDelta_n$ は互いに素な $\varDelta$ の分割であるから，

$$\begin{aligned} &\sum_{j=1}^{n} \left(\int_{\varDelta_j} |\mu-\bar{\lambda}|^2 \|P(d\mu)\bar{G}_t{}^{(m)}(t, \cdot, \lambda)\|^2 \right)^{1/2} \\ &= \left(\int_{\varDelta} |\mu-\bar{\lambda}|^2 \|P(d\mu)\bar{G}_t{}^{(m)}(t, \cdot, \lambda)\|^2 \right)^{1/2} \end{aligned}$$

が成り立つ．このことから

$$\int_{\varDelta} |f^{(m)}(t, d\mu)| \leqq \|f(\cdot, \varDelta)\| \left(\int_{\varDelta} |\mu-\bar{\lambda}|^2 \|P(d\mu)\bar{G}_t{}^{(m)}(t, \cdot, \lambda)\|^2 \right)^{1/2}$$

を得る．$K = \max(|\mu-\bar{\lambda}|\,;\, a \leqq \mu \leqq b)$ とおくと

$$\begin{aligned} &\int_{\varDelta} |\mu-\bar{\lambda}|^2 \|P(d\mu)\bar{G}_t{}^{(m)}(t, \cdot, \lambda)\|^2 \\ &\leqq K^2 \int_{-\infty}^{\infty} \|P(d\mu)\bar{G}_t{}^{(m)}(t, \cdot, \lambda)\|^2 \leqq K^2 \|\bar{G}_t{}^{(m)}(t, \cdot, \lambda)\|^2. \end{aligned}$$

したがって，

$$\int_{\Delta} |f^{(m)}(t, d\mu)| \leqq K\|f(\cdot, \Delta)\| \|\bar{G}_t^{(m)}(t, \cdot, \lambda)\|$$

を得る．ゆえに，$f^{(m)}(t, \mu)$ は Δ で有界変動である．

t が区間 I のコンパクトな部分区間 $[t_1, t_2]$ を動くとき，$\|\bar{G}_t^{(m)}(t, \cdot, \lambda)\|$ は有界である．したがって，$\int_{\Delta} |f^{(m)}(t, d\mu)|$ は区間 $[t_1, t_2]$ において有界である．▮

補助定理 3　$f(\cdot, \mu)$ は次の方程式を満たす．

$$Lf(\cdot, \mu) = \int_0^{\mu} \nu f(\cdot, d\nu). \tag{5.46}$$

証明　$\mu=0$ のときは，$f(t, 0)=0\ (t \in I)$ であるから，(5.46) は $\mu=0$ に対して成り立つ．

$\mu>0$ とする．区間 $\Delta=]0, \mu]$ を $0=\mu_0<\mu_1<\cdots<\mu_N=\mu$ と分割し，部分区間を $\Delta_j=]\mu_{j-1}, \mu_j]$ とし，$\delta=\max|\mu_j-\mu_{j-1}|$ とおく．そのとき，

$$\left|\sum_{j=1}^{N} \mu_j f(t, \Delta_j) - \int_{\Delta} \nu f(t, d\nu)\right| \leqq \left|\sum_{j=1}^{N} \int_{\Delta_j} (\mu_j-\nu) f(t, d\nu)\right|$$
$$\leqq \delta \int_{\Delta} |f(t, d\nu)|$$

が成り立つ．このことは，$\delta \to 0$ のとき $\sum \mu_j f(t, \Delta_j)$ が I に含まれる有界閉区間において t について一様に積分 $\int_{\Delta} \mu f(t, d\mu)$ に収束することを示している．

一方，$Tf(\cdot, \Delta) = \int_{\Delta} \nu P(d\nu) f(\cdot, \Delta)$ の右辺の積分の部分和は $\sum \mu_j f(\cdot, \Delta_j)$ であるから，

$$\|\sum \mu_j f(\cdot, \Delta_j) - Lf(\cdot, \Delta)\| \longrightarrow 0 \quad (\delta \to 0)$$

を得る．したがって，$\mu>0$ に対し (5.46) が成り立つ．

$\mu<0$ に対しても同様に証明できる．▮

補助定理 4　区間 I の点 t_0 を固定する．そのとき，任意の $f \in L^2(I)$ に対し，$-\infty<\mu<\infty$ において

$$f^{(m)}(t_0, \mu) = \sum_{j=1}^{n} \varphi_j^{(m)}(t_0, \mu) f_j(\mu) \qquad (m=0, 1, \cdots, n-1) \tag{5.47}$$

を満たす関数 $f_1(\mu), \cdots, f_n(\mu)$ が一意的に定まり，$f_1, \cdots, f_\mu$ は右連続かつ任意の有界区間 $\Delta=]a, b]$ で有界変動である．

証明　$\{\varphi_j(t, \lambda)\}$ は $|\lambda|<\infty$ における $S(\lambda)$ の基底であるから Wronski 行列 $[\varphi_j^{(i)}(t, \lambda)]$ は $I \times \boldsymbol{C}$ で非退化である．したがって，任意の f に対し，$t=t_0$，$\mu \in \boldsymbol{R}$

で (5.47) を満たす関数 $f_1, \cdots, f_n$ は一意的に定まる.

$\varphi_j^{(m)}(t_0, \mu)$ は μ について解析的であるから, 補助定理 2 によって, $f_1, \cdots, f_n$ は右連続でかつ任意の有界区間で有界変動である. ▮

問 1 $f_j(0)=0$ $(j=1, \cdots, n)$ を示せ. ——

区間 $\Delta=]a, b]$ に対し

$$f_j(\Delta) = f_j(b) - f_j(a) \qquad (j=1, \cdots, n)$$

とおく.

補助定理 5 $t_0 \in I$ において, $\varphi_j^{(m)}(t, \lambda)$ $(m=0, 1, \cdots, n-1;\ j=1, \cdots, n)$ は λ に無関係な定数になるとする. そのとき任意の $f \in L^2(I)$ に対し

$$f(t, \mu) = \sum_{j=1}^{n} \int^{\mu} \varphi_j(t, \nu) f_j(d\nu) \tag{5.48}$$

が成り立つ.

証明 $g(t, \mu)$ を

$$g(t, \mu) = f(t, \mu) - \sum_{j=1}^{n} \int_0^{\mu} \varphi_j(t, \nu) f_j(d\nu) \tag{5.49}$$

によって定義する. そのとき,

$$\int_0^{\mu} \nu g(t, d\nu) = \int_0^{\mu} \nu \left(f(t, d\nu) - \sum_{j=1}^{n} \varphi_j(t, \nu) f_j(d\nu) \right)$$

が成り立つ. (5.46) と

$$L\left(\int_0^{\mu} \varphi_j(t, \nu) f_j(d\nu) \right) = \int_0^{\mu} L\varphi_j(t, \nu) f_j(d\nu) = \int_0^{\mu} \mu\varphi_j(t, \nu) f_j(d\nu)$$

とから

$$\begin{aligned} Lg(t, \nu) &= \int_0^{\mu} \nu f(t, d\nu) - \int_0^{\mu} \sum_{j=1}^{n} \nu\varphi_j(t, \nu) f_j(d\nu) \\ &= \int_0^{\mu} \nu \left(f(t, d\nu) - \sum_{j=1}^{n} \varphi_j(t, \nu) f_j(d\nu) \right). \end{aligned}$$

したがって, $g(t, \mu)$ は方程式

$$Lx(t, \mu) = \int_0^{\mu} \nu x(t, d\nu) \tag{5.50}$$

を満たす.

(5.49) から

$$g^{(m)}(t,\mu)=f^{(m)}(t,\mu)-\sum_{j=1}^{n}\int_0^\mu \varphi_j{}^{(m)}(t,\nu)f_j(d\nu) \qquad (m=0,1,\cdots,n-1)$$

を得る．この式で $t=t_0$ とおくと

$$g^{(m)}(t_0,\mu)=f^{(m)}(t_0,\mu)-\sum_{j=1}^{n}\int_0^\mu \varphi_j{}^{(m)}(t_0,\nu)f_j(d\nu).$$

ここで $\varphi_j{}^{(m)}(t_0,\mu)$ は定数であることと $f_j(0)=0$ とから

$$\int_0^\mu \varphi_j{}^{(m)}(t_0,\nu)f_j(d\nu)=\varphi_j{}^{(m)}(t_0,\mu)\int_0^\mu f_j(d\nu)=\varphi_j{}^{(m)}(t_0,\mu)f_j(\mu)$$

となる．(5.47) によって $g(t,\mu)$ は初期条件

$$x^{(m)}(t_0,\mu)=0 \qquad (m=0,1,\cdots,n-1) \tag{5.51}$$

を満たす．(5.50) の解 $x(t,\mu)$ は，各 $\mu\in\boldsymbol{R}$ に対し $x(\cdot,\mu)\in A^n(I)$ でかつ I のコンパクトな部分区間 $[t_1,t_2]$ と $\mu_0>0$ に対して $x(t,\mu)$ の μ に関する全変分 $\int_0^{\mu_0}|x(t,d\mu)|$ が $[t_1,t_2]$ で有界となるとしてよい．初期条件 (5.51) を満たすこのような (5.50) の解は恒等的に 0 に限ることが示されれば，(5.48) は証明されたことになる．

方程式 (5.50) の右辺を既知関数とみなして，定数変化法を使う．§2.2, d) で導入された関数 $k_0(t,s)$ を使えば，(5.51) を満たす (5.50) の解は

$$x(t,\mu)=\int_{t_0}^t k_0(t,s)\,ds\int_0^\mu \nu x(s,d\nu) \tag{5.52}$$

と書かれる．(5.52) から

$$\int_0^\mu \nu x(s,d\nu)=\int_{t_0}^s k_0(s,s_1)\,ds_1\int_0^\mu \nu^2 x(s_1,d\nu)$$

を得るが，これを再び (5.52) に代入して

$$x(t,\mu)=\int_{t_0}^t k_0(t,s)\,ds\int_{t_0}^s k_0(s,s_1)\,ds_1\int_0^\mu \nu^2 x(s_1,d\nu)$$

が得られる．この操作をくり返して行えば，任意の k に対し

$$\begin{aligned}x(t,\mu)=&\int_{t_0}^t k_0(t,s)\,ds\int_{t_0}^s k_0(s,s_1)\,ds_1\\&\cdots ds_{k-1}\int_{t_0}^{s_{k-1}} k_0(s_{k-1},s_k)\,ds_k\int_0^\mu \nu^{k+1}x(s_k,d\nu)\end{aligned} \tag{5.53}$$

が成り立つ．区間 $[t_1,t_2]\subset I\ (t_1<t_0<t_2)$ と $\mu_0>0$ に対し

$$\left|\int_0^{\mu}|x(t,d\nu)|\right| \leqq K \qquad (t\in[t_1,t_2],\ |\mu|\leqq\mu_0)$$

とおけば,

$$\left|\int_0^{\mu}\nu^{k+1}x(t,d\nu)\right| \leqq K{\mu_0}^{k+1} \qquad (t\in[t_1,t_2],\ |\mu|\leqq\mu_0)$$

が成り立つ. $k_0(t,s)$ は $[t_1,t_2]\times[t_1,t_2]$ で有界であるから

$$|k_0(t,s)| \leqq M \qquad (t\in[t_1,t_2],\ s\in[t_1,t_2])$$

とおく. そのとき (5.53) から $t_1\leqq t\leqq t_2$, $|\mu|\leqq\mu_0$ において

$$|x(t,\mu)| \leqq \frac{K{\mu_0}^{k+1}M^{k+1}|t-t_0|^{k+1}}{(k+1)\,!}$$

を得る. $k\to\infty$ とすれば, $x(t,\mu)=0$ $(t\in[t_1,t_2],\ |\mu|\leqq\mu_0)$ となる. t_1, t_2, μ_0 は任意であるから, $I\times\boldsymbol{R}$ で $x(t,\mu)=0$ であることがいえる. これで (5.48) が証明された. ▌

区間 I の1点 t_0 をとり, 前節で考察された関数

$$\varGamma_k(s,\lambda)=\begin{cases}\sum M_{jk}(\lambda)\,\bar{\varphi}_j(s,\bar{\lambda}) & (\alpha<s\leqq t_0)\\ \sum N_{jk}(\lambda)\,\bar{\varphi}_j(s,\bar{\lambda}) & (t_0<s<\beta)\end{cases}$$

を考える. $\varGamma_k(\cdot,\lambda)\in L^2(I)$ $(k=1,\cdots,n)$ であった.

$$\gamma_k(\cdot)=\int_{-\infty}^{\infty}(\mu-\lambda)\,P(d\mu)\,\bar{\varGamma}_k(\cdot,\lambda)$$

とおく. $\gamma_k(\cdot)$ はある条件のもとで λ の取り方によらないことが補助定理7で示される. さらに任意の区間 $\varDelta=]a,b]$ に対し

$$\gamma_k(\cdot,\varDelta)=P(\varDelta)\gamma_k(\cdot)=\int_{\varDelta}(\mu-\lambda)\,P(d\mu)\,\bar{\varGamma}_k(\cdot,\lambda)$$

とおく. $\gamma_k(\cdot,\varDelta)$ も同じ条件のもとで λ の取り方によらない. 明らかに

(5.54) $\qquad \varDelta\cap\varDelta'=\phi \Longrightarrow (\gamma_j(\cdot,\varDelta),\gamma_k(\cdot,\varDelta'))=0 \qquad (j,k=1,\cdots,n)$

が成り立つ. $\sigma_{jk}(\varDelta)$ を

(5.55) $\qquad \sigma_{jk}(\varDelta)=(\gamma_j(\cdot,\varDelta),\gamma_k(\cdot,\varDelta))$

によって定義する. そのとき, (5.54) によって $\sigma_{jk}(\varDelta)$ は

(5.56) $\qquad \varDelta\cap\varDelta'=\phi \Longrightarrow \sigma_{jk}(\varDelta\cup\varDelta')=\sigma_{jk}(\varDelta)+\sigma_{jk}(\varDelta')$

を満たす.

問2 (5.56) を証明せよ. ——

$\boldsymbol{R}$ で定義された関数 $\sigma_{jk}(\mu)$ を

$$(5.57)\qquad \sigma_{jk}(\mu)=\begin{cases}\sigma_{jk}(]0,\mu]) & (\mu>0)\\ 0 & (\mu=0)\\ -\sigma_{jk}(]\mu,0]) & (\mu<0)\end{cases}$$

によって定義する．そのとき，$\varDelta=]a,b]$ に対し

$$\sigma_{jk}(\varDelta)=\sigma_{jk}(b)-\sigma_{jk}(a)$$

が成り立つ．

$$\sum(\mu)=[\sigma_{jk}(\mu)]$$

とおく．

補助定理 6　行列 $\sum(\mu)$ は次の性質を持つ．

1)　$\sum(\mu)$ は Hermite 行列である．

2)　$\sum(\mu)$ は μ について右連続である．

3)　$\mu_1<\mu_2$ に対し，$\sum(\mu_2)-\sum(\mu_1)$ は半正定値である：

$$(5.58)\qquad \sum_{j,k=1}^{n}(\sigma_{jk}(\mu_2)-\sigma_{jk}(\mu_1))\xi_k\bar{\xi}_j\geqq 0\qquad(\xi_1,\cdots,\xi_n\in\boldsymbol{C}).$$

証明　1) は (5.55) と (5.57) から直ちに導かれる．

次に 3) を証明する．$\varDelta=]\mu_1,\mu_2]$ とおくと，$\sigma_{jk}(\varDelta)=\sigma_{jk}(\mu_2)-\sigma_{jk}(\mu_1)$ で，(5.55) から

$$\left\|\sum_{j=1}^{n}\bar{\xi}_j\gamma_j(\cdot,\varDelta)\right\|^2=\left(\sum_{j=1}^{n}\bar{\xi}_j\gamma_j(\cdot,\varDelta),\sum_{k=1}^{n}\bar{\xi}_k\gamma_k(\cdot,\varDelta)\right)$$
$$=\sum_{j,k=1}^{n}\sigma_{jk}(\varDelta)\xi_k\bar{\xi}_j$$

を得る．したがって (5.58) が成り立つ．

2) を証明する．任意の区間 $\varDelta=]a,b]$ に対し，明らかに

$$\sigma_{jj}(\varDelta)=\|\gamma_j(\cdot,\varDelta)\|^2.$$

$\gamma_j(\cdot,\varDelta)=P(\varDelta)\gamma_j(\cdot)$ で $P(\mu)$ は右連続なことから，$b\to a$ ならば $\|\gamma_j(\cdot,\varDelta)\|\to 0$ となる．このことは $\sigma_{jj}(\mu)$ が μ について右連続であることを示している．

$$|\sigma_{jk}(\varDelta)|\leqq\|\gamma_j(\cdot,\varDelta)\|\|\gamma_k(\cdot,\varDelta)\|=(\sigma_{jj}(\varDelta)\sigma_{kk}(\varDelta))^{1/2}$$

から，$\sigma_{jk}(\mu)$ が右連続なことが分る．▌

補助定理 7　$t_0\in I$ に対し $\varphi_j^{(m)}(t_0,\lambda)$ は λ によらない定数 e_j^m になるとする．

そのとき，次のことが成り立つ.

1)　任意の $f \in L^2(I)$ に対し

$$f_j(\varDelta) = (f(\cdot), \gamma_j(\cdot, \varDelta)). \tag{5.59}$$

2)　$\gamma_j(\cdot, \varDelta)$ は λ の取り方によらない．したがって，$\gamma_j(\cdot)$ も λ の取り方によらない.

証明　$\varGamma_j(\cdot, \lambda)$ の定義と仮定から

$$G_t^{(m)}(t_0, s, \lambda) = \sum_{j=1}^{n} \varphi_j^{(m)}(t_0, \lambda) \varGamma_j(s, \lambda) = \sum_{j=1}^{n} e_j^m \varGamma_j(s, \lambda). \tag{5.60}$$

(5.43) から

$$f^{(m)}(t_0, \varDelta) = \left(f(\cdot), \int_{\varDelta} (\mu - \bar{\lambda}) P(d\mu) \bar{G}_t^{(m)}(t_0, \cdot, \lambda)\right). \tag{5.61}$$

(5.60) を (5.61) に代入して

$$f^{(m)}(t_0, \varDelta) = \sum_{j=1}^{n} e_j^m \left(f(\cdot), \int_{\varDelta} (\mu - \bar{\lambda}) P(d\mu) \bar{\varGamma}_j(\cdot, \lambda)\right).$$

$\gamma_j(\cdot, \varDelta)$ の定義から

$$f^{(m)}(t_0, \varDelta) = \sum_{j=1}^{n} e_j^m (f(\cdot), \gamma_j(\cdot, \varDelta)) \tag{5.62}$$

を得る．(5.47) と仮定から

$$f^{(m)}(t_0, \mu) = \sum_{j=1}^{n} e_j^m f_j(\mu).$$

$f(t, \varDelta)$ と $f_j(\varDelta)$ の定義から

$$f^{(m)}(t_0, \varDelta) = \sum_{j=1}^{n} e_j^m f_j(\varDelta) \qquad (m=0, 1, \cdots, n-1) \tag{5.63}$$

を得る．行列 $[e_j^m]$ は非退化であるから，(5.62) と (5.63) から (5.59) が得られる.

区間 $\varDelta$ を固定し，$f \in L^2(I)$ に $f_j(\varDelta)$ を対応させる写像は明らかに $L^2(I)$ における線型汎関数である．$f_j(\varDelta)$ は λ に無関係であるから，(5.59) によって $\gamma_j(\cdot, \varDelta)$ も λ に無関係に決まる. ▌

問 3　線型汎関数 $f \longmapsto f_j(\varDelta)$ は有界であることを示せ.

補助定理 8　$\{\varphi_j(\cdot, \lambda)\}$ の仮定は前と同じとし，この $\{\varphi_j(\cdot, \lambda)\}$ から $\sigma_{jk}(\mu)$ を定義する．そのとき，

$$\sigma_{jk}(\mu) = \lim_{\delta\to+0}\lim_{\varepsilon\to+0}\frac{1}{2\pi i}\int_{\delta}^{\mu+\delta}(M_{jk}(\nu+i\varepsilon)-M_{jk}(\nu-i\varepsilon))\,d\nu$$
$$= \lim_{\delta\to+0}\lim_{\varepsilon\to+0}\frac{1}{2\pi i}\int_{\delta}^{\mu+\delta}(N_{jk}(\nu+i\varepsilon)-N_{jk}(\nu-i\varepsilon))\,d\nu$$

が成り立つ.

証明　$\{\varphi_j(\cdot,\lambda)\}$ に対する仮定と定理 5.12 から

$$2i\,\mathrm{Im}\,\lambda\cdot(\bar{\Gamma}_j(\cdot,\lambda),\bar{\Gamma}_k(\cdot,\lambda)) = M_{jk}(\lambda)-M_{jk}(\bar{\lambda}) = N_{jk}(\lambda)-N_{jk}(\bar{\lambda})$$

が成り立つ. したがって

$$\sigma_{jk}(\mu) = \lim_{\delta\to 0}\lim_{\varepsilon\to 0}\frac{1}{2\pi i}\int_{\delta}^{\mu+\delta}(M_{jk}(\nu+i\varepsilon)-M_{jk}(\nu-i\varepsilon))\,d\nu \tag{5.64}$$

を証明すればよい.

$$\gamma_j(\cdot,\Delta) = \int_{\Delta}(\nu-\lambda)P(d\nu)\bar{\Gamma}_j(\cdot,\lambda)$$

を (5.55) に代入して

$$\sigma_{jk}(\Delta) = \left(\int_{\Delta}(\nu-\lambda)P(d\nu)\bar{\Gamma}_j(\cdot,\lambda),\int_{\Delta}(\nu-\lambda)P(d\nu)\bar{\Gamma}_k(\cdot,\lambda)\right)$$
$$= \int_{\Delta}|\nu-\lambda|^2(P(d\nu)\bar{\Gamma}_j(\cdot,\lambda),\bar{\Gamma}_k(\cdot,\lambda)).$$

これから, ν を τ に変えて

$$\int_{-\infty}^{\infty}\frac{\sigma_{jk}(d\tau)}{|\tau-\lambda|^2} = \int_{-\infty}^{\infty}(P(d\tau)\bar{\Gamma}_j(\cdot,\lambda),\bar{\Gamma}_k(\cdot,\lambda)),$$

したがって,

$$\int_{-\infty}^{\infty}\frac{\sigma_{jk}(d\tau)}{|\tau-\lambda|^2} = (\bar{\Gamma}_j(\cdot,\lambda),\bar{\Gamma}_k(\cdot,\lambda)) = \frac{M_{jk}(\lambda)-M_{jk}(\bar{\lambda})}{2i\,\mathrm{Im}\,\lambda}$$

を得る. ここで $\lambda=\nu+i\varepsilon\ (\varepsilon>0)$ とおけば

$$\int_{-\infty}^{\infty}\frac{\varepsilon\sigma_{jk}(d\tau)}{(\tau-\nu)^2+\varepsilon^2} = \frac{M_{jk}(\nu+i\varepsilon)-M_{jk}(\nu-i\varepsilon)}{2i}$$

となる. これから

$$\frac{1}{2i}\int_{\delta}^{\mu+\delta}(M_{jk}(\nu+i\varepsilon)-M_{jk}(\nu-i\varepsilon))\,d\nu = \int_{\delta}^{\mu+\delta}d\nu\int_{-\infty}^{\infty}\frac{\varepsilon\sigma_{jk}(d\tau)}{(\tau-\nu)^2+\varepsilon^2}$$

を得る. この式の右辺の積分の順序を交換したい. そのためには, 積分

$$\int_{-\infty}^{\infty} \frac{|\sigma_{jk}(d\tau)|}{|\tau-\lambda|^2} \tag{5.65}$$

が $\boldsymbol{C}$ 内の有界領域を λ が動くとき有界であればよい．正の数 x, y, a, b, c, d が $x^2 \leqq ab$, $y^2 \leqq cd$ を満たせば，$2xy \leqq ad+bc$ である．これから $f_j, x_j, a_j, b_j \geqq 0$ $(j=1, \cdots, n)$ が $x_j^2 \leqq a_j b_j$ $(j=1, \cdots, n)$ を満たすとき，

$$\left(\sum_{j=1}^{n} f_j x_j\right)^2 \leqq \left(\sum_{j=1}^{n} f_j a_j\right)\left(\sum_{j=1}^{n} f_j b_j\right) \tag{5.66}$$

が成り立つ．任意の区間 $\varDelta$ に対し

$$|\sigma_{jk}(\varDelta)|^2 \leqq \sigma_{jj}(\varDelta)\sigma_{kk}(\varDelta)$$

であったから，関係 (5.66) を使うことにより，

$$\left(\int_{-\infty}^{\infty} \frac{|\sigma_{jk}(d\tau)|}{|\tau-\lambda|^2}\right)^2 \leqq \int_{-\infty}^{\infty} \frac{\sigma_{jj}(d\tau)}{|\tau-\lambda|^2} \int_{-\infty}^{\infty} \frac{\sigma_{kk}(d\tau)}{|\tau-\lambda|^2} = \|\varGamma_j(\cdot, \lambda)\|^2 \|\varGamma_k(\cdot, \lambda)\|^2$$

を得る．$\|\varGamma_j(\cdot, \lambda)\|$ は λ が $\boldsymbol{C}$ の有界領域を動くとき有界であるから，積分 (5.65) もそうである．ゆえに

$$\frac{1}{2i}\int_{\delta}^{\mu+\delta} (M_{jk}(\nu+i\varepsilon) - M_{jk}(\nu-i\varepsilon))\, d\nu = \int_{-\infty}^{\infty} \sigma_{jk}(d\tau) \int_{\delta}^{\mu+\delta} \frac{\varepsilon d\nu}{(\tau-\nu)^2+\varepsilon^2}.$$

右辺の積分を計算して

$$\int_{-\infty}^{\infty} \sigma_{jk}(d\tau) \int_{\delta}^{\mu+\delta} \frac{\varepsilon d\nu}{(\tau-\nu)^2+\varepsilon^2} = \int_{-\infty}^{\infty} \left(\tan^{-1}\frac{\mu+\delta-\tau}{\varepsilon} - \tan^{-1}\frac{\delta-\tau}{\varepsilon}\right) \sigma_{jk}(d\tau)$$

を得る．ここで

$$\begin{aligned} &\lim_{\varepsilon\to 0} \int_{-\infty}^{\infty} \left(\tan^{-1}\frac{\mu+\delta-\tau}{\varepsilon} - \tan^{-1}\frac{\delta-\tau}{\varepsilon}\right) \sigma_{jk}(d\tau) \\ &\quad = \int_{-\infty}^{\infty} \lim_{\varepsilon\to 0} \left(\tan^{-1}\frac{\mu+\delta-\tau}{\varepsilon} - \tan^{-1}\frac{\nu-\tau}{\varepsilon}\right) \sigma_{jk}(d\tau) \end{aligned}$$

が成り立つ．$\mu>0$ のとき，

$$\lim_{\varepsilon\to 0} \left(\tan^{-1}\frac{\mu+\delta-\tau}{\varepsilon} - \tan^{-1}\frac{\delta-\tau}{\varepsilon}\right) = \begin{cases} 0 & (-\infty<\tau<\delta) \\ \pi/2 & (\tau=\delta) \\ \pi & (\delta<\tau<\mu+\delta) \\ \pi/2 & (\tau=\mu+\delta) \\ 0 & (\mu+\delta<\tau) \end{cases}$$

であって

$$(5.67)\qquad \int_{-\infty}^{\infty}\lim_{\varepsilon\to 0}\left(\tan^{-1}\frac{\mu+\delta-\tau}{\varepsilon}-\tan^{-1}\frac{\delta-\tau}{\varepsilon}\right)\sigma_{jk}(d\tau)$$
$$=\frac{\pi}{2}(\sigma_{jk}(\mu+\delta)+\sigma_{jk}(\mu+\delta-0)-\sigma_{jk}(\delta)-\sigma_{jk}(\delta-0))$$

となる．$\mu<0$ のときにも (5.67) は成り立つ．したがって，$\mu\neq 0$ のときには

$$\frac{1}{2i}\lim_{\varepsilon\to 0}\int_{\delta}^{\mu+\delta}(M_{jk}(\nu+i\varepsilon)-M_{jk}(\nu-i\varepsilon))\,d\nu$$
$$=\frac{\pi}{2}(\sigma_{jk}(\mu+\delta)+\sigma_{jk}(\mu+\delta-0)-\sigma_{jk}(\delta)-\sigma_{jk}(\delta-0)).$$

$\delta\to 0$ とすると

$$\sigma_{jk}(\mu+\delta)\longrightarrow\sigma_{jk}(\mu),\qquad \sigma_{jk}(\mu+\delta-0)\longrightarrow\sigma_{jk}(\mu),$$
$$\sigma_{jk}(\delta)\longrightarrow 0,\qquad \sigma_{jk}(\delta-0)\longrightarrow 0$$

であるから，$\mu\neq 0$ のとき (5.64) が成り立つ．(5.64) は $\mu=0$ に対しても成り立つから，補助定理が証明された．▮

補助定理 9　$\{\varphi_j(\cdot,\lambda)\}$ は前と同じ仮定を満たしているとする．そのとき，区間 $\varDelta=]a,b]$ に対し，$P(\varDelta)$ は

$$(5.68)\qquad P(t,s,\varDelta)=\int_{\varDelta}\sum_{j,k=1}^{n}\varphi_k(t,\mu)\bar{\varphi}_j(s,\mu)\sigma_{jk}(d\mu)$$

を積分核とする積分作用素である．

証明　補助定理5から，任意の $f\in L^2(I)$ に対し

$$(5.69)\qquad f(\cdot,\varDelta)=\int_{\varDelta}\sum_{j=1}^{n}\varphi_j(\cdot,\mu)f_j(d\mu)$$

が成り立つ．f として $\gamma_k(\cdot)$ をとると，$f_j(\varDelta)$ に対応するものは，補助定理7, 1) によって

$$(\gamma_k(\cdot),\gamma_j(\cdot,\varDelta))=(\gamma_k(\cdot,\varDelta),\gamma_j(\cdot,\varDelta))=\sigma_{kj}(\varDelta)$$

に等しい．したがって，(5.69) から

$$\gamma_k(\cdot,\varDelta)=\int_{\varDelta}\sum_{j=1}^{n}\varphi_j(\cdot,\mu)\sigma_{kj}(d\mu).$$

ゆえに

$$\bar{\gamma}_k(\cdot,\varDelta)=\int_{\varDelta}\sum_{j=1}^{n}\bar{\varphi}_j(\cdot,\mu)\sigma_{jk}(d\mu)$$

を得る．$P(t, s, \varDelta)$ を (5.68) で定義すれば，(5.59) と (5.69) から

$$P(t, s, \varDelta) = \int_{\varDelta} \sum_{k=1}^{n} \varphi_k(t, \mu) \bar{\gamma}_k(s, d\mu) \tag{5.70}$$

が成り立つ．

区間 $\varDelta$ の分割

$$\vartheta:\ a = \mu_0 < \mu_1 < \cdots < \mu_N = b$$

を考え，$\varDelta_l =]\mu_{l-1}, \mu_l]$，$\delta = \max\{\mu_l - \mu_{l-1}\}$ とおく．そのとき，(5.70) の右辺の積分に対する部分和を

$$Q(t, s; \vartheta) = \sum_{l=1}^{N} \sum_{k=1}^{n} \varphi_k(t, \mu_l) \bar{\gamma}_k(s, \varDelta_l)$$

とすると，各 $(t, s) \in I \times I$ に対し

$$\lim_{\delta \to 0} Q(t, s; \vartheta) = P(t, s, \varDelta) \tag{5.71}$$

が成り立つ．各 $t \in I$ に対し，$Q(t, \cdot; \vartheta) \in L^2(I)$ であることは明らかである．

次に，各 $t \in I$ に対し，$\delta \to 0$ のとき，$Q(t, \cdot; \vartheta)$ は $L^2(I)$ の元 $Q(t, \cdot)$ に $L^2(I)$ において収束することを示そう．実際，任意の $\varepsilon > 0$ に対し，$\eta > 0$ を $|\mu' - \mu''| < \eta$ $(\mu', \mu'' \in \varDelta)$ ならば $|\varphi_j(t, \mu') - \varphi_j(t, \mu'')| < \varepsilon$ $(j = 1, \cdots, n)$ となるようにとれる．$\varDelta$ の二つの分割

$$\vartheta':\ a = \mu_0' < \mu_1' < \cdots < \mu_{N'}' = b,$$
$$\vartheta'':\ a = \mu_0'' < \mu_1'' < \cdots < \mu_{N''}'' = b$$

を $\max\{\mu_{l-1}' - \mu_l'\} < \eta$，$\max\{\mu_{l-1}'' - \mu_l''\} < \eta$ となるようにとる．分割 ϑ' と ϑ'' を合せて得られる分割を

$$\vartheta''':\ a = \mu_0''' < \mu_1''' < \cdots < \mu_{N'''}''' = b$$

とする．各部分区間 $\varDelta_m =]\mu_{m-1}''', \mu_m''']$ に対し $\varDelta_m \subset]\mu_{l'-1}', \mu_{l'}']$，$\varDelta_m \subset]\mu_{l''-1}'', \mu_{l''}'']$ となる l', l'' が存在し，(5.56) から

$$Q(t, s; \vartheta') = \sum_{k=1}^{n} \sum_{m=1}^{N'''} \varphi_k(t, \mu_{l'}') \bar{\gamma}_k(s, \varDelta_m),$$

$$Q(t, s; \vartheta'') = \sum_{k=1}^{n} \sum_{m=1}^{N'''} \varphi_k(t, \mu_{l''}'') \bar{\gamma}_k(s, \varDelta_m)$$

と書ける．(5.54) によって

$$\|Q(t,\cdot\,;\vartheta')-Q(t,\cdot\,;\vartheta'')\|^2 \leqq \varepsilon^2 \sum_{k=1}^{n}\sum_{m=1}^{N'''}\|\bar{\gamma}_k(\cdot,\varDelta_m)\|^2 = \varepsilon^2\sum_{k=1}^{n}\|\gamma_k(\cdot,\varDelta)\|^2$$

を得る．したがって，$Q(t,\cdot\,;\vartheta)$ は $\delta\to 0$ のときある $Q(t,\cdot)\in L^2(I)$ に収束する．(5.71) から $P(t,s,\varDelta)=Q(t,s)$ が成り立つ．以上のことから，各 $t\in I$ に対し

$$P(t,\cdot,\varDelta)\in L^2(I),$$
$$\|Q(t,\cdot\,;\vartheta)-P(t,\cdot,\varDelta)\| \longrightarrow 0 \quad (\delta\to 0)$$

がいえた．

任意の $f\in L^2(I)$ に対し，定義から

$$(P(\varDelta)f)(t) = f(t,\varDelta) = \int_\varDelta \sum_{k=1}^{n}\varphi_k(t,\mu)f_k(d\mu)$$

である．右辺は (5.59) に注意すれば

$$\int_\varDelta \sum_{k=1}^{n}\varphi_k(t,\mu)f_k(d\mu) = \lim_{\delta\to 0}\sum_{l=1}^{N}\sum_{k=1}^{n}\varphi_k(t,\mu_l)f_k(\varDelta_l)$$
$$= \lim_{\delta\to 0}\Bigl(f(\cdot),\sum_{l=1}^{N}\sum_{k=1}^{n}\bar{\varphi}_k(t,\mu_l)\gamma_k(\cdot,\varDelta_l)\Bigr) = \lim_{\delta\to 0}(f(\cdot),\bar{Q}(t,\cdot\,;\vartheta))$$
$$= (f(\cdot),\overline{\lim_{\delta\to 0}Q(t,\cdot\,;\vartheta)}) = (f(\cdot),\overline{P(t,\cdot,\varDelta)})$$

となる．これから

$$P(\varDelta)f(t) = \int_\varDelta P(t,s,\varDelta)f(s)\,ds$$

を得る．▌

b) スペクトル定理

定理 5.15 $\varphi_1(\cdot,\lambda),\cdots,\varphi_n(\cdot,\lambda)$ は $|\lambda|<\infty$ における $S(\lambda)$ の任意の正則な基底とする．そのとき，

1) $\mu\in \boldsymbol{R}$ に対し，極限

(5.72) $$\lim_{\delta\to+0}\lim_{\varepsilon\to+0}\frac{1}{2\pi i}\int_\delta^{\mu+\delta}(M_{jk}(\nu+i\varepsilon)-M_{jk}(\nu-i\varepsilon))\,d\nu,$$

(5.73) $$\lim_{\delta\to+0}\lim_{\varepsilon\to+0}\frac{1}{2\pi i}\int_\delta^{\mu+\delta}(N_{jk}(\nu+i\varepsilon)-N_{jk}(\nu-i\varepsilon))\,d\nu$$

が存在して等しい．これらの極限を $\sigma_{jk}(\mu)$ とすれば，行列 $\Sigma(\mu)=[\sigma_{jk}(\mu)]$ は次の性質をもつ．

i) $\sum(\mu)$ は Hermite 行列である.

ii) $\sum(\mu)$ は μ について右連続である.

iii) $a<b$ ならば, $\sum(b)-\sum(a)$ は半正定値である.

2) 任意の区間 $\Delta=]a,b]$ に対し, $P(\Delta)$ は

$$P(t,s,\Delta)=\int_\Delta\sum_{j,k=1}^n\varphi_k(t,\mu)\bar{\varphi}_j(s,\mu)\sigma_{jk}(d\mu)$$

を積分核とする積分作用素である.

証明 基底 $\varphi_j(\cdot,\lambda)$ に対し, $t_0\in I$ が存在して, $\varphi_j^{(m)}(t_0,\lambda)$ が定数となる場合に定理が成り立つことは, a) において証明した補助定理から分る. このような基底の一つを $\{\varphi_j^0(\cdot,\lambda)\}$ とする. そのとき, 任意の正則な基底 $\{\varphi_j(\cdot,\lambda)\}$ に対し,

$$\varphi_j(\cdot,\lambda)=\sum_{k=1}^n U_{jk}(\lambda)\varphi_k^0(\cdot,\lambda)\qquad(j=1,\cdots,n)$$

を満たす整関数 $U_{jk}(\lambda)$ が存在する. $G(t,s,\lambda)$ の $\{\varphi_j^0(\cdot,\lambda)\}$ に関する係数を $M_{jk}^0(\lambda), N_{jk}^0(\lambda)$ とすれば,

$$M_{jk}(\lambda)=\sum_{l,m=1}^n\bar{V}_{lj}(\bar{\lambda})V_{mk}(\lambda)M_{lm}^0(\lambda),\tag{5.74}$$

$$N_{jk}(\lambda)=\sum_{l,m=1}^n\bar{V}_{lj}(\bar{\lambda})V_{mk}(\lambda)N_{lm}^0(\lambda)$$

を得る. ここで $[V_{lm}(\lambda)]$ は $[U_{lm}(\lambda)]$ の逆行列である. $\sigma_{jk}(\mu)$ を

$$\sigma_{jk}(\mu)=\int_0^\mu\sum_{l,m=1}^n\bar{V}_{lj}(\mu)V_{mk}(\mu)\sigma_{lm}^0(d\mu)\tag{5.75}$$

によって定義すれば,

$$\int_0^\mu\sum_{j,k=1}^n\varphi_k(t,\mu)\bar{\varphi}_j(s,\mu)\sigma_{jk}(d\mu)\tag{5.76}$$

$$=\int_0^\mu\sum_{j,k=1}^n\varphi_k^0(t,\mu)\bar{\varphi}_j^0(s,\mu)\sigma_{jk}^0(d\mu)$$

が成り立つ.

行列 $[\sigma_{jk}^0(\mu)]$ は 1) の i), ii), iii) を満たす. $\sum(\mu)=[\sigma_{jk}(\mu)]$ の定義 (5.75) から, $\sum(\mu)$ も性質 i), ii), iii) を満たすことは容易に証明できる.

補助定理 9 と (5.76) を使って, 極限 (5.72) と (5.73) が $\sigma_{jk}(\mu)$ に等しいことがいえれば, 定理の証明は終る.

極限 (5.72) が $\sigma_{jk}(\mu)$ に等しいことを示そう．簡単のため

$$\Theta_{jk}(\lambda) = M_{jk}(\lambda) - M_{jk}(\bar{\lambda}),$$
$$\Theta_{jk}{}^0(\lambda) = M_{jk}{}^0(\lambda) - M_{jk}{}^0(\bar{\lambda})$$

とおく．そのとき，(5.74) から，

$$\Theta_{jk}(\mu+i\varepsilon) = \sum_{l,m=1}^{n} \bar{V}_{lj}(\mu) V_{mk}(\mu) \Theta_{lm}{}^0(\mu+i\varepsilon) + K_{jk}(\mu+i\varepsilon) \tag{5.77}$$

とおけば，

$$K_{jk}(\mu+i\varepsilon) = \sum_{l,m=1}^{n} (\bar{V}_{lj}(\mu-i\varepsilon) V_{mk}(\mu+i\varepsilon) - \bar{V}_{lj}(\mu) V_{mk}(\mu)) M_{lm}{}^0(\mu+i\varepsilon)$$
$$- \sum_{l,m=1}^{n} (\bar{V}_{lj}(\mu+i\varepsilon) V_{mk}(\mu-i\varepsilon) - \bar{V}_{lj}(\mu) V_{mk}(\mu)) M_{lm}{}^0(\mu-i\varepsilon)$$

となる．$V_{jk}(\lambda)$ は λ の整関数であるから，$\varepsilon\to 0$ のとき，$a \leqq \mu \leqq b$ において一様に

$$\bar{V}_{lj}(\mu\mp i\varepsilon) V_{mk}(\mu\pm i\varepsilon) - \bar{V}_{lj}(\mu) V_{mk}(\mu) = O(\varepsilon)$$

である．したがって定理 5.14 によって

$$\int_a^b K_{jk}(\mu+i\varepsilon)\, d\mu \longrightarrow 0 \quad (\varepsilon\to 0) \tag{5.78}$$

となる．

さて

$$\Theta_{jk}{}^0(\mu+i\varepsilon) = 2i\int_{-\infty}^{\infty} \frac{\varepsilon\sigma_{jk}{}^0(d\nu)}{(\nu-\mu)^2+\varepsilon^2}$$

であるから，N を十分大きくとって

$$\Theta_{jk}{}^0(\mu+i\varepsilon) = 2i\int_{-N}^{N} \frac{\varepsilon\sigma_{jk}{}^0(d\nu)}{(\nu-\mu)^2+\varepsilon^2} + L_{jk,N}{}^0(\mu+i\varepsilon) \tag{5.79}$$

とおくと，

$$L_{jk,N}{}^0(\mu+i\varepsilon) \longrightarrow 0 \quad (\varepsilon\to 0) \tag{5.80}$$

となる．(5.79) を (5.77) に代入すれば

$$\Theta_{jk}(\mu+i\varepsilon) = 2i\int_{-N}^{N} \frac{\varepsilon}{(\nu-\mu)^2+\varepsilon^2} \sum_{,m=1}^{n} \bar{V}_{lj}(\mu) V_{mk}(\mu) \sigma_{lm}{}^0(d\nu)$$
$$+ \sum_{l,m=1}^{n} \bar{V}_{lj}(\mu) V_{mk}(\mu) L_{lm,N}{}^0(\mu+i\varepsilon) + K_{jk}(\mu+i\varepsilon)$$

を得る．(5.75) から

$$\sigma_{jk}(d\nu)=\sum_{l,m=1}^{n}\bar{V}_{lj}(\nu)V_{mk}(\nu)\sigma_{lm}{}^{0}(d\nu).$$

したがって

$$\Theta_{jk}(\mu+i\varepsilon)=2i\int_{-N}^{N}\frac{\varepsilon\sigma_{jk}(d\nu)}{(\nu-\mu)^{2}+\varepsilon^{2}}+\sum_{l,m=1}^{n}\bar{V}_{lj}(\mu)V_{mk}(\mu)L_{lm,N}{}^{0}(\mu+i\varepsilon)$$
$$+2i\int_{-N}^{N}\frac{\varepsilon}{(\nu-\mu)^{2}+\varepsilon^{2}}\sum_{l,m=1}^{n}(\bar{V}_{lj}(\mu)V_{mk}(\mu)-\bar{V}_{lj}(\nu)V_{mk}(\nu))\sigma_{lm}{}^{0}(d\nu)$$
$$+K_{jk}(\mu+i\varepsilon)$$

が導かれる．右辺の第3項の積分は $\varepsilon\to 0$ のとき0に収束するから，(5.78) と (5.80) によって

$$\lim_{\varepsilon\to 0}\frac{1}{2i}\int_{\delta}^{\mu+\delta}\Theta_{jk}(\mu+i\varepsilon)\,d\mu=\lim_{\varepsilon\to 0}\int_{\delta}^{\mu+\delta}d\mu\int_{-N}^{N}\frac{\varepsilon\sigma_{jk}(d\nu)}{(\nu-\mu)^{2}+\varepsilon^{2}}$$

を得る．補助定理8の証明において行った計算とまったく同様にして

$$\lim_{\varepsilon\to 0}\int_{\delta}^{\mu+\delta}d\mu\int_{-N}^{N}\frac{\varepsilon\sigma_{jk}(d\nu)}{(\nu-\mu)^{2}+\varepsilon^{2}}$$
$$=\frac{\pi}{2}(\sigma_{jk}(\mu+\delta)+\sigma_{jk}(\mu+\delta-0)-\sigma_{jk}(\delta)-\sigma_{jk}(\delta-0))$$

が得られる．これから

$$\sigma_{jk}(\mu)=\lim_{\delta\to 0}\lim_{\varepsilon\to 0}\frac{1}{2\pi i}\int_{\delta}^{\mu+\delta}(M_{jk}(\nu+i\varepsilon)-M_{jk}(\nu-i\varepsilon))\,d\nu$$

が得られる．

まったく同様にして，極限 (5.73) は $\sigma_{jk}(\mu)$ に等しいことが証明される．▌

この定理から，任意の $f\in L^{2}(I)$ に対し，$P(\Delta)f$ は

$$(P(\Delta)f)(t)=\int_{I}f(s)\,ds\int_{\Delta}\sum_{j,k=1}^{n}\varphi_{k}(t,\mu)\bar{\varphi}_{j}(s,\mu)\sigma_{jk}(d\mu)$$

で与えられることが分る．

行列 $\Sigma(\mu)$ を T の基底 $\{\varphi_{j}(\cdot,\lambda)\}$ に関する**スペクトル分布行列**という．

問4 $\gamma_{j}(\cdot,\Delta)$ $(j=1,\cdots,n)$ を

$$\gamma_{j}(\cdot,\Delta)=\int_{\Delta}\sum_{l=1}^{n}\bar{V}_{lj}(\mu)\gamma_{l}{}^{0}(\cdot,d\mu)\tag{5.81}$$

によって定義すれば，

$$\gamma_j(\cdot, \varDelta) = \int_{\varDelta} \sum_{k=1}^{n} \varphi_k(\cdot, \mu) \sigma_{jk}(d\mu),$$

$$\sigma_{jk}(\varDelta) = (\gamma_j(\cdot, \varDelta), \gamma_k(\cdot, \varDelta))$$

が成り立つことを示せ．

定理 5.16　$\{\varphi_j^0(\cdot, \lambda)\}$ は，$t_0 \in I$ に対し $\varphi_j^{0(m)}(t_0, \lambda)$ $(m=0, 1, \cdots, n-1\,; j=1, \cdots, n)$ が定数となるような $S(\lambda)$ の $|\lambda|<\infty$ における正則な基底とし，関数 γ_j^0 $(j=1, \cdots, n)$ は $\{\varphi_j^0(\cdot, \lambda)\}$ から前のように定義された関数とする．そのとき，

1)　$\gamma_1^0, \cdots, \gamma_n^0$ は T の生成系である．

2)　T のスペクトルの重複度は n 以下である．

証明　2) は 1) から導かれる．1) を証明するためには，$\varDelta$ があらゆる区間を動くとき，

(5.82)　　$$(f, \gamma_j^0(\cdot, \varDelta)) = 0 \qquad (j=1, \cdots, n)$$

を満たす $f \in L^2(I)$ は 0 であることをいえばよい．f に対し，補助定理 5 から

$$f(\cdot, \varDelta) = \int_{\varDelta} \sum_{j=1}^{n} \varphi_j(\cdot, \mu) f_j(d\mu)$$

を満たす $f_1(\mu), \cdots, f_n(\mu)$ が存在し，補助定理 7 によって

$$f_j(\varDelta) = (f, \gamma_j^0(\cdot, \varDelta))$$

が成り立つ．(5.82) によって，$f_1(\mu), \cdots, f_n(\mu)$ は恒等的に 0 となる．したがって，$f(t, \mu) \equiv 0$ である．これは $f=0$ を示している．∎

問 5　区間 $\varDelta$ に $L^2(I)$ の元を対応させる写像 $\gamma_1(\cdot, \varDelta), \cdots, \gamma_n(\cdot, \varDelta)$ を (5.81) によって定義すると，$\gamma_1(\varDelta), \cdots, \gamma_n(\varDelta)$ は広義の生成系であることを示せ．——

T と同様 S も $T_0 \subset S \subset T_1$ を満たす自己随伴作用素とし，T, S の Green 関数を $G(t, s, \lambda\,; T), G(t, s, \lambda\,; S)$，$T, S$ の Green 作用素を $G(\lambda\,; T), G(\lambda\,; S)$ で表わす．Green 関数の作り方から，

$$G(t, s, \lambda\,; T) - G(t, s, \lambda\,; S) = \sum_{j, k=1}^{\omega} c_{jk}(\lambda) \varphi_k(t, \lambda) \overline{\varphi}_j(s, \bar{\lambda})$$

と表わされる．ここで $\{\varphi_j(\cdot, \lambda)\}$ は $H^+ \cup H^-$ において正則な $N(\lambda)$ の基底である．これから，$G(\lambda\,; T) - G(\lambda\,; S)$ の値域は $N(\lambda)$ でその次元は $\omega(<\infty)$ である．このような事実から次の定理が成り立つことが知られている．

定理 5.17　$T_0 \subset T \subset T_1$ を満たす自己随伴作用素 T の真性スペクトル $\sigma_e(T)$

は T の取り方によらない.

§5.4 展開定理

T は $T_0 \subset T \subset T_1$ を満たす自己随伴作用素とする. $|\lambda|<\infty$ において正則な $S(\lambda)$ の基底を選ぶと, スペクトル定理によって, $\boldsymbol{R}$ で定義されたスペクトル分布行列 $\Sigma(\mu)=[\sigma_{jk}(\mu)]$ が定まる. この $\Sigma(\mu)$ を使って, §1.1, b) の例1.5で定義された Hilbert 空間 $L_\Sigma^2(\boldsymbol{R})$ を思い起こそう. $\boldsymbol{R}$ で定義されたベクトル値関数 $\vec{\xi}(\mu)=\begin{bmatrix}\xi_1(\mu)\\ \vdots \\ \xi_n(\mu)\end{bmatrix}$ で, その成分 $\xi_j(\mu)$ がすべて $C_0(\boldsymbol{R})$ に属するもの全体 V はベクトル空間である. このような

$$\vec{\xi}(\mu)=\begin{bmatrix}\xi_1(\mu)\\ \vdots \\ \xi_n(\mu)\end{bmatrix},\qquad \vec{\eta}(\mu)=\begin{bmatrix}\eta_1(\mu)\\ \vdots \\ \eta_n(\mu)\end{bmatrix}$$

に対し, 内積

$$(\vec{\xi}(\mu),\vec{\eta}(\mu))=\int_{-\infty}^{\infty}\sum_{j,k=1}^{n}\xi_j(\mu)\bar{\eta}_k(\mu)\sigma_{jk}(d\mu)$$

が常に定義できて, V は内積空間となる. $L_\Sigma^2(\boldsymbol{R})$ は V の完備化として定義された.

次の定理を証明しよう.

定理 5.18 1) 任意の $f\in L^2(I)$ と I に含まれる任意のコンパクトな部分区間 $J=[\gamma,\delta]$ に対し,

$$\vec{\xi}_J(\mu)=\begin{bmatrix}\xi_{J1}(\mu)\\ \vdots \\ \xi_{Jn}(\mu)\end{bmatrix}$$

を

$$\xi_{Jj}(\mu)=\int_J\bar{\varphi}_j(t,\mu)f(t)\,dt\qquad (j=1,\cdots,n)$$

によって定義する. そのとき, $\vec{\xi}_J\in L_\Sigma^2(\boldsymbol{R})$ で, $\gamma\to\alpha,\delta\to\beta$ のとき $\vec{\xi}_J$ は $L_\Sigma^2(\boldsymbol{R})$ の元 $\vec{\xi}$ に収束し, $\|\vec{\xi}\|=\|f\|$ が成り立つ.

2) $L_\Sigma^2(\boldsymbol{R})$ の任意の元 $\vec{\xi}=\begin{bmatrix}\xi_1\\ \vdots \\ \xi_n\end{bmatrix}$ と任意の有界区間 $\Delta=]a,b]$ に対し, $f_\Delta(t)$ を

$$f_\varDelta(t)=\int_\varDelta\sum_{j,k=1}^{n}\varphi_k(t,\mu)\,\xi_j(\mu)\,\sigma_{jk}(d\mu)$$

によって定義する．そのとき，$f_\varDelta\in L^2(I)$ で，$a\to-\infty$，$b\to\infty$ のとき，$f_\varDelta$ は $L^2(I)$ の元 f に収束し，$\|f\|=\|\vec{\xi}\|$ が成り立つ．

証明　1) を証明する．$f\in L^2(I)$ と $J\subset I$ に対し

$$f_J(t)=\begin{cases}f(t) & (t\in J)\\ 0 & (t\in I-J)\end{cases}$$

とおくと，

$$\xi_{Jj}(\mu)=\int_I\bar{\varphi}_j(t,\mu)\,f_J(t)\,dt$$

と書ける．積分

$$\begin{aligned}&\int_\varDelta\sum_{j,k=1}^{n}\xi_{Jj}(\mu)\,\bar{\xi}_{Jk}(\mu)\,\sigma_{jk}(d\mu)\\&=\int_\varDelta\sum_{j,k=1}^{n}\left(\int_I\bar{\varphi}_j(s,\mu)\,f_J(s)\,ds\int_I\varphi_k(t,\mu)\,\bar{f}_J(t)\,dt\right)\sigma_{jk}(d\mu)\\&=\int_\varDelta\left(\sum_{j,k=1}^{n}\int_I\int_I\varphi_k(t,\mu)\,\bar{\varphi}_j(s,\mu)\,f_J(s)\,\bar{f}_J(t)\,dsdt\right)\sigma_{jk}(d\mu)\end{aligned}$$

を考える．最後の式において，積分の順序は交換可能であることは容易に分るから，

$$\begin{aligned}&\int_\varDelta\sum_{j,k=1}^{n}\xi_{Jj}(\mu)\,\bar{\xi}_{Jk}(\mu)\,\sigma_{jk}(d\mu)\\&=\int_I\bar{f}_J(t)\,dt\int_I f_J(s)\,ds\int_\varDelta\sum_{j,k=1}^{n}\varphi_k(t,\mu)\,\bar{\varphi}_j(s,\mu)\,\sigma_{jk}(d\mu)\\&=\int_I\bar{f}_J(t)\,dt\int_I P(t,s,\varDelta)\,f_J(s)\,ds\\&=(P(\varDelta)f_J,f_J)=\|P(\varDelta)f_J\|^2\leqq\|f_J\|^2.\end{aligned}$$

これから，$\vec{\xi}_J\in L_\Sigma{}^2(\boldsymbol{R})$ でかつ $\|\vec{\xi}_J\|=\|f_J\|$ が成り立つことが分る．$\gamma\to\alpha$，$\delta\to\beta$ のとき，f_J は f に収束することから，$\gamma\to\alpha$，$\delta\to\beta$ のとき $\vec{\xi}_J$ は $L_\Sigma{}^2(\boldsymbol{R})$ のある元 $\vec{\xi}$ に収束し，

$$\|\vec{\xi}\|=\|f\|$$

が成り立つことがいえる．

2) を証明しよう．

$$\vec{\xi}_\Delta(\mu) = \begin{cases} \vec{\xi}(\mu) & (\mu \in \Delta) \\ 0 & (\mu \notin \Delta), \end{cases}$$

$$\vec{\xi}_\Delta = \begin{bmatrix} \xi_{\Delta 1} \\ \vdots \\ \xi_{\Delta n} \end{bmatrix}$$

とおくと，

$$f_\Delta(t) = \int_{-\infty}^{\infty} \sum_{j,k=1}^{n} \varphi_k(t,\mu)\,\xi_{\Delta j}(\mu)\,\sigma_{jk}(d\mu)$$

と書ける．$\vec{\xi}_\Delta$ に対し，$L_\Sigma^2(\boldsymbol{R})$ に属する階段関数の列

$$\vec{\xi}_\Delta^{\,\nu} = \begin{bmatrix} \xi_{\Delta 1}^{\nu} \\ \vdots \\ \xi_{\Delta n}^{\nu} \end{bmatrix} \qquad (\nu=1,2,\cdots)$$

で $\vec{\xi}_\Delta^{\,\nu}$ は $\nu\to\infty$ のとき $\vec{\xi}_\Delta$ に ($L_\Sigma^2(\boldsymbol{R})$ の位相で) 収束するものがとれる．$\xi_{\Delta j}^{\nu}(\mu)$ は

$$\xi_{\Delta j}^{\nu}(\mu) = \sum_{l=1}^{r_\nu} c_{\Delta jl}^{\nu}\,\chi(\mu\,;\pi_l^{\nu}) \tag{5.83}$$

と表わされる．ここで $c_{\Delta jm}^{\nu}$ は定数，$\pi_1^{\nu},\cdots,\pi_{r_\nu}^{\nu}$ は区間 Δ の分割で，$\chi(\mu\,;\pi_l^{\nu})$ は集合 π_l^{ν} の特性関数

$$\chi(\mu\,;\pi_l^{\nu}) = \begin{cases} 1 & (\mu \in \pi_l^{\nu}) \\ 0 & (\mu \notin \pi_l^{\nu}) \end{cases}$$

である．π_l^{ν} は必ずしも区間ではないが，$\gamma_j(\cdot,\pi_l^{\nu})$ は自然に定義されて，

$$\gamma_j(\cdot,\pi_l^{\nu}) = \int_{\pi_l^{\nu}} \sum_{k=1}^{n} \varphi_k(\cdot,\mu)\,\sigma_{jk}(d\mu)$$

が成り立つことがいえる．$\sigma_{jk}(\pi_l^{\nu})$ は

$$\sigma_{jk}(\pi_l^{\nu}) = (\gamma_j(\cdot,\pi_l^{\nu}),\,\gamma_k(\cdot,\pi_l^{\nu}))$$

によって定義される．

$\vec{\xi}_\Delta^{\,\nu}$ のノルム $\|\vec{\xi}_\Delta^{\,\nu}\|$ を計算しておこう．

$$\|\vec{\xi}_\Delta^{\,\nu}\|^2 = \int_{-\infty}^{\infty} \sum_{j,k=1}^{n} \xi_{\Delta j}^{\nu}(\mu)\,\bar{\xi}_{\Delta k}^{\nu}(\mu)\,\sigma_{jk}(d\mu)$$

$$= \int_{-\infty}^{\infty} \sum_{j,k=1}^{n} \left(\sum_{l=1}^{r_\nu} c_{\Delta jl}{}^\nu \chi(\mu\,;\pi_l{}^\nu) \right) \left(\sum_{m=1}^{r_\nu} \bar{c}_{\Delta km}{}^\nu \chi(\mu\,;\pi_m{}^\nu) \right) \sigma_{jk}(d\mu)$$

$$= \int_{-\infty}^{\infty} \sum_{j,k=1}^{n} \sum_{l=1}^{r_\nu} c_{\Delta jl}{}^\nu \bar{c}_{\Delta kl}{}^\nu \chi(\mu\,;\pi_l{}^\nu)\, \sigma_{jk}(d\mu)$$

$$= \sum_{j,k=1}^{n} \sum_{l=1}^{r_\nu} c_{\Delta jl}{}^\nu \bar{c}_{\Delta kl}{}^\nu \sigma_{jk}(\pi_l{}^\nu).$$

次に,

$$f_\Delta{}^\nu(t) = \int_{-\infty}^{\infty} \sum_{j,k=1}^{n} \varphi_k(t,\mu)\, \xi_{\Delta j}{}^\nu(\mu)\, \sigma_{jk}(d\mu)$$

とおく. 右辺に (5.83) を代入して,

$$f_\Delta{}^\nu(t) = \int_{-\infty}^{\infty} \sum_{j,k=1}^{n} \varphi_k(t,\mu) \left(\sum_{l=1}^{r_\nu} c_{\Delta jl}{}^\nu \chi(\mu\,;\pi_l{}^\nu) \right) \sigma_{jk}(d\mu)$$

$$= \sum_{j=1}^{n} \sum_{l=1}^{r_\nu} c_{\Delta jl}{}^\nu \int_{\pi_l{}^\nu} \sum_{k=1}^{n} \varphi_k(t,\mu)\, \sigma_{jk}(d\mu)$$

$$= \sum_{j=1}^{n} \sum_{l=1}^{r_\nu} c_{\Delta jl}{}^\nu \gamma_j(t, \pi_l{}^\nu)$$

を得る. $(\gamma_j(\cdot,\pi_l{}^\nu), \gamma_k(\cdot,\pi_m{}^\nu))=0$ $(l\neq m)$ に注意して $\|f_\Delta{}^\nu\|^2$ を計算してみよう.

$$\|f_\Delta{}^\nu\|^2 = \left(\sum_{j=1}^{n} \sum_{l=1}^{r_\nu} c_{\Delta jl}{}^\nu \gamma_j(\cdot,\pi_l{}^\nu),\ \sum_{k=1}^{n} \sum_{m=1}^{r_\nu} c_{\Delta km}{}^\nu \gamma_k(\cdot,\pi_m{}^\nu) \right)$$

$$= \sum_{j,k=1}^{n} \sum_{l=1}^{r_\nu} c_{\Delta jl}{}^\nu \bar{c}_{\Delta kl}{}^\nu \sigma_{jk}(\pi_l{}^\nu)$$

である.

以上の計算から

$$\|f_\Delta{}^\nu\| = \|\vec{\xi}_\Delta{}^\nu\|$$

を得る. $\nu\to\infty$ のとき $\vec{\xi}_\Delta{}^\nu \to \vec{\xi}_\Delta$ であるから, $f_\Delta{}^\nu$ は $L^2(I)$ のある元 $f_\Delta{}^0$ に収束し, $\|f_\Delta{}^0\|=\|\vec{\xi}_\Delta\|$ となる. 一方, Schwarz の不等式から

$$|f_\Delta{}^\nu(t)-f_\Delta(t)|^2 \leqq \|\vec{\xi}_\Delta{}^\nu-\vec{\xi}_\Delta\|^2 \int_\Delta \sum_{j,k=1}^{n} \varphi_k(t,\mu)\, \bar{\varphi}_j(t,\mu)\, \sigma_{jk}(d\mu)$$

を得る. このことから, $\nu\to\infty$ のとき $f_\Delta{}^\nu(t)$ は f_Δ に I の任意のコンパクトな部分区間で一様に収束することが分る. したがって, $f_\Delta{}^0=f_\Delta$ となる. ゆえに, $f_\Delta \in L^2(I)$ で

$$\|f_\Delta\| = \|\vec{\xi}_\Delta\|$$

を得る．これから直ちに，$a\to-\infty$，$b\to\infty$ のとき，$f_\varDelta$ は $L^2(I)$ のある元 f に収束し，$\|f\|^2=\|\vec{\xi}\|$ が成り立つことが分る．▌

この定理の 1) から，等長作用素 $U: L^2(I)\to L_\Sigma^2(\boldsymbol{R})$ が得られる．すなわち，$\vec{\xi}=Uf$ の第 j 成分 ξ_j を $(Uf)_j$ で表わせば，$(Uf)_j(\mu)$ は

$$(Uf)_j(\mu)=\lim_{\substack{\gamma\to\alpha\\ \delta\to\beta}}\int_\gamma^\delta \bar{\varphi}_j(t,\mu)f(t)\,dt \tag{5.84}$$

で与えられる．定理の 2) から，

$$(V\vec{\xi})(t)=\lim_{\substack{a\to-\infty\\ b\to\infty}}\int_a^b\sum_{j,k=1}^n \varphi_k(t,\mu)\xi_j(\mu)\sigma_{jk}(d\mu) \tag{5.85}$$

で与えられる $V: L_\Sigma^2(\boldsymbol{R})\to L^2(I)$ は等長作用素である．

次の定理は展開定理といわれる．

定理 5.19　U, V はユニタリ作用素で互いに他の逆作用素である．

証明　U, V は逆作用素をもつから，VU が恒等写像であることを示せばよい．そのためには，任意の $f\in L^2(I)$ に対し (5.84) によって $\vec{\xi}$ を定義したとき，(5.85) が成り立つことを示せばよい．任意の $J=[\gamma,\delta]$，$\varDelta=]a,b]$ に対し，$f_J, \vec{\xi}_\varDelta$ を前のように定義し，$\vec{\xi}_J=Uf_J$，$f_\varDelta=V\vec{\xi}_\varDelta$ とおく．すなわち，$\vec{\xi}_J$ の第 j 成分 ξ_{Jj} は

$$\xi_{Jj}(\mu)=\int_J \bar{\varphi}_j(t,\mu)f(t)\,dt$$

で与えられ，$f_\varDelta$ は

$$f_\varDelta(t)=\int_\varDelta\sum_{j,k=1}^n \varphi_k(t,\mu)\xi_j(\mu)\sigma_{jk}(d\mu)$$

で与えられる．$P(\varDelta)f_J$ を計算する．

$$\begin{aligned}(P(\varDelta)f_J)(t)&=\int_J f(s)\,ds\int_\varDelta\sum_{j,k=1}^n\varphi_k(t,\mu)\bar{\varphi}_j(s,\mu)\sigma_{jk}(d\mu)\\ &=\int_\varDelta\sum_{j,k=1}^n\varphi_k(t,\mu)\int_J\bar{\varphi}_j(s,\mu)f(s)\,ds\,\sigma_{jk}(d\mu)\\ &=\int_\varDelta\sum_{j,k=1}^n\varphi_k(t,\mu)\xi_{Jj}(\mu)\sigma_{jk}(d\mu)\end{aligned}$$

を得る．よって

$$(P(\varDelta)f_J)(t)-f_\varDelta(t)=\int_\varDelta\sum_{j,k=1}^n\varphi_k(t,\mu)(\xi_{Jj}(\mu)-\xi_j(\mu))\sigma_{jk}(d\mu),$$

Schwarz の不等式を使って

$$|(P(\varDelta)f_J)(t)-f_\varDelta(t)|^2 \leqq \|\vec{\xi}_J-\vec{\xi}\|^2\int_\varDelta \sum_{j,k=1}^n \varphi_k(t,\mu)\bar{\varphi}_j(t,\mu)\sigma_{jk}(d\mu)$$

を得る．ここで $\gamma\to\alpha$, $\delta\to\beta$ とすると，$\|\vec{\xi}_J-\vec{\xi}\|\to 0$, $\|f_J-f\|\to 0$ であるから，

$$(P(\varDelta)f)(t) = f_\varDelta(t) = \int_\varDelta \sum_{j,k=1}^n \varphi_k(t,\mu)\xi_j(\mu)\sigma_{jk}(d\mu)$$

を得る．さらに $a\to-\infty$, $b\to\infty$ として，(5.85) を得る．▌

系　次の関係が成り立つ．

$$(5.86)\qquad (P(\varDelta)f)(t) = \int_\varDelta \sum_{j,k=1}^n \varphi_k(t,\mu)\xi_j(\mu)\sigma_{jk}(d\mu). \qquad —$$

$L_\Sigma^2(\boldsymbol{R})$ の元 $\vec{\xi}$ でその各成分 ξ_j が $C_0(\boldsymbol{R})$ に属するようなもの全体のつくる部分空間を V とし，V を定義域とする作用素 $\varLambda_0$ を

$$(\varLambda_0\vec{\xi})(\mu) = \mu\vec{\xi}(\mu)$$

によって定義する．さらに $\varLambda$ を $\varLambda_0$ の最小閉拡張とする (17 ページ参照)．そのとき，(5.86) から，$f\in D$ に対し

$$(Tf)(\cdot) = \int_{-\infty}^{\infty}\mu P(d\mu)f = \int_{-\infty}^{\infty}\sum_{j,k=1}^n \varphi_k(\cdot,\mu)\mu\xi_j(\mu)\sigma_{jk}(d\mu)$$

が成り立つ．このことは，Uf が $\varLambda$ の定義域に属すれば，

$$Tf = U^{-1}\varLambda Uf \qquad (f\in D)$$

が成り立つことを示している．もっと正確に，次の定理が成り立つことが知られている．

定理 5.20　U は D を $\mathcal{D}(\varLambda)$ の上へ移し，

$$Tf = U^{-1}\varLambda Uf \qquad (f\in D)$$

が成り立つ．

例 5.1　区間 $]-\infty,\infty[$ において定義された形式的微分作用素

$$L = -id/dt$$

を考える．

微分方程式

$$-ix' = \lambda x$$

の解の基本系として $e^{i\lambda t}$ がとれる．任意の $\lambda\in\boldsymbol{C}$ に対し，$e^{i\lambda t}\notin L^2(-\infty,\infty)$ であ

るから，$\omega=\omega^+=\omega^-=0$ である．したがって，$T_0=T_1$ である．これから $T=T_0=T_1$ は自己随伴であることが分った．

次に T の Green 関数を求める．まず境界形式は

$$F(x, y) = -ix\bar{y}$$

であることに注意する．$N_{-\infty}(\lambda), N_\infty(\lambda)$ の基底は Im λ の正負に従って次の表で与えられる．

	$N_{-\infty}(\lambda)$	$N_\infty(\lambda)$
Im $\lambda>0$	0	$e^{i\lambda t}$
Im $\lambda<0$	$e^{i\lambda t}$	0

(0 は恒等的に 0 な解)．

ここで $F(e^{i\lambda t}, e^{i\bar{\lambda}t})=-i$ に注意して，Im $\lambda>0$ のとき，

$$K(t, s, c(\lambda)) = \begin{cases} ie^{i\lambda(t-s)} & (-\infty<s\leqq t<\infty) \\ 0 & (-\infty<t<s<\infty), \end{cases}$$

Im $\lambda<0$ のとき

$$K(t, s, c(\lambda)) = \begin{cases} 0 & (-\infty<s\leqq t<\infty) \\ -ie^{i\lambda(t-s)} & (-\infty<t<s<\infty) \end{cases}$$

を得る．$e^{i\lambda t}$ が $S(\lambda)$ の基底であることから

$$G(t, s, \lambda) = K(t, s, c(\lambda))$$

である．

$S(\lambda)$ の基底 $e^{i\lambda t}$ に対し，

$$M(\lambda) = M_{11}(\lambda) = \begin{cases} i & (\mathrm{Im}\,\lambda>0) \\ 0 & (\mathrm{Im}\,\lambda<0) \end{cases}$$

であるから，

$$\sigma(\mu) = \sigma_{11}(\mu) = \lim_{\delta\to 0}\frac{1}{2\pi i}\int_\delta^{\mu+\delta} id\mu = \frac{\mu}{2\pi}$$

を得る．これから $L_\Sigma^2(-\infty, \infty)$ は本質的に $L^2(-\infty, \infty)$ に等しいことが分る．

展開定理から

$$(Uf)(\mu) = \lim_{N\to\infty}\int_{-N}^{N} e^{-i\mu t}f(t)\,dt,$$

$$(U^{-1}\xi)(t)=\lim_{N\to\infty}\frac{1}{2\pi}\int_{-N}^{N}e^{i\mu t}\xi(\mu)\,d\mu$$

が得られる.

$$(\mathscr{F}f)(\mu)=\lim_{N\to\infty}\frac{1}{\sqrt{2\pi}}\int_{-N}^{N}e^{-i\mu t}f(t)\,dt$$

とおけば,

$$(\mathscr{F}^{-1}\xi)(t)=\lim_{N\to\infty}\frac{1}{\sqrt{2\pi}}\int_{-N}^{N}e^{i\mu t}\xi(\mu)\,d\mu$$

となり, $\mathscr{F}$ は $L^2(-\infty,\infty)$ から $L^2(-\infty,\infty)$ へのユニタリ変換である.

よく知られているように, U または $\mathscr{F}$ は Fourier 変換とよばれている.

問　　題

1 T は形式的微分作用素 $-d^2/dt^2$ を 1)～3) で示される定義区間, 境界条件のいずれかで定まる自己随伴作用素とする.

1) $[0,\infty[$, $x(0)=0$,

2) $[0,\infty[$, $x'(0)=0$,

3) $]-\infty,\infty[$, 境界条件なし.

T の Green 関数, スペクトル分布行列, 展開公式を求めよ.

2 定理 5.20 をも使って, 次の式を証明せよ. ただし記号はすべて本章で用いられたものとする.

1) $(G(\lambda)f)(t)=\displaystyle\int_{-\infty}^{\infty}\sum_{j,k=1}^{n}\frac{\varphi_k(t,\mu)\xi_j(\mu)}{\mu-\lambda}\sigma_{jk}(\mu)$,

2) $G(t,s,\lambda)=\displaystyle\int_{-\infty}^{\infty}\sum_{j,k=1}^{n}\frac{\varphi_k(t,\mu)\bar{\varphi}_j(s,\mu)}{\mu-\lambda}\sigma_{jk}(d\mu)$.

ここで, 1) の右辺の積分は I の任意のコンパクトな部分区間で t について一様に収束し, 2) の右辺の積分は変数 t, s の一方を固定すると他の変数について $L^2(I)$ の位相で収束する.

参 考 書

本講のように，線型常微分作用素のスペクトル論を主題とした和書はない．特に，第4章，第5章を一般的に論じたものは洋書でも僅かである．したがって，各章ごとに関連した参考書を挙げることになる．しかし，ここで挙げる参考書は筆者の目に触れたものだけであって，他にも勝れたものがあるかも知れない．

第1章から第3章までは，関数解析学，特に Hilbert 空間論，および常微分方程式論または積分方程式論の本の多くに述べられている．

まず，第1章については，本講座の

[1] 藤田宏，伊藤清三，黒田成俊：関数解析

を参照されたい．なお，[1] で挙げられている

[2] アヒエゼル・グラスマン(千葉克裕訳)：ヒルベルト空間論，上(1972)，下(1973)，共立出版

の上，および関数解析学の結果を集大成した

[3] N. Dunford, J. T. Schwartz: Linear operators, I (1958), II (1963), III (1971), Interscience-John Wiley

の I と II を参考にした．

第2章の大部分と第3章の特別な場合，すなわち2階微分方程式の場合は多くの常微分方程式および積分方程式の教科書に述べられている．その主なものとして，

[4] 吉田耕作：微分方程式の解法(第2版)，1978，岩波書店，

[5] 吉田耕作：積分方程式論(第2版)，1978，岩波書店，

[6] 草野尚：境界値問題入門，1971，朝倉書店，

[7] コディントン・レヴィンソン(吉田節三訳)：常微分方程式論，上(1968)，下(1969)，吉岡書店，

[8] 斎藤利弥：常微分方程式論，1967，朝倉書店，

[9] サンソネ(飯久保茂男訳)：微分方程式，1959，広川書店

および洋書として，

[10] E. Hille: Lectures on ordinary differential equations, 1969, Addison-Wesley,

[11] P. Hartman (新版): Ordinary differential equations, 1973, John Wiley

を挙げるに止める．

第4章，第5章に対する参考書としては

[12] M. A. Naimark (英訳): Linear differential operators, I (1967), II (1968), Fre-

derick Ungar

と，[2]の下，[3]のII，[5]，[7]の下および

[13] B. M. Levitan, I. S. Sargsgan(英訳)：Introduction to spectral theory. Self-adjoint ordinary differential operators, 1975, Amer. Math. Society, Transaction of Math. Monographs (39)

を参照されたい．

その他，特殊な話題として，

[14] Müller-Pfeiffer: Spektraleigenschaften singulären gewöhnlicher Differentialoperatoren, 1977, Teubner,

[15] R. M. Kaufman, T. T. Read, A. Zettl: The deficiency index problem for powers of ordinany differential expressions, 1977, Lect. Notes in Math. 621, Springer,

[16] M. S. P. Easthan: The spectral theory of periodic differential equations, 1973, Scottish Acad. Press.

■岩波オンデマンドブックス■

岩波講座 基礎数学
解析学 (II) x
スペクトル理論 I

1979年 9月25日 第1刷発行
1988年10月 4日 第3刷発行
2019年11月 8日 オンデマンド版発行

著 者 木村俊房（きむらとしふさ）

発行者 岡本 厚

発行所 株式会社 岩波書店
〒101-8002 東京都千代田区一ツ橋 2-5-5
電話案内 03-5210-4000
https://www.iwanami.co.jp/

印刷／製本・法令印刷

ISBN 978-4-00-730949-6 Printed in Japan